黄河流域生态保护和高质量发展文化教育丛书
国家"双高计划"水利水电建筑工程高水平专业群黄河系列特色教材

黄河水资源

主　编　贾洪涛　刘洪波
主　审　孙建民

黄河水利出版社

·郑　州·

内 容 提 要

本书围绕黄河流域生态保护和高质量发展规划编写,旨在普及黄河知识、提高黄河保护意识、助力国家黄河流域生态保护和高质量发展战略实施。本书为黄河流域生态保护和高质量发展文化教育丛书、国家"双高计划"水利水电建筑工程高水平专业群黄河系列特色教材之一,主要从黄河流域概况、黄河水资源概况、黄河河川径流及其特性、黄河泥沙及其特性、黄河水文测验、黄河水文气象情报预报、黄河水资源评价及供需形势分析、黄河水环境保护、黄河水资源统一管理、相关法律法规及技术标准等部分展开介绍。

本书可作为高等院校水文水资源、水利工程及相关专业学生的教学用书,也可作为水利及相关行业干部职工的培训教材,亦是面向社会推广普及黄河知识的重要参考。

图书在版编目(CIP)数据

黄河水资源 / 贾洪涛,刘洪波主编 . —郑州:黄河水利出版社,2023.12

(黄河流域生态保护和高质量发展文化教育丛书)

国家"双高计划"水利水电建筑工程高水平专业群黄河系列特色教材

ISBN 978-7-5509-3612-6

Ⅰ.①黄⋯ Ⅱ.①贾⋯ ②刘⋯ Ⅲ.①黄河-水资源管理-高等职业教育-教材 Ⅳ.①TV213.4

中国国家版本馆 CIP 数据核字(2023)第 120835 号

组稿编辑　王路平　　电话:0371-66022212　　E-mail:hhslwlp@126.com
　　　　　田丽萍　　　　　66025553　　　　　912810592@qq.com

责任编辑:冯俊娜　　责任校对:贾会珍　　封面设计:张心怡　　责任监制:常红昕

出版发行:黄河水利出版社

地址:河南省郑州市顺河路49号　邮政编码:450003

网址:www.yrcp.com　E-mail: hhslcbs@126.com

发行部电话:0371-66020550

承印单位:河南新华印刷集团有限公司

开本:787 mm × 1 092 mm　　1/16

印张:15.25

字数:360 千字

版次:2023 年 12 月第 1 版　　　　印次:2023 年 12 月第 1 次印刷

定价:50.00 元

前 言

　　黄河,古称"大河",千百年来,浩浩黄河水,同奔腾不息的长江一起,哺育了中华民族,孕育了灿烂辉煌的中华文明。"九曲黄河,大国血脉。"自古以来,黄河就是中华民族的"母亲河",在我国 5 000 多年的文明史上,黄河流域有 3 000 多年是全国政治、经济、文化中心,孕育了河湟文化、河洛文化、关中文化、齐鲁文化等,分布有郑州、西安、洛阳、开封等古都,诞生了"四大发明"和《诗经》《老子》《史记》等经典著作。九曲黄河,奔腾向前,以百折不挠的磅礴气势塑造了中华民族自强不息的民族品格,是中华民族坚定文化自信的重要根基,黄河水滋养着一代又一代中华儿女,是我国重要的生态屏障和重要的经济地带。

　　2019 年 9 月,习近平总书记在郑州主持召开黄河流域生态保护和高质量发展座谈会时指出:水资源保障形势严峻。黄河水资源总量不到长江的 7%,人均占有量仅为全国平均水平的 27%。水资源利用较为粗放,农业用水效率不高,水资源开发利用率高达 80%,远超一般流域 40%生态警戒线。"君不见黄河之水天上来,奔流到海不复回"曾何等壮观,如今要花费很大力气才能保持黄河不断流。黄河水资源量就这么多,搞生态建设要用水,发展经济、吃饭过日子也离不开水,不能把水当作无限供给的资源。

　　"大河之治始安澜,黄河岸边谱新篇。"黄河流域生态保护和高质量发展是一项重大的、复杂的系统工程,不是一地一域之事,更不是一日之功。为了更好地治理黄河,就要了解黄河,认识黄河。本书从黄河流域概况、黄河水资源概况、黄河河川径流及其特性、黄河泥沙及其特性、黄河水文测验、黄河水文气象情报预报、黄河水资源评价及供需形势分析、黄河水环境保护、黄河水资源统一管理、相关法律法规及技术标准等方面展开论述,较为全面地阐述了黄河水资源状况,力求使读者深入了解黄河水资源,更好地贯彻落实习近平总书记在黄河流域生态保护和高质量发展座谈会上的重要讲话精神,统筹推进黄河水资源保护、水资源利用、水污染治理,为保护中华民族母亲河做出贡献。

　　本书由黄河水利职业技术学院组织编写,主要编写人员及编写分工如下:第一、二、五章和第十章第二、三节由黄河水利职业技术学院贾洪涛编写,第七章由黄河水利职业技术学院贾洪涛和黄河水利委员会中游水文水资源局刘勤共同编写,第九章由黄河水利职业技术学院贾洪涛和中国水利水电第四工程局有限公司乔明共同编写,第三、四、六、八章由黄河水利职业技术学院刘洪波编写,第十章第一节由黄河水利职业技术学院刘洪波和黄河水利委员会宁蒙水文水资源局侯祥宁共同编写。全书由贾洪涛、刘洪波担任主编,由黄河水利委员会河南水文水资源局孙建民担任主审,贾洪涛负责全书规划统稿。

在本书编写过程中,参阅和吸收了相关文献资料和有关人员的研究成果,在此表示衷心的感谢!

限于编者水平和时间关系,书中难免存在不足之处,敬请读者批评指正。

编　者

2023 年 5 月

目 录

第一章 黄河流域概况 .... (1)

　第一节　自然地理 .... (3)

　第二节　河段概况 .... (8)

　第三节　水利工程 .... (11)

　第四节　河流水系、水库、湖泊 .... (16)

　第五节　水文测站 .... (20)

第二章 黄河水资源概况 .... (21)

　第一节　水资源利用 .... (23)

　第二节　黄河供水能力与可供水量 .... (25)

　第三节　水资源开发利用预测 .... (27)

　第四节　水资源供需态势 .... (28)

第三章 黄河河川径流及其特性 .... (31)

　第一节　黄河流域的降水和蒸发 .... (33)

　第二节　黄河径流量 .... (35)

　第三节　黄河天然径流变化趋势 .... (37)

第四章 黄河泥沙及其特性 .... (41)

　第一节　泥沙来源及其特性 .... (43)

　第二节　河道泥沙输移 .... (44)

第五章 黄河水文测验 .... (47)

　第一节　水位观测 .... (49)

　第二节　流量测验 .... (62)

　第三节　泥沙测验 .... (71)

第六章 黄河水文气象情报预报 .... (79)

　第一节　洪水预报 .... (81)

　第二节　河道洪水传播的概念 .... (86)

第三节 冰情预报 …………………………………………………………… (87)

第四节 气象情报预报 ……………………………………………………… (90)

第七章 黄河水资源评价及供需形势分析 ………………………………… (99)

第一节 水资源评价 ………………………………………………………… (101)

第二节 水资源开发利用 …………………………………………………… (107)

第三节 黄河流域水资源供需形势分析 …………………………………… (109)

第八章 黄河水环境保护 …………………………………………………… (115)

第一节 黄河水功能区划和水资源保护规划 ……………………………… (117)

第二节 监督管理 …………………………………………………………… (124)

第三节 水生态监测 ………………………………………………………… (127)

第九章 黄河水资源统一管理 ……………………………………………… (131)

第一节 黄河水资源管理与调度体制现状及存在问题 …………………… (133)

第二节 黄河水资源管理与调度法规制度现状及存在问题 ……………… (134)

第三节 水资源监测与调查 ………………………………………………… (137)

第四节 规划管理 …………………………………………………………… (141)

第五节 水权转换管理 ……………………………………………………… (142)

第六节 供水管理与水量调度 ……………………………………………… (146)

第十章 相关法律法规及技术标准 ………………………………………… (151)

第一节 相关法律 …………………………………………………………… (153)

第二节 相关条例 …………………………………………………………… (211)

第三节 相关技术标准简介 ………………………………………………… (232)

参考文献 ……………………………………………………………………… (237)

第一章

黄河流域概况

第一节 自然地理

黄河,中国古代称"大河",发源于中国青海省巴颜喀拉山脉,巴颜喀拉山北麓的盆地是黄河的正源,源头在巴颜喀拉山脉的雅拉达泽峰,海拔 4 675 m,平均流量 1 774.5 m³/s,流经青海、四川、甘肃、宁夏、内蒙古、陕西、山西、河南、山东 9 个省(区),最后于山东省东营市垦利区注入渤海,干流河段全长 5 464 km,流域面积 79.5 万 km²(包括内流区 4.2 万 km²,下同)。与其他江河不同,黄河流域上中游地区占流域总面积的 97%,是中国第二长河,仅次于长江。在中国历史上,黄河及沿岸流域给人类文明带来了巨大的影响,是中华民族最主要的发源地,中国人称其为"母亲河",如图 1-1 所示。

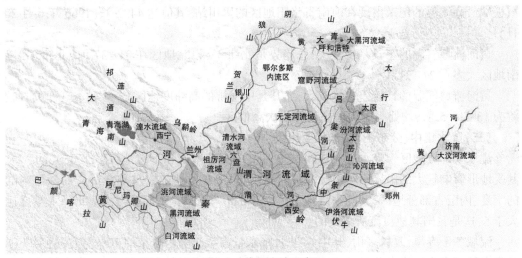

图 1-1 黄河流域示意图

流域西部地区属青藏高原,海拔 3 000 m 以上,是黄河的主要产水区。中部地区绝大部分属黄土高原,海拔 1 000~2 000 m,水土流失十分严重,是黄河泥沙的主要来源区。东部地区属黄淮海平原,由于河道高悬于两岸地面之上,洪水威胁严重,汇入支流很少。

一、黄河流域的气候特征

黄河流域幅员辽阔,山脉众多,东西高低悬殊,各区地貌差异也很大。又由于流域处于中纬度地带,受大气环流和季风环流影响的情况比较复杂,因此流域内不同地区的气候差异显著,气候要素的年、季变化大,流域气候有以下主要特征。

(一)光照充足,太阳辐射较强

黄河流域的日照条件在全国范围内属于充足的区域,全年日照时数一般达 2 000~3 300 h,全年日照百分率大多在 50%~75%,仅次于日照最充足的柴达木盆地,而较黄河以南的长江流域广大地区普遍偏多 1 倍左右。

黄河流域的太阳总辐射量在全国介于中间状况,北纬 37°以北地区和东经 103°以西的高原地带,为 130~160 kcal/(cm²·a),其余大部分地区为 110~130 kcal/(cm²·a)。

3

虽然不及我国西南部,尤其是青藏高原地区强,但普遍多于东北地区和黄河以南地区,为我国东部地区的辐射强区。

(二)季节差别大、温差悬殊

黄河流域地区季节差别大,上游青海省久治县以上的河源地区为"全年皆冬",久治至兰州区间及渭河中上游地区为"长冬无夏,春秋相连",兰州至龙门区间为"冬长(六七个月)夏短(一两个月)",流域其余地区为"冬冷夏热,四季分明"。

温差悬殊是黄河流域气候的一大特征。总体来看,随地形三级阶梯,自西向东由冷变暖,气温的东西向梯度明显大于南北向梯度。年平均气温为-4 ℃左右的最低中心处于河源的巴颜喀拉山北麓,流域极端最低气温出现在河源区的黄河沿站,曾有过-53.0 ℃的纪录(1978 年 1 月 2 日)。年平均气温为 12~14 ℃ 的高值区则位于黄河下游山东省境内,流域极端最高气温的纪录出现在河南省洛阳地区的伊川站,其值达 44.2 ℃(1966 年 6 月 20日)。

黄河流域气温的年较差比较大,总趋势是北纬 37°以北地区在 31~37 ℃,北纬 37°以南地区大多在 21~31 ℃。

黄河流域气温的日较差也比较大,尤其是中上游的高纬度地区,全年各季气温的日较差为 13~16.5 ℃,均处于国内的高值区或次高值区。

(三)降水集中、分布不均、年际变化大

流域大部分地区年降水量在 200~650 mm,中上游南部和下游地区多于 650 mm。尤其受地形影响较大的南界秦岭山脉北坡,其降水量一般可达 700~1 000 mm,而深居内陆的宁夏、内蒙古部分地区,其降水量却不足 150 mm。降水量分布不均,南、北降水量之比大于 5,这是我国其他河流所不及的。

流域冬干春旱,夏秋多雨,其中 6~9 月降水量占全年降水总量的 70%左右,盛夏 7~8月降水量可占全年降水总量的 40%以上。流域降水量的年际变化悬殊,年降水量的最大值与最小值之比为 1.7~7.5,变差系数 C_v 变化在 0.15~0.4。

(四)湿度小、蒸发大

黄河中上游是国内湿度偏小的地区,例如吴堡以上地区,平均水汽压不足 800 Pa,相对湿度在 60%以下。特别是上游宁夏、内蒙古境内和龙羊峡以上地区,年平均水汽压不足 600 Pa;兰州至石嘴山区间的相对湿度小于 50%。

黄河流域蒸发能力很强,年蒸发量达 1 100 mm。上游甘肃、宁夏和内蒙古中西部地区属国内年蒸发量最大的地区,最大年蒸发量可超过 2 500 mm。

(五)冰雹多,沙暴、扬沙多

冰雹是黄河流域的主要灾害性天气之一。据统计,黄河上游兰州以上地区和内蒙古境内全年冰雹日数多超过 2 d,其中东经 100°以西的广大地区多于 5 d,特别是玛曲以上和大通河上游地区多达 15~25 d,成为黄河流域冰雹最多的区域,也是国内的冰雹集中区。

沙暴和扬沙主要由大风所引起,并且与当地(或附近)的地质条件及植被状况密切相关。据统计,流域的宁夏、内蒙古境内及陕北地区,由于多年平均大风日数均在 30 d 以上,区域内又有腾格里沙漠、乌兰布和沙漠和毛乌素沙地,全年沙暴日数大多在 10 d 以上,扬沙日数超过 20 d;有些年份沙暴最多可达 30~50 d,扬沙日数超过 50 d。此外,在汾河上游和小浪底以下沿黄的河南省境内,还各有一个年沙暴或扬沙日数超过 20 d 的区域,后者主要与黄河较大范围沙滩地的存在有关。

(六) 无霜期短

黄河流域初霜日由北至南、从西向东逐步开始,并且同纬度的山区早于平原、河谷和沙漠。如黄河上游唐乃亥以上初霜日平均在 8 月中下旬,而黄河中下游一般在 10 月上中旬,流域其余地区在 9 月。流域终霜日迟早的分布特点与初霜日正好相反,黄河下游平原地区较早,平均在 3 月下旬,而上游唐乃亥以上地区则晚至 8 月上中旬,其余地区介于两者之间。

由此可见,黄河流域无霜期较短。即使是黄河下游平原地区,其无霜日也只有 200 d 左右;而上游久治以上地区平均不足 20 d,可以说基本上全年有霜;流域其余地区介于两者之间。

二、黄河流域地质构造特征

黄河流域的地质奥秘,还有待进一步探查。参照已有的勘测研究成果,区域地质概况综述如下。

(一) 区域大地构造

流域横跨昆仑、秦岭、祁连地槽和华北地台四个大地构造区域,或称为西域陆块及华北陆块,以贺兰山—六盘山的深大断裂为分界。区域地貌轮廓和地层发育特征主要受区域构造的制约。

西域陆块包括祁连、东秦岭、昆仑—西秦岭及巴颜喀拉等断块,亦称褶皱带。这些断块呈带状展布,为北西或北北西向,岩层挤压变形强烈,褶皱紧密,断裂构造异常发育,有大规模中性、酸性侵入和小型基性和超基性岩体侵入。

华北地台,亦称华北陆块。吕梁运动形成其基础,经晚元古至古生代的沉积加厚及固结硬化。中生代时期,太平洋板块向东区古陆俯冲,其后又受燕山运动影响,华北陆块产生褶皱和断裂,并伴有岩浆活动,形成一系列趋近北东向的断块盆地、隆起和断陷盆地。如阿拉善与鄂尔多斯断块盆地,阴山、吕梁山、太岳山、秦岭和崤山等隆起;银川平原、河套平原和汾渭平原等断陷盆地,以及华北陆缘盆地等。

(二) 主要构造体系

黄河流域主要构造体系包括天山—阴山带和昆仑—秦岭带两个纬向构造体系,祁(连山)、吕(梁山)、贺(兰山)"山"字形经向构造体系,新华夏构造体系,以及青藏"歹"字形构造体系。

1.纬向构造体系

天山—阴山带和昆仑—秦岭带是两条一级纬向构造带,其间是相对稳定的华北地块。阴山及其东延部分被新华夏系改造,方向略转为北北东,构造带主体由乌拉山复背斜及较大的挤压断裂带组成,分布有古老变质系和部分古生代及中生代地层,并有花岗岩及超基性岩带侵入。该体系开始于太古代,五台运动奠定基础,古生代后期基本完成,晚近期仍有北亘带。其西段受其他体系强烈干扰,延至青海境内阿尼玛卿山一带,转向北北西,与拉鸡山脉相连。秦岭东段受新华夏系干扰,表现为断续出现,嵩山以东逐渐没入华北平原,至鲁南枣庄一带又出现,继而东延入海。昆仑—秦岭构造带的北亚带多为古老的变质岩系和震旦系及部分下古生界岩系组成的复式背斜,挤压极为强烈,地层不整合多次出现,侵入岩发育,几乎各个时代的岩浆岩都有,构成一个突出的岩浆岩带。陕西华县有新生代花岗岩入侵,秦岭北坡大断裂新生代活动强烈,发生过多次强烈地震。

2.祁、吕、贺“山”字形构造体系

祁、吕、贺“山”字形构造体系是流域内规模较大的构造体系,展布于黄河上中游广大地区,夹持在阴山与秦岭两大纬向构造带之间。前弧顶部在秦岭以北宝鸡附近,宝鸡以东的前弧构造是新月形汾渭地堑,以及关中盆地东南边缘展布的古生代褶皱带,其中汾渭地堑中上第三系至第四系是流域内最厚者,可达 4 000 m,至今仍是构造活动和地震多发区。

“山”字形构造的东翼由一系列大的背向斜组成,如吕梁山大背斜和太原槽地等呈斜列状展布,由于受新华夏系和经向构造体系的影响和干扰,渐变为褶皱带和盆地,这些盆地多为在古生代及中生代时期形成的重要含煤地区。西翼由大型褶皱、断裂带和夹在其间的槽地组成,即祁连山脉、循化—贵德槽地、西宁乐都槽地等。

“山”字形脊柱是在古经向构造带基础上发展而成的,由一系列南北褶皱带和压性断裂组成,贺兰山褶皱带就是代表。

祁、吕、贺“山”字形构造体系,在侏罗纪前已经有了轮廓,直到上侏罗纪时整个体系发育成熟,到晚近地质时期仍有强烈的活动,尤其是同新华夏系和经向构造体系复合部位的汾渭地堑。贺兰山和六盘山地区是黄河流域地震最活跃的地带之一。

3.新华夏构造体系

新华夏构造体系分布于东经 101°以东,在中下游地区占主导地位,由一些北北东向隆起带和沉降带相间组成。自东而西,在流域内分布有第二沉降带华北平原的一部分,第三隆起带太行山及第三沉降带陕甘宁盆地等。其中早期新华夏系生成发展于晚三叠纪至侏罗纪晚期,主要表现为北 35°东走向的斜列式“S”形构造带,褶皱断裂较发育。在山西、河北、河南三省有三、四级构造分布,在陕北为由陆相湖盆组成的北东向沉降地带。晚期新华夏系主要生成于白垩纪至老第三纪中期,为北 20°东走向的斜列式压扭性断裂构造和断陷盆地,如银川—成都构造带为断裂拗陷带。晚近期新华夏系,以总体走向北北东的岛弧形复式隆起与复式沉降地带为主体,在冀晋凹陷地带与祁、吕、贺“山”字形东翼相接。

4.青藏“歹”字形构造体系

青藏“歹”字形构造体系是一巨型构造体系,又名青藏反“S”形构造体系。黄河流域西部分布在“歹”字形头部,即青海南山、拉鸡山、阿尼玛卿山、巴颜喀拉山等地,其总体走向为北西—南东,主要由一系列生成于不同时期的“S”形或反“S”形复式褶皱和主干断裂组成。该体系于第三纪中叶基本成型,晚近时期仍有强烈活动,岩浆活动亦相当频繁。

黄河流域地质构造图如图 1-2 所示。

三、流域地貌及地理区划

黄河流域西界巴颜喀拉山,北抵阴山,南至秦岭,东注渤海。流域内地势西高东低,高

图 1-2 黄河流域地质构造图

差悬殊,形成自西而东由高及低三级阶梯。

最高一级阶梯(第一级阶梯)是黄河河源区所在的青海高原,位于著名的"世界屋脊"——青藏高原东北部,平均海拔 4 000 m 以上,耸立着一系列北西—南东向山脉,如北部的祁连山、南部的阿尼玛卿山和巴颜喀拉山。黄河迂回于山原之间,呈"S"形大弯道。河谷两岸的山脉海拔 5 500~6 000 m,相对高差达 1 500~2 000 m。雄踞黄河左岸的阿尼玛卿山主峰玛卿岗日海拔 6 282 m,是黄河流域最高点,山顶终年积雪,冰峰起伏,景象万千。

巴颜喀拉山北麓的约古宗列盆地是黄河源头,玛多以上黄河河源区河谷宽阔,湖泊众多。黄河出鄂陵湖,蜿蜒东流,从阿尼玛卿山和巴颜喀拉山之间穿过,至青川交界处,形成第一道大河湾;祁连山脉横亘高原北缘,构成青藏高原与内蒙古高原的分界。

第二级阶梯地势较平缓,黄土高原构成其主体,地形破碎。这一阶梯大致以太行山为东界,海拔 1 000~2 000 m。白于山以北属内蒙古高原的一部分,包括黄河河套平原和鄂尔多斯高原两个自然地理区域。白于山以南为黄土高原,南部有崤山、熊耳山等山地。

河套平原西起宁夏中卫、中宁,东至内蒙古托克托,长达 750 km,宽 50 km,海拔 900~1 200 m。河套平原北部阴山山脉高 1 500 余 m,西部贺兰山、狼山主峰海拔分别为 3 554 m、2 364 m。这些山脉犹如一道道屏障,阻挡着阿拉善高原上腾格里、乌兰布和等沙漠向黄河流域腹地的侵袭。

鄂尔多斯高原的西、北、东三面均为黄河所环绕,南界长城,面积 13 万 km²。除西缘桌子山海拔超过 2 000 m 外,其余绝大部分海拔为 1 000~1 400 m,是一块近似方形的台状干燥剥蚀高原,风沙地貌发育。库布齐沙漠逶迤于高原北缘,毛乌素沙地绵延于高原南部,沙丘多呈固定或半固定状态。高原内盐碱湖泊众多,降雨地表径流汇入湖中,成为黄河流域内的一片内流区,面积达 42 200 多 km²。

黄土高原北起长城,南界秦岭,西抵青海高原,东至太行山脉,海拔 1 000~2 000 m。黄土塬、梁、峁、沟是黄土高原的地貌主体。塬是边缘陡峻的桌状平坦地形,地面广阔,适于耕作,是重要的农业区。塬面和周围的沟壑统称为黄土高原沟壑区。梁呈长条状垄岗,峁呈圆形小丘。梁和峁是为沟壑分割的黄土丘陵地形,称黄土丘陵沟壑区。塬面或峁顶与沟底相对高差变化很大,由数十米至二三百米。黄土土质疏松,垂直节理发育,植被稀疏,在长期暴雨径流的水力侵蚀和重力作用下,滑坡、崩塌、泻溜极为频繁,成为黄河泥沙的主要来源地。

汾渭盆地,包括晋中太原盆地、晋南运城—临汾盆地和陕西关中盆地。太原盆地、运城—临汾盆地最宽处达 40 km,海拔由北部 1 000 m 逐渐降至南部 500 m,比周围山地低 500~1 000 m。关中盆地又名关中平原或渭河平原,南界秦岭,北迄渭北高原南缘,东西长约 360 km,南北宽 30~80 km,土地面积约 3 万 km²,海拔 360~700 m。这些盆地内有丰富的地下水和山泉河,土质肥沃,物产丰富,素有"米粮川""八百里秦川"等美名。

横亘于黄土高原南部的秦岭山脉,是我国自然地理上亚热带和暖温带的南北分界线,是黄河与长江的分水岭,也是黄土高原飞沙不能南扬的挡风墙。

崤山、熊耳山、太行山山地(包括豫西山地)处在此阶梯的东南和东部边缘。豫西山地由秦岭东延的崤山、熊耳山、外方山和伏牛山组成,大部分海拔在 1 000 m 以上。崤山余脉沿黄河南岸延伸,通称邙山(或南邙山)。熊耳山、外方山向东分散为海拔 600~1 000 m 的丘陵。伏牛山、嵩山分别是黄河流域同长江、淮河流域的分水岭。太行山耸立在黄土高原与华北平原之间,最高岭脊海拔 1 500~2 000 m,是黄河流域与海河流域的分水岭,也是华北地区一条重要的自然地理界线。

第三级阶梯地势低平,绝大部分为海拔低于 100 m 的华北大平原,包括下游冲积平原、鲁中丘陵和河口三角洲。鲁中低山丘陵海拔 500~1 000 m。

下游冲积平原由黄河、海河和淮河冲积而成,是中国第二大平原。它位于豫东、豫北、鲁西、冀南、冀北、皖北、苏北一带,面积达 25 万 km²。该阶梯除鲁中丘陵外,地势平缓,微向沿海倾斜。黄河冲积扇的顶端在沁河河口附近,海拔约 100 m,向东延展海拔逐渐降低。

黄河流入冲积平原后,河道宽阔平坦,泥沙沿途沉降淤积,河床高出两岸地面 3~5 m,甚至 10 m,成为举世闻名的"地上河"。平原地势大体上以黄河大堤为分水岭,以北属海河流域,以南属淮河流域。

鲁中丘陵由泰山、鲁山和沂山组成,海拔 400~1 000 m,是黄河下游右岸的天然屏障。主峰泰山山势雄伟,海拔 1 524 m,古称"岱宗",为中国五岳之首。山间分布有莱芜、新泰等大小不等的盆地平原。

黄河河口三角洲为近代泥沙淤积而成,地面平坦,海拔在 10 m 以下,濒临渤海湾。以利津县的宁海为顶点,大体包括北起徒骇河口,南至支脉沟口的扇形地带,黄河尾闾在三角洲上来回摆动,海岸线随河口的摆动而延伸。近百年来,黄河填海造陆,形成大片新的陆地。

第二节　河段概况

黄河河源至内蒙古自治区河口镇(托克托县)河段称为上游,河口镇至河南省桃花峪河段称为中游,桃花峪以下河段称为下游。

一、上游河段

河源至内蒙古自治区托克托县的河口镇为上游,河道长3 471.6 km,流域面积42.8万 km²,占全河流域面积的53.8%。上游河段总落差3 496 m,平均比降为1‰;河段汇入的较大支流(流域面积1 000 km²以上)43条,径流量占全河的54%;上游河段年来沙量只占全河年来沙量的8%,水多沙少,是黄河的清水来源。上游河道受阿尼玛卿山、西倾山、青海南山的控制而呈"S"形弯曲。黄河上游根据河道特性的不同,又可分为河源段、峡谷段和冲积平原段三部分。

(一) 河源段

从青海卡日曲至青海贵德龙羊峡部分为河源段。河源段从卡日曲始,经星宿海、扎陵湖、鄂陵湖到玛多,绕过阿尼玛卿山和西倾山,穿过龙羊峡到达青海贵德。该段河流大部分流经海拔3 000~4 000 m的高原,河流曲折迂回,两岸多为湖泊、沼泽、草滩。黄河源头之一——三江源,水质较清,水流稳定,产水量大。河段内有扎陵湖、鄂陵湖,两湖海拔都在4 260 m以上,蓄水量分别为47亿 m³和108亿 m³,为中国最大的高原淡水湖。青海玛多至甘肃玛曲区间,黄河流经巴颜喀拉山与阿尼玛卿山之间的古盆地和低山丘陵,大部分河段河谷宽阔,间或有几段峡谷。甘肃玛曲至青海贵德龙羊峡区间,黄河流经高山峡谷,水流湍急,水力资源丰富。发源于四川岷山的支流白河、黑河在该段内汇入黄河。

(二) 峡谷段

从青海龙羊峡到宁夏青铜峡部分为峡谷段。该段河道流经山地丘陵,因岩石性质的不同,形成峡谷和宽谷相间的形势:在坚硬的片麻岩、花岗岩及南山系变质岩地段形成峡谷,在疏松的砂页岩、红色岩系地段形成宽谷。该段有龙羊峡、积石峡、刘家峡、八盘峡、青铜峡等20个峡谷,峡谷两岸黄河峡谷—晋陕大峡谷均为悬崖峭壁,河床狭窄、河道比降大、水流湍急。该段贵德至兰州区间,是黄河三个支流集中区段之一,有洮河、湟水等重要支流汇入,使黄河水量大增。龙羊峡至宁夏下河沿的干流河段是黄河水力资源的"富矿"区,也是中国重点开发建设的水电基地之一。

(三) 冲积平原段

河套平原从宁夏青铜峡至内蒙古托克托县河口镇部分为冲积平原段。黄河出青铜峡后,沿鄂尔多斯高原的西北边界向东北方向流动,然后向东直抵河口镇。沿河所经区域大部为荒漠和荒漠草原,基本无支流注入,干流河床平缓,水流缓慢,两岸有大片冲积平原,即著名的银川平原与河套平原。沿河平原不同程度地存在洪水和凌汛灾害。河套平原西起宁夏下河沿,东至内蒙古河口镇,长达900 km,宽30~50 km,是著名的引黄灌区,灌溉历史悠久,自古有"黄河百害,唯富一套"的说法。

峡谷段和冲积平原段中,龙羊峡至下河沿区间是国家重点开发建设的水电基地之一。电站的建设,在有效开发利用黄河水力资源的同时,也极大地改变了黄河河川径流的分配过程,对全河径流调节起着巨大的作用。

黄河出下河沿后,流经有"塞上江南"之称的宁蒙平原,河道展宽,比降平缓。该河段流经干旱地区,降水少,蒸发大,区间产流少,加之灌溉引水和河道侧渗损失,致使黄河径流沿程减少。黄河流经地区,工农业用水依赖黄河供给,属灌溉农业区。受惠于引水条件的便利,两岸引黄灌溉历史悠久,灌区广布。黄河上游河段汇入支流较多,支流地区用水主要集中在湟水和洮河流域。

二、中游河段

河口镇至河南省郑州市桃花峪为黄河中游,干流河道长1 206.4 km,流域面积34.37万 km²,汇入的较大支流有30条。河段内绝大部分支流地处黄土高原地区,暴雨集中,水土流失十分严重,是黄河洪水和泥沙的主要来源区。

黄河出河口镇以后,受吕梁山脉阻挡,折向南流,将黄土高原切割开来,奔腾在晋陕峡谷。从河口镇至禹门口河段,是黄河干流上最长的一段连续峡谷,水力资源较丰富,并且距电力负荷中心近,将成为黄河上第二个水电基地。峡谷下段有著名的壶口瀑布,深槽宽仅30~50 m,枯水水面落差约18 m,气势宏伟壮观,是我国著名的风景名胜区。黄河出晋陕峡谷后,流经汾渭地堑,河面豁然开朗,河谷展宽,河道宽、浅、散、乱,冲淤变化剧烈,水流平缓。禹门口至潼关区间(俗称小北干流)有汾河、渭河两大支流相继汇入,其中渭河为黄河的最大支流;黄河南流过潼关后,折向东流。潼关至小浪底区间河长约240 km,是黄河干流的最后一段峡谷;小浪底以下河谷逐渐展宽,是黄河由山区进入平原的过渡河段,汇入支流主要有伊洛河和沁河,是黄河又一主要清水来源区。

黄河干流中游河段峡谷较多,坡陡流急,水力资源较为丰富。小浪底水库控制流域面积69.4万 km²,是一座以防洪(防凌)、减淤为主,兼顾供水、灌溉、发电的综合利用水库,有效地控制了进入下游的河川径流,在黄河水量调度工程体系中,起着控制和调节进入下游径流的作用。

三、下游河段

桃花峪以下河段为黄河下游,干流河道长785.6 km,流域面积2.3万 km²,汇入的较大支流只有3条。现状河床高出背河地面4~6 m,比两岸平原高出更多,成为淮河和海河的分水岭,是举世闻名的"地上悬河"。

黄河下游干流河道高悬于两岸,引水条件十分便利,成为天然的输水渠道。两岸大堤上修建了众多的引黄涵闸,主要供给沿黄城镇、工矿企业及引黄灌区用水。下游两岸分布着全国最大的连片自流灌区,农业水利化程度很高。同时,引黄济津、引黄济青、引黄入卫、引黄济淀等远距离调水工程均从下游河道取水。由于取水能力巨大,在枯水季节,对径流调节要求高,在实施黄河水量统一管理与调度之前,下游河道频繁发生断流。

黄河干流各河段特征值见表1-1。

表1-1 黄河干流各河段特征值

河段		起讫地点	流域面积/km²	河长/km	落差/m	比降/‰	汇入支流/条
全河		河源至河口	794 712	5 463.6	4 480.0	8.2	76
上游		河源至河口镇	428 235	3 471.6	3 496.0	10.1	43
		河源至玛多	20 930	269.7	265.0	9.8	3

续表 1-1

河段	起讫地点	流域面积/km²	河长/km	落差/m	比降/‰	汇入支流/条
上游	玛多至龙羊峡	110 490	1 417.5	1 765.0	12.5	22
	龙羊峡至下河沿	122 722	793.9	1 220.0	15.4	8
	下河沿至河口镇	174 093	990.5	246.0	2.5	10
中游	河口镇至桃花峪	343 751	1 206.4	890.4	7.4	30
	河口镇至禹门口	111 591	725.1	607.3	8.4	21
	禹门口至小浪底	196 598	368.0	253.1	6.9	7
	小浪底至桃花峪	35 562	113.3	30.0	2.6	2
下游	桃花峪至河口	22 726	785.6	93.6	1.2	3
	桃花峪至高村	4 429	206.5	37.3	1.8	1
	高村至陶城铺	6 099	165.4	19.8	1.2	1
	陶城铺至宁海	11 694	321.7	29.0	0.9	1
	宁海至河口	504	92.0	7.5	0.8	0

注:汇入支流指流域面积在 1 000 km² 以上的一级支流;落差从约古宗列盆地上口计算;流域面积包括内六区。

第三节 水利工程

小浪底以上的黄河干流上已经建成了龙羊峡、李家峡、刘家峡、盐锅峡、八盘峡、青铜峡、三盛公、天桥、三门峡、小浪底等大中型水利工程 10 余座,其中龙羊峡、刘家峡水库总库容 304 亿 m³,对黄河上游洪水及水质具有较显著的调节作用。支流已建的大中型水库 130 多座,其中伊河陆浑水库与洛河故县水库,设计总库容 24.3 亿 m³,对伊洛河的入黄洪水具有一定的调蓄作用。三门峡、陆浑、故县 3 座大型水库工程与下游的河防工程和分滞洪工程,组成了黄河下游的防洪工程体系。小浪底水库位于三门峡大坝下游 130 km 处,建成后,黄河下游的防洪工程体系将进一步完善,黄河下游的防洪标准将进一步提高。

一、万家寨水利枢纽

万家寨水利枢纽(见图 1-3)位于黄河北干流上段托克托至龙口峡谷河段内。坝址左岸为山西省偏关县,距庄三铁路三岔堡车站 82.3 km,右岸为内蒙古自治区准格尔旗,距丰准铁路(丰镇—准格尔旗)薛家湾车站 60.6 km,坝址以上流域面积 394 813 km²。

枢纽任务是:供水结合发电调峰,兼顾防洪和防凌。枢纽工程主要由大坝、泄洪排沙、厂房、开关站、引黄取水口等建筑物组成。大坝为混凝土重力坝,最大坝高 105 m,坝顶长 443 m,坝顶高程 982 m。水库总库容 8.96 亿 m³,调节库容 4.45 亿 m³,设计年供水量 14 亿 m³。坝后式厂房内装设 6 台单机容量 18 万 kW 的发电机组,总装机容量 108 万 kW,多年平均发电量 27.5 亿 kW·h。

二、青铜峡水利枢纽

青铜峡水利枢纽(见图 1-4)位于黄河上游宁夏回族自治区青铜峡市青铜峡峡谷出口

处,下距银川市约 80 km,距包兰铁路青铜峡车站 6 km,并有铁路专线通往电厂。枢纽以上流域面积 275 004 km²。

图 1-3　万家寨水利枢纽

图 1-4　青铜峡水利枢纽

枢纽任务是:以灌溉、发电为主,结合防凌、防洪、城市供水。工程等级为Ⅱ级。地震设防烈度 8.5 度。正常高水位高程 1 156 m(大沽高程系),坝顶高程 1 160.2 m,最高洪水位高程 1 158.8 m,最大坝高 42.7 m。总库容 6.06 亿 m³(正常高水位以下)。枢纽建筑物由河床闸墩式电站、溢流坝、重力坝、河西和河东渠首电站、岸边泄洪闸、高干渠首闸、土坝等组成。枢纽建筑物总长 666.75 m。溢流坝位于河床偏左岸,共 7 孔,每孔净宽 14 m,平板门,堰顶高程 1 149.4 m。电站装机总容量为 27.2 万 kW,年平均发电量 13.5 亿kW·h。

三、三门峡水利枢纽

三门峡水利枢纽(见图 1-5)位于黄河中游下段干流上,两岸连接豫、晋两省,在河南省三门峡市(原陕县会兴镇)东北约 17 km 处。坝址以上流域面积 68.8 万 km²,占全流域面积的 91.5%。

枢纽任务是:防洪、防凌、灌溉、发电、供水。于 1957 年 4 月动工兴建,1960 年 9 月基本建成投入运用。枢纽主体工程由苏联电站部水力发电设计院列宁格勒分院(简称苏联列院)设计,三门峡工程局施工。枢纽建筑物包括混凝土重力坝、斜丁坝、表孔、底孔、泄洪排沙洞、泄流排水钢管、电站厂房。混凝土重力坝坝顶全长 713.20 m,坝顶高程 353 m,最大坝高 106 m。正常高水位 350 m 高程时相应总库容 354 亿 m³。电站厂房位于电站坝段下游,设计装机 116 万 kW,改建后(至 1994 年底)装机为 32.5 万 kW。

图 1-5 三门峡水利枢纽

四、小浪底水利枢纽

小浪底水利枢纽(见图 1-6)位于河南省洛阳市以北 40 km 的黄河干流上,南岸属孟津区,北岸属济源市,上距三门峡水利枢纽 130 km,下距焦枝铁路桥 8 km,距京广铁路郑州黄河铁桥 115 km。坝址以上流域面积 694 155 km²。

小浪底水利枢纽任务是:以防洪、防凌、减淤为主,兼顾供水、灌溉和发电。枢纽正常蓄水位高程 275 m,死水位 230 m,设计洪水位 274 m,校核洪水位 275 m;总库容 126.5 亿 m³(正常蓄水位高程 275 m 以下),其中防洪库容 40.5 亿 m³,调节库容 51 亿 m³,死库容

75.5 亿 m³。

图 1-6　小浪底水利枢纽

　　枢纽建筑物包括大坝、泄洪洞、排沙洞、发电引水隧洞、电站厂房、电站尾水洞、溢洪道和灌溉引水洞。大坝分主坝和副坝,主坝位于河床中,为壤土斜心墙堆石坝,坝顶长1 317.34 m,宽 15 m,坝顶高程 281 m,最大坝高 154 m。副坝位于左岸分水岭垭口处,为壤土心墙堆石坝,坝顶长 170 m,坝顶高程 280 m。电站位于 3 号明流洞以北,为地下厂房,共装 6 台机组(单机容量 30 万 kW),总装机容量 180 万 kW,厂房下游接 3 条 12 m×18 m(宽×高)断面明流尾水洞。溢洪道分正常溢洪道和非常溢洪道。正常溢洪道位于泄水洞群以北,为陡槽式溢洪道,进口闸室底板高程 258 m,闸室共 3 孔,每孔净宽 11.5 m,工作门为弧形门,尺寸为 11.5 m×17.5 m(宽×高)。非常溢洪道位于桐树岭以北宣沟与南沟分水岭处,为自溃式坝溢洪道,堰底高程 268 m,底宽 100 m,边坡 1:0.8,心墙堆石坝挡水,坝顶高程 280 m,泄水前将坝体爆一缺口,泄水入南沟。灌溉洞进口位于 3 号明流洞北侧,进口高程 223 m,洞径 3.5 m。

　　小浪底水利枢纽是黄河干流三门峡以下唯一能够取得较大库容的控制性工程,既可较好地控制黄河洪水,又可利用其淤沙库容拦截泥沙,进行调水调沙运用,以减缓下游河床的淤积抬高。1991 年 4 月,七届全国人大四次会议批准小浪底工程在"八五"期间动工兴建。1991 年 9 月 1 日前期准备工程开工。主体工程于 1994 年 9 月 12 日开工。1997年 10 月 28 日,小浪底工程顺利实现大河截流。2000 年 11 月 30 日,历时 6 年,大坝主体全部完工。2000 年 1 月 9 日,首台机组投产。2001 年 12 月 31 日,工程全部竣工,总工期11 年。2002—2008 年,小浪底工程先后通过了安全技术鉴定、工程及移民部分竣工初步验收和水土保持、工程档案、消防设施、环境保护、劳动安全卫生等专项验收。2008 年 12月,小浪底工程通过竣工技术预验收。2009 年 4 月 7 日,小浪底工程顺利通过由国家发展和改革委员会、水利部共同主持的竣工验收。

五、刘家峡水电站

刘家峡水电站(见图 1-7)位于甘肃省临夏回族自治州永靖县境内,距刘家峡峡谷出口约 2 km 处,下至兰州市约 100 km。坝址上距河源 2 020.2 km,控制流域面积181 766 km²,约占黄河流域面积的 1/4。

枢纽任务是:以发电为主,兼顾防洪、灌溉、防凌、供水和养殖。

枢纽由混凝土重力坝、黄土宽心墙堆石坝、泄洪洞、排沙洞、泄水道、岸边溢洪道、引水建筑物、厂房等组成。总库容 57 亿 m³(正常蓄水位以下)。混凝土重力坝分主坝和副坝(分左右岸),主坝为整体式混凝土重力坝,共 10 个坝段,坝顶宽 16 m(实体宽 13 m),最大坝高 147 m,坝顶高程 1 739 m,坝顶长 204 m。混凝土重力坝右岸副坝位于河床右岸台地上,共 21 个坝段,左端与主坝相接,右端与溢洪道相接,最大坝高 45.5 m,坝顶高程与主坝同,坝顶长 300 m。电站厂房位于主坝下游,为坝后和地下混合式厂房。电站装机 5 台,总装机容量 122.5 万 kW,设计平均年发电量 57 亿 kW·h。

图 1-7 刘家峡水电站

六、龙羊峡水电站

龙羊峡水电站(见图 1-8)位于青海省海南藏族自治州共和县与贵南县交界的龙羊峡峡谷进口约 2 km 处,距青海省省会西宁市 147 km,坝址上距黄河源头 1 687.2 km。坝址以上流域面积 131 420 km²,占黄河全流域面积的 17.5%。

枢纽任务:以发电为主,兼顾防洪和灌溉等。龙羊峡水电站地处黄河上游龙(羊峡)—青(铜峡)河段的"龙头"位置,控制着黄河上游近 65%的水量和主要洪水来源,库容大,具有多年调节性能。根据设计分析计算,龙羊峡水库可使枢纽下游已建和拟建的不足年调节的电站获得多年调节效益,电站保证电能将跃升到年发电量的 82%。与已建的刘家峡水电站、拟建的黑山峡水利枢纽联合运行,将从根本上控制黄河上游洪水,消除凌汛威胁,满足青海、甘肃、宁夏、内蒙古四省(区)不同发展时期工农业用水的需要,并为黄河下游河段每年均匀提供 70 亿~95 亿 m³ 的水量。

龙羊峡水电站工程为大型工程,素有"万里黄河第一坝"之称。主坝为混凝土重力拱坝,最大坝高 178 m,总库容 247 亿 m³(正常蓄水位以下),电站总装机 128 万 kW。

图 1-8　龙羊峡水电站

第四节　河流水系、水库、湖泊

一、水系分布

黄河属太平洋水系。干流多弯曲,素有"九曲黄河"之称,河道实际流程为河源至河口直线距离的 2.64 倍。黄河支流众多,从河源的玛曲曲果至入海口,沿途直接流入黄河,流域面积大于 100 km² 的支流共 220 条,组成黄河水系。支流中集水面积大于 1 000 km² 的一级支流有 76 条,集水面积达 58 万 km²,占全河集流面积的 77%;大于 10 000 km² 的支流有 11 条,流域面积达 37 万 km²,占全河集流面积的 50%。由此可知,较大支流是构成黄河流域面积的主体。

黄河左、右岸支流呈不对称分布,而且沿程汇入疏密不均,流域面积沿河长的增长速率差别很大。黄河左岸流域面积为 29.3 万 km²,右岸流域面积为 45.9 万 km²,分别占全河集流面积的 39% 和 61%。大于 100 km² 的一级支流,左岸 96 条,流域面积 23 万 km²;右岸 124 条,流域面积 39.7 万 km²。龙门至潼关区间,右岸流域面积是左岸的 3 倍。全河集流面积增长率平均为 138 km²/km。上游河段长 3 472 km,面积增长率为 111 km²/km;中游河段长 1 206 km,汇入支流众多,面积增长率为 285 km²/km;下游河段长 786 km,汇入支流极少,面积增长率仅有 29 km²/km。

黄河水系,按地貌特征可分为山地、山前和平原三个类型。这些不同类型的河流,分布于流域各地,由于复杂的地质构造、基岩性质与地表形态的影响,水系的平面结构呈现多种不同的形式,河网密度各地也不同。水系的平面结构形式主要有:

（1）树枝状：遍布于流域上中游地区，是流域内水系的主要形态。树枝状水系的特点是，各级支流都以锐角形态汇入下一级支流或干流，形如乔木树枝，有的如灌木树枝，例如黄土高原区的众多支流，大都是这种平面形态。

（2）格子状：分布于流域上中游的山区，特别是阿尼玛卿山、秦岭西段较为典型。这里的较大支流多深切于两旁的山岭，急流直泻于峡谷中，以近于垂直的方向汇入主流。水系的主支流纵横交错，一般呈大块网格形。

（3）羽毛状：分布于湟水和洛河干流以及黄河干流潼关至三门峡区间。这些地区的河流，其两岸支流短小，密集，呈对称平行排列，状如羽毛。

（4）散流状：分布于流域上游皋兰、景泰、靖远一带的高台地区和鄂尔多斯沙漠地区。这里的河流多为时令河，无固定形态，零星分散，流程较短，有的散流于高台地上，有的消失在沙漠之中，有的汇集于海子。

（5）扇状：流域内的扇状河流主要是向心扇状，往往是多条河流同时向一点汇集，如折扇展开。黄河干流上有三个大的汇集点，它们是：上游河段的兰州，汇集的河流有洮河、大夏河、湟水、庄浪河等；中游河段的潼关，汇集的河流有渭河及其支流泾河、北洛河，汾河及涑水河等；中游末端郑州附近，汇集的河流有洛河、蟒河及沁河等。黄河支流泾河的扇形汇集点在政平至亭口河段，汇集的河流有黑河、蒲河、马莲河及附近的较小支流。支流大汶河的汇集点在大汶口，汇集的河流有牟汶河、柴汶河等。上述各汇集点，由于扇面上的洪水几乎同时流达，遭遇频繁，容易形成较大洪峰，造成洪患。另一类扇状与向心相反，呈放射状扇形，多在山区河流出峪的冲积扇面上出现，一般规模都不很大。

（6）辐射状：是以某一高山地为中心，河流向四周流去，呈辐射状，这类中心多分布在流域中心线部位，自西南向东北排列，分别有：青海黄南的夏德日山，周围有泽曲、巴沟、茫拉河、隆务河、大夏河、洮河等；甘肃定西的华家岭，周围有祖厉河支流及渭河上游的咸河、散渡河、葫芦河等；六盘山的北端，周围有清水河、泾河、葫芦河等；陕西北部的白于山，周围有无定河、大黑河、延河及北洛河等。

据统计，黄河流域集水面积大于 1 000 km^2 的一级支流有 76 条，大于 10 000 km^2 的一级支流有 11 条。主要支流有渭河、汾河、湟水、无定河、大黑河、洮河等。

（一）渭河

渭河位于黄河腹地大"几"字形基底部位，西起鸟鼠山，东至潼关，北起白于山，南抵秦岭，流域面积 13.48 万 km^2，为黄河最大支流。按华县及涨头水文站测验资料合计，渭河年径流量 100.5 亿 m^3，年输沙量 5.34 亿 t，分别占黄河年水量、年沙量的 19.7% 和 33.4%，是向黄河输送水、沙最多的支流。

渭河水系发育，受秦岭纬向构造体系和祁、吕、贺"山"字形构造体系的影响，地质构造比较复杂，两岸支流呈不对称分布。渭河干流偏于流域南部，沿秦岭北麓东流，河道长 818 km。其中河源至宝鸡峡流经山区，河谷川峡相间；宝鸡峡以下，流经地堑断陷盆地，称关中平原，河谷宽阔，比降平缓，水流弯曲。南岸水源于秦岭，流经石山区，多是流程短、比降大、水多沙少的支流。北岸水系发育于黄土高原，源远流长，集水面积大，水土流失严重，是流域内的主要产沙地区。较大支流多集中在北岸，其中大于 10 000 km^2 的大支流有 3 条，即葫芦河、泾河、北洛河。

泾河、北洛河虽属黄河二级支流,但因流域面积大,水沙来量多,其汇入地点离渭河口接近,多把它们作为独立水系研究,常与渭河干流并列,称为"泾、洛、渭"。

渭河下游河道比降平缓,入黄口附近河段历来受黄河河道摆动和洪水顶托影响。三门峡水库修建后,黄河河床淤高,渭河下游河道也发生溯源淤积,河道及洪水位升高,洪涝灾害加重。

(二)汾河

汾河发源于山西省宁武县管涔山,纵贯山西省中部,流经太原和临汾两大盆地,于万荣县汇入黄河,干流长 710 km,流域面积 39 471 km²,是黄河第二大支流,也是山西省的最大河流。

随着人类活动的影响,汾河流域的水沙已有较大的变化。据河津站实测资料统计,1951—1959 年平均年径流量 17.7 亿 m³,年输沙量为 0.71 亿 t。自 1959 年以来,由于修建大量的水库工程和工农业用水迅速增长,河津站 1960—1978 年平均年径流量减为 14.4 亿 m³,年输沙量减为 0.28 亿 t,较前期分别减少年径流量 18%,年输沙量 60%。20世纪 80 年代以来,河津站径流量锐减,流域内水资源供需矛盾突出,水资源紧缺是汾河流域的主要问题。

(三)湟水

湟水是黄河上游左岸的一条大支流,发源于大坂山南麓青海省海晏县境,流经西宁市,于甘肃省永靖县付子村汇入黄河,全长 374 km,流域面积 32 863 km²,其中约有 88% 的面积属青海省,12% 的面积属甘肃省。

湟水流域属大陆性气候,由于流域内地形差异大,气温的时空变化也较大。流域地势较高,气温偏低,年平均气温 0.6~7.9 ℃,7 月平均气温也只有 10~22 ℃。降水量随海拔升高而增加,大部分地区年降水量 300~500 mm,湟水支流大通河可达 600 mm 以上。

(四)无定河

无定河是黄河中游右岸的一条多沙支流,发源于陕西省北部白于山北麓定边县境,流经内蒙古鄂尔多斯市乌审旗境,流向东北,后转向东流,至鱼河堡,再转向东南,于陕西清涧县河口村注入黄河,全长 491 km,流域面积 30 261 km²。据川口水文站 1957—1967 年实测资料统计,平均年径流量为 15.35 亿 m³,年输沙量为 2.17 亿 t,平均含沙量 141 kg/m³,输沙总量仅次于渭河,居各支流第二位。

多年来,无定河被列为水土保持治理的重点,全面开展综合治理,已经取得显著成效。其中,榆林地区治沙成绩很大,流域内支流上修建了大量拦泥淤地坝库工程,特别是在无定河上游建成一系列蓄水拦泥的库坝,有效地拦减了泥沙。通过综合治理,流域的水沙已经有所改变。

(五)大黑河

大黑河位于内蒙古河套地区东北隅,是黄河上游末端一条大支流,发源于内蒙古自治区卓资县境的坝顶村,流经呼和浩特市近郊,于托克托县城附近注入黄河,干流长 236 km,流域面积 17 673 km²。

该流域地处中纬度,属大陆性气候,冬季严寒少雪,春季干旱多风,夏季降雨集中。年平均降水量 330~460 mm,由东向西递减,年际变化大,年内分配不均。大黑河的水沙,主要来自山区和丘陵区。

(六)洮河

洮河是黄河上游右岸的一条大支流,发源于青海省河南蒙古族自治县西倾山东麓,于甘肃省永靖县汇入黄河刘家峡水库区,全长 673 km,流域面积 25 527 km²,按沟门村水文站资料统计,年平均径流量 53 亿 m³,年输沙量 0.29 亿 t,平均含沙量仅 5.5 kg/m³,水多沙少。在黄河各支流中,洮河年水量仅次于渭河,居第二位。径流模数为 20.8 万 m³/km²,仅次于白河、黑河,是黄河上游地区来水量最多的支流。

(七)洛河

洛河发源于陕西省华山南麓蓝田县境,至河南省巩义市境汇入黄河,河道长 447 km,流域面积 18 881 km²,流域平均宽 42 km,流域形状狭长。据黑石关水文站资料统计,年平均径流量 34.3 亿 m³,年输沙量 0.18 亿 t,平均含沙量仅 5.3 kg/m³,径流模数为 18.2 万 m³/km²,水多沙少,是黄河的多水支流之一。

洛河流域处于暖温带南部,年降水量大于 600 mm,南部山区高达 900 mm。流域内暴雨较多,而且降雨强度大,雨区面积也较大。暴雨中心常出现在流域中部,如 1982 年 7 月宜阳石碣镇暴雨中心最大 24 h 降水量高达 734.3 mm。

(八)沁河

沁河发源于山西省平遥县黑城村,自北而南,过沁潞高原,穿太行山,自济源五龙口进入冲积平原,于河南省武陟县南流入黄河。河长 485 km,流域面积 13 532 km²。

流域边缘山岭海拔多在 1 500 m 以上,中部山地海拔约 1 000 m。流域内石山林区占流域面积的 53%;土石丘陵区占流域面积的 35%;河谷盆地占流域面积的 10%;冲积平原区占流域面积的 2%,分布于济源五龙口以下,有灌溉之利,亦有洪灾威胁。沁河流域属大陆性气候,年平均气温 10~14.4 ℃,无霜期 173~220 d。年降水量自南而北递减,上中游平均为 617 mm,下游 600~720 mm。沁河流域是黄河三门峡至花园口间洪水来源区之一。

二、水库

根据 2020 年《黄河水资源公报》资料统计,黄河流域现有大、中型水库 245 座,其中大型水库 43 座,主要位于黄河干流和支流伊洛河。大、中型水库年初蓄水量为 455.02 亿 m³,年末蓄水量 389.57 亿 m³,年蓄水量减少 65.45 亿 m³,其中大型水库蓄水量减少 63.08 亿 m³,中型水库蓄水量减少 2.37 亿 m³。在黄河流域已建大型水库中,干流上的龙羊峡、刘家峡、万家寨、三门峡、小浪底 5 座水库具有调节径流的重要作用,是黄河水量统一调度的重要工程措施。

三、湖泊

黄河是由许多个湖盆水系演变而成的,残留下来的湖泊较大的只有 3 个,它们是河源区的扎陵湖、鄂陵湖和下游的东平湖。

扎陵湖和鄂陵湖为构造湖,是由古代的大湖盆演变而成的。大约在上新世末,由于喜马拉雅运动大规模隆起,青藏高原在隆起过程中,因差异运动沿断裂带出现湖盆的相对下沉,奠定了湖泊的基础。早更新世,湖盆范围较大,中更新世至晚更新世初,以鄂陵湖为中心,湖盆继续相对沉降,那时茫尕峡以下的地区和扎陵湖、鄂陵湖还是统一的水体。晚更新世以来,盆地仍以鄂陵湖为中心继续相对沉降,统一的湖泊逐渐"解体",扎陵湖和鄂陵湖在这时已完全分离,湖边还分出许多小的湖泊,尚保留有70多个。这些小湖与大湖之间,一般被砂砾石自然堤隔开,湖体下沉、湖面退缩的痕迹十分明显。扎陵湖和鄂陵湖是国内海拔较高的淡水湖。

东平湖是黄河下游仅有的一个天然湖泊,地处山东梁山、东平和平阴三县交界处,北临黄河,东依群山,东有大汶河来汇,西有京杭运河傍湖直接入黄。

第五节　水文测站

水文监测是黄河水量调度的耳目,长系列水文监测资料是进行水资源调查、评价和开展各类水利规划编制的重要依据。

水文站是观测及收集河流、湖泊、水库等水体的水文、气象资料的基层水文机构。水文站观测的水文要素包括水位、流速、流向、波浪、含沙量、水温、冰情、地下水、水质等;气象要素包括降水量、蒸发量、气温、湿度、气压和风力、风向等。

目前,黄河流域共有各类水文站网16 000余处,其中黄河水利委员会(简称黄委)所属:水文站145处(基本站118处,渠道站18处,新建省界专用站7处,水沙因子实验站2处);水位站93处;雨量站900处;蒸发站38处;泥沙站118处;水库河道淤积测验断面824处;河口滨海区淤积测验断面面积约1.4万km²,共设潮位站19处,基本测验断面36处,加密测验断面130处。水环境监测中心5个,新设立黄河流域水质监测中心和河南水质监测中心(处于建设阶段),负责全流域的雨、水、沙、河道、水库、滨海等水文要素测报工作。

第二章

黄河水资源概况

第二章

安阳水资源概况

黄河是西北、华北地区的重要水源,黄河流域年径流量主要由大气降水补给。因受大气环流的影响,降水量较少,而蒸发能力很强,黄河多年平均天然年径流量 580 亿 m³,仅相当于降水总量的 16.3%,产水系数很低。其中花园口断面天然年径流量 559 亿 m³,约占全河的 96%;兰州断面天然年径流量 323 亿 m³,约占全河的 56%。从产流情况看,水量主要来自兰州以上和龙门至三门峡区间,该两区所产径流量约占全河的 75%。黄河流域是我国重要的生态屏障和重要的经济地带,是打赢脱贫攻坚战的重要区域,在我国经济社会发展和生态安全方面具有十分重要的地位。保护黄河是事关中华民族伟大复兴和永续发展的千秋大计。进一步充分、合理地开发利用黄河水资源,对 21 世纪黄河流域生态保护和高质量发展具有重要意义。

第一节 水资源利用

一、水利建设投资

新中国成立以来,国家在黄河流域水资源开发利用方面相继投入了大量的人力、物力和财力,兴修了大量的防洪、除涝、治碱、灌溉、供水和水力发电工程,并大力开展水土保持工作,取得了很大成就。

由于新中国成立前黄河流域水利基本建设基础薄弱,水利发展水平低,全流域没有一座大型水库,灌溉面积仅 80 多万 hm²,大部分地区干旱缺水,粮食产量低而不稳,广大群众迫切要求尽快改变贫穷落后的面貌。而且开发水资源条件简易,投资效果显著,所以 20 世纪 50 年代投资的增长率较高。近年来,国家对水利建设投入大量资金。水利部统计显示,2022 年全国完成水利建设投资 10 893 亿元,是新中国成立以来水利建设投资完成最多的一年。其中,广东、云南、浙江、湖北、安徽等 12 个省份完成投资额度超过 500 亿元。党的十八大以来,习近平总书记多次实地考察黄河流域生态保护和经济社会发展情况,就三江源、祁连山、秦岭、贺兰山等重点区域生态保护建设做出重要指示批示。习近平总书记强调黄河流域生态保护和高质量发展是重大国家战略,要共同抓好大保护,协同推进大治理,着力加强生态保护治理、保障黄河长治久安、促进全流域高质量发展、改善人民群众生活、保护传承弘扬黄河文化,让黄河成为造福人民的幸福河。2022 年第一批中央预算内投资 30.660 4 亿元,支持黄河干支流沿线地区扎实推进生态环境突出问题整改,加强水环境综合治理,提高水资源节约集约利用水平,助力提升黄河流域生态系统质量和稳定性。

二、水利工程建设

黄河水资源开发利用的历史悠久,但直到 1949 年后才有较大发展,供水范围逐步扩大,由流域内发展到流域外,几十年来,流域内修建了大量的蓄、引、提水工程,为黄河水资源的综合开发利用创造了良好的条件。根据 2020 年《黄河水资源公报》资料统计,黄河流域现有大、中型水库 245 座,其中大型水库 43 座,主要位于黄河干流和支流伊洛河。以河南引黄灌区为例,河南引黄灌区范围涉及三门峡、洛阳、郑州、新乡、安阳、开封、濮阳、商丘9个省辖市,截至2007年底,全省共有引黄灌区27处,其中30万亩(1亩＝1/15 hm²,下同)以上的大型灌区14处,10万~30万亩的中型灌区8处,1万~10万亩的灌区5处,总计设计灌溉面积2 064万亩,占全省耕地面积的19.1%。以上各类工程的总供水能力远远超过黄河的天然年径流量。各类工程的地区分布大致为:大型水库主要分布在上、中游地区,其中大型骨干水库主要分布在上游地区;中小型水库、塘堰坝、提水和机电井工程主要分布在中游地区,而引水工程多位于黄河上游和下游地区。

三、水资源利用

(1)新中国成立以来的水资源利用状况。虽然黄河水资源开发利用历史悠久,但在新中国成立前规模较小,且属局部。新中国成立后,兴建了大量的水利工程,黄河水资源的开发利用才进入了全面、高效发展的新阶段,用水规模也迅猛扩大,2021年黄河供水区总取水量为501.45亿 m³,其中地表水取水量(含跨流域调出的水量)395.78亿 m³,占总取水量的78.9%;地下水取水量105.67亿 m³,占21.1%。黄河供水区总耗水量为405.25亿 m³。其中地表水耗水量327.03亿 m³,占总耗水量的80.7%;地下水耗水量78.22亿 m³,占19.3%。黄河供水区各省(区)总取水量和总耗水量均以内蒙古为最多,分别为112.17亿 m³和86.25亿 m³,相应占供水区总取水量和总耗水量的22.4%和21.3%。

(2)各部门用水情况。黄河地区各部门用水量中农业灌溉是用水大户,工业、城镇生活和农村人畜用水量的比重相对较小。从引用水量的地区分布看,主要集中在宁夏、内蒙古河套和黄河下游沿黄地区。针对农业生产中用水粗放等问题,严格农业用水总量控制,以大中型灌区为重点推进灌溉体系现代化改造,推进高标准农田建设,打造高效节水灌溉示范区,稳步提升灌溉水利用率。扩大低耗水、高耐旱作物种植比例,选育推广耐旱农作物新品种,加大政策、技术扶持力度,引导适水种植、量水生产。加大推广水肥一体化和高效节水灌溉技术力度,完善节水工程技术体系,坚持先建机制、后建工程,发挥典型引领作用,促进农业节水和农田水利工程良性运行。深入推进农业水价综合改革,分级分类制定差别化水价制度,并推进农业灌溉定额内优惠水价及超定额累进加价制度,建立农业用水精准补贴和节水奖励机制,促进农业用水压减。深挖工业节水潜力,加快节水技术装备推广应用,推进能源、化工、建材等高耗水产业节水增效,严格限制高耗水产业发展。

四、水资源利用的效益

黄河水资源的开发利用,带来了巨大的社会效益和经济效益。新中国成立初期,黄河流域灌溉面积仅1 200万亩。经过长足发展,改革开放初期黄河流域及下游引黄灌区灌溉面积达8 000万亩,比1949年增长5倍多,截至2018年灌溉面积达到1.26亿亩,比1949年增长近10倍。黄河流域及下游引黄灌区目前有大型灌区84处,中型灌区663处,使黄河上游干旱地区变成了繁荣的绿洲经济带。

黄河水资源利用的经济效益也是显著的。1996—2015年,黄河灌区累计增产量7 982亿kg,总增产效益27 555亿元。进入新时代,黄河流域灌区还逐步向城市生活供水、工业供水、水利风景区建设供水等方面拓展,承担起越来越多的社会功能,为经济社会发展和美丽中国建设提供重要支撑。

五、存在的主要问题

从全局看,当前水资源利用还存在一些突出的问题。

(1)河川径流的调节能力低,断流和弃水并存,供需矛盾突出。黄河干流已建水库主要集中在兰州以上,而其他地区河川径流缺乏水库调节。不断扩大的供水范围和持续增长的供水要求,使水少沙多的黄河难以承受,承担的供水任务已超过其承载能力,造成水资源供需矛盾日益尖锐,地区间供水矛盾加剧,一些地区地下水超采,形成地下水漏斗,流域生态环境不断恶化等。黄河下游持续长时间断流是水资源供需矛盾突出的集中表现。1972—1998年的27年中,下游利津站有21年出现断流,累计达1 050 d。进入20世纪90年代,年年断流,1997年距河口最近的利津水文站全年断流达226 d,断流河段曾上延至距河口约780 km的河南开封附近。断流造成了部分地区无水可供、河道主河槽淤积加重、洪水威胁和防洪难度增加、河口地区生态环境恶化和生物多样性减少,制约了经济、社会、环境的协调发展。

(2)灌区不配套、管理粗放、用水浪费、效益不高。由于部分灌区渠系老化失修、工程配套较差、灌水田块偏大、沟长畦宽、土地不平整、灌水技术落后及用水管理粗放等原因,部分灌区大水漫灌、浪费水现象严重,灌溉水利用系数只有0.4左右。大中城市的工业用水定额比发达国家高3~4倍,重复利用率只有40%~60%。对水资源的不科学认识和水价严重背离成本也是浪费水现象长期存在和迟迟得不到纠正的重要原因。

(3)水源污染日趋严重,随着工业和城市的发展,大量污水未经处理,就直接排入河道;农业施用大量化肥、农药造成面污染。特别是靠近城市的河流,绝大多数已成为纳污河。随着改革开放与工业的蓬勃发展,若不严加管理和控制,今后河流水质污染将会更加严重。

(4)局部地区地下水严重超采。有些地区河川径流短缺,主要靠开采地下水。由于城市工业不断发展,工业与生活用水大幅度增加,大量开采地下水造成采补失调,地下水位下降,形成大范围的地下水位下降漏斗,影响工业生产和人民生命财产的安全。

(5)水资源统一管理的体制和有效监督的机制尚未建立。黄河干流已建的大型水库及引水工程分属不同地区和部门管理,流域机构缺乏监督监测手段,不能有效控制引用水量。取水许可制度虽已全面实施,但由于流域机构缺乏强有力的行政处罚手段,使得有效监督尚不到位,直接影响到黄河水资源的统一管理和调度。

(6)对水源保护和生态环境建设重视不够。新中国成立70多年来,黄河流域水资源开发利用得到了很大提高,促进了经济社会的发展,但在一定程度上忽略和挤占了流域生态环境需水和水环境需水。一些地区盲目开荒种地、乱采滥伐森林,致使湿地萎缩甚至消失、水源涵养地减少、水土流失严重,生态环境遭到破坏,社会经济发展与生态建设和环境保护的矛盾日益突出。

第二节 黄河供水能力与可供水量

工程的供水能力是指蓄、引、提水工程的设计规模,即蓄水工程设计的有效库容和涵闸设计的引水量等。现状工程供水能力即现状条件下蓄、引、提水工程的实际供水规模。

一、现状工程的供水能力

(一)河川径流供水能力

2021年黄河流域共统计大中型水库218座,其中大型水库37座。大中型水库年初蓄水量447.68亿m³,年末蓄水量446.37亿m³,年蓄水量减少1.31亿m³,其中大型水库蓄水量减少2.79亿m³,中型水库蓄水量增加1.48亿m³。

(二)地下水供水能力

2021年黄河流域地下水取水量为105.67亿m³。其中农业取水量61.32亿m³,占全流域地下水取水量的58.0%;工业取水量13.82亿m³,占全流域地下水取水量的13.1%;生活取水量28.74亿m³,占全流域地下水取水量的27.2%;生态环境取水量1.79亿m³,占全流域地下水取水量的1.7%。

(三)供水能力的利用程度

2021年黄河供水区总取水量为501.45亿m³。其中地表水取水量(含跨流域调出的水量)395.78亿m³,占总取水量的78.9%;地下水取水量105.67亿m³,占总取水量的21.1%。黄河供水区总耗水量为405.25亿m³。其中地表水耗水量为327.03亿m³,占总耗水量的80.7%;地下水耗水量78.22亿m³,占总耗水量的19.3%。

二、新增工程及供水能力

随着黄河流域经济的发展,水资源的需求量将有很大的增长,现状工程的供水能力满足不了国民经济增长的需要,还必须增建一批新的供水工程。我国今后水利建设的方针是加强经营管理,讲究经济效益。结合黄河治理开发规划,今后增加供水工程的原则是以内涵为主,适当外延,全河统筹兼顾,合理分配水资源。近期主要对已有工程进行加固、改造和配套,提高蓄水、引水、提水工程的供水量和供水保证率。在提高已有工程经济效益的基础上,结合经济可能及水资源条件,适当增建一些新工程。

三、黄河河川径流的可供水量

供水量与供水能力是相互制约的两个不同概念,所谓供水量是指在某一来水过程的条件下,通过设计的工程规模或现状工程规模,可以为国民经济各需水部门提供的水量。虽然黄河有较大的供水能力,因黄河河川径流时空分布不均,汛期径流量占全年径流量的60%左右,而且洪水陡涨陡落、历时短、次数多、水流含沙量大,致使可供水量较少。上游含沙量较小但洪水较大,可利用程度低;非汛期基本为地下水补给,径流过程较稳定,含沙量较小,除保持一定的河道内用水外,大部分径流可供引用。

根据不同典型年径流过程分析,黄河上游地区在保持河口镇断面250~300 m³/s基流条件下,多年平均最大可供河道外利用的水量为140亿~150亿m³,中等干旱年约130亿m³,枯水年约120亿m³。黄河花园口断面多年平均最大可供河道外利用的水量为380亿~400亿m³,中等干旱年370亿m³,枯水年约300亿m³。黄河是一条多沙河流,下游河道逐年淤积抬高,造成洪水威胁,因而必须保持一定的河川径流量输沙入海,才不致加重下游河道的淤高。

四、黄河可供水量分配方案

在黄委多年调查研究工作的基础上,根据各省(区)的需要与可能,经过沿黄各省、区有关部门的反复协商,在节约用水、统筹安排的原则下提出了分配方案,并以国办发〔1987〕61号文发送有关省(区),并"希望各有关省、自治区、直辖市从全局出发,大力推行节水措施,以黄河可供水量分配方案为依据,制定各自的用水规划,并把这项规划与各地的国民经济发展计划紧密联系起来,以取得更好的综合经济效益"。

第三节 水资源开发利用预测

一、开发原则

水资源利用以计划用水、节约用水、加强水环境保护为原则,上、中、下游统筹兼顾,合理安排,使有限的水资源发挥其最大的效益。

开发利用水资源,应当遵循以下原则:第一,开发利用水资源,不得损害社会公共利益和他人的合法权益。第二,开发利用水资源,应当服从防洪的总体安排,实行兴利与除害相结合的原则,兼顾上下游、左右岸和地区之间的利益,充分发挥水资源的综合效益。第三,开发利用水资源,应当首先满足城乡居民生活用水,兼顾农业、工业、生态环境用水以及航运等需要。在干旱和半干旱地区开发、利用水资源,应当充分考虑生态环境用水需要。第四,开发利用水资源,应当结合本地区水资源的实际情况,按照地表水与地下水统一调度开发、开源与节流相结合、节流优先和污水处理再利用的原则,合理组织开发、综合利用水资源。

二、水资源利用预测

根据上述开发利用原则,结合黄河现状供水的实际情况,预测研究的范围包括黄河流域及鄂尔多斯内流区;对下游海淮平原沿黄地区,除考虑引黄灌区的农业需水外,还考虑郑州、开封、济南、东营等城市的工业及生活需水(统称黄河地区)。为了反映未来黄河地区可能的缺水程度,本次预测考虑了经济发展速度较快的情况。

(一)城镇生活需水

黄河地区人口的发展,主要依据国家的人口政策,同时考虑现状人口增长情况和地区差异进行预测。1990—2000年总人口年增长率15%,城市化水平29%;2000—2010年总人口年增长率11%,城市化水平36%。2000年总人口达到11 690万人,其中城镇人口3 450万人;2010年总人口13 020万人,其中城镇人口4 640万人。城镇生活用水标准与当地自然条件、生活习惯、城镇规模、生活水平及水资源条件等因素有关。随着国民经济的发展和人民生活水平的提高以及居住条件的改善,城镇生活用水标准将逐步提高。2000年用水量水平达到147 L/(人·d),城镇人口生活用水量约19亿 m³;2010年用水量水平达到161 L/(人·d),城镇人口生活用水量27亿 m³;预测2030年人口接近16亿,城市化水平达到40%左右,城镇生活用水定额为218 L/(人·d),农村生活用水定额为114

L/(人·d),则 2030 年生活用水量约为 951 亿 m^3。

(二)工业需水

黄河地区是我国经济建设由东向西转移的轴心带和过渡区。根据我国经济发展的战略部署,20 世纪末人均国内生产总值比 1980 年翻两番,人民生活达到小康水平;2010 年国内生产总值比 2000 年再翻一番,21 世纪中叶基本实现现代化,人民过上比较富裕的生活。为了加快中西部地区的发展,缩小东西部差距,国家采取措施给予优惠政策,支持中西部不发达地区脱贫致富和经济发展,这为地区工业加速发展提供了机遇。黄河地区各省(区)根据国家的经济发展战略,结合各自的资源情况和工业结构布局,制定了相应的工业发展规划,2000 年前工业产值年增长率 10%~13%,2000 年以后为 7%~10%。结合黄河地区 1985—1990 年工业实际发展情况,拟定 1990—2000 年工业产值年增长率为11.4%,2000—2010 年为 7.3%。考虑工业生产工艺水平的提高、结构的调整、工业用水重复利用率的提高、万元产值用水量的减少等因素,2000 年水平工业需水量达到 92 亿 m^3,工业用水量的年增长率为 7.1%;2010 年水平工业需水量 146 亿 m^3,工业用水量的年增长率为 4.7%。考虑向黄河地区外城市供水后,2000 年需水 128 亿 m^3,2010 年需水 189亿 m^3。

(三)农业灌溉需水

黄河地区大部分属干旱、半干旱地区,灌溉是发展农业生产的主要手段,1990 年黄河地区有效灌溉面积约 9 000 万亩,比 1980 年增加约 1 620 万亩,年均增加 162 万亩,年递增率约 2%。灌溉面积增加主要集中在下游,有效灌溉面积 10 年增加 1 348.5 万亩,年均递增率 5%以上;黄河上游灌溉面积稳中有升,10 年增加 3 885 万亩,而中游有所减少,10年减少 121.5 万亩。

根据黄河地区灌区的情况,今后灌区建设的重点应以搞好现有灌区改建更新、续建和配套,充分发挥现有工程的效益,以提高粮食单产为主,并在节约用水的基础上根据水土资源条件,适当发展部分节水型新灌区,增加粮食产量,满足地区经济发展之需,提高人民生活水平。根据灌区规划,黄河地区灌溉面积 10 440 万亩,比 1990 年净增加 1 462.5亩,年增长率 1.5%(上游增加 330 万亩,中游增加 331.5 万亩,下游增加 801 万亩);根据干支流的主要工程生效情况,2010 年灌溉面积为 11 602.5 万亩,比 2000 年增加 1 162.5万亩,年增长率 1.4%(上、中、下游分别增加 367.5 万亩、462 万亩、334.5 万亩)。

第四节　水资源供需态势

新发展战略下,保障河湖健康生态水量的要求进一步提升,流域国民经济发展对水资源需求持续增长,流域水资源供需形势面临巨大挑战。

一、生态优先理念下黄河可供水量

黄河流域横跨我国东中西部,是连接青藏高原、黄土高原、华北平原的生态廊道。当前由于河流生态水量不足、保证程度不高,造成湿地萎缩、水生境破坏,黄河生态系统质量和稳定性不高。持续改善水生态环境状况是当前推进黄河流域水利高质量发展的基本前提。按照统筹"生态优先、留足生态水量"要求,考虑河道输沙、塑槽以及维持河流生态流量等,黄河头道拐断面和利津断面多年平均生态需水量分别为 197 亿 m³ 和 220 亿 m³,扣除河道内生态环境需水量则为可供水量。黄河头道拐断面多年平均地表水可利用量(耗水量)为 110 亿 m³,利津断面多年平均地表水可利用量为 270 亿 m³。按照近 10 年平均耗水系数折算,地表水可供水量为 330 亿 m³,考虑退减地下水超采量与适度加大非常规水源利用力度,2035 年黄河流域可供水总量为 475 亿 m³。

二、尚有一定节水潜力但总量不大

现状年流域灌溉水利用系数 0.56 与全国均值持平,亩均灌溉用水量 344 m³ 低于全国均值,如果考虑有效降水加上灌溉用水量等因素,黄河流域的亩均用水量仅比北京、天津和河北高,用水水平较为先进。万元工业增加值用水量 19.9 m³,仅为全国均值的 1/2、长江流域的 1/5,煤电和煤化工项目用水指标处于国际先进水平。按照 2035 年黄河流域各行业用水效率均达到国内领先水平设定节水目标,同时考虑生态安全,维持灌区地下水位不低于 2.5 m,以 2019 年为现状年,分析黄河流域毛节水潜力约为 25.36 亿 m³,其中农业灌溉毛节水潜力为 21.25 亿 m³,占总毛节水潜力的 83.8%。

三、高质量发展对流域水资源的需求将持续增长

黄河流域是我国的重要经济地带,目前黄河流域人均经济指标低于全国平均水平,新阶段经济社会发展将呈现快速发展态势:一是流域内兰州—西宁地区、宁夏沿黄经济区、关中—天水地区、呼包鄂榆地区、太原城市群、中原经济区、环渤海地区具备较强的经济基础和发展潜力;二是矿产、能源资源丰富,在全国占有重要地位,开发潜力巨大;三是黄河流域土地资源丰富,黄河上中游地区还有宜农荒地约 3 000 万亩,是我国重要的后备耕地,开发潜力很大。预测 2035 年水平,按 2016—2035 年 GDP 增长速率 4.8%、人口年均增长速率 5.0‰、工业增加值年均增长速率 4.9% 测算,在充分挖掘流域节水潜力的前提下,黄河流域内多年平均需水量 548.2 亿 m³。考虑南水北调东中线通水后,置换黄河供水量 20 亿 m³,流域外用水需求减少为 80 亿 m³,黄河流域总需水量 628.2 亿 m³。

四、未来水资源供需矛盾加剧

随着工业化和城镇化进程的加快,尤其是黄河流域能源化工基地发展,即使采用强化节水措施,2035 年水平流域河道外国民经济缺水 153.2 亿 m³,枯水年份缺水超过 200 亿 m³。充分考虑兰州—西宁城市群、"几"字弯都市圈人口聚集及产业高质量发展,预测未来上中游省(区)缺水量将达 109 亿 m³,占流域总缺水量的 80% 以上。

第三章

黄河河川径流及其特性

第三章

杭州城市形象及其传播

第一节 黄河流域的降水和蒸发

一、降水

黄河流域处于东亚海陆季风区的北部,上游及中游西部地区还受高原季风的影响,流域大部分地区距海洋较远。流域内地形复杂,具有多种多样的下垫面条件,因而使得流域的降水具有地区分布差异显著、季节分布不均和年际变化大等特点。

(一)年降水量的分布

黄河流域多年平均年降水量 476 mm(1956—1979 年)。年降水量地区分布总的特点是:东多西少、南多北少,从东南向西北递减。

黄河流域主要多雨区在渭河中下游南部和上游久治—军功区间,年降水量超过700 mm;尤其是渭河的南山支流区,由于地形作用,山坡近顶部年降水量在800 mm 以上,其中双庙站高达980 mm。另两个多雨区在北洛河中游和三门峡以下的广大地区,年降水量超过600 mm,其中下游大汶河流域和中游三花区间南部年降水量在700 mm 以上。受地形作用影响显著的地区,年降水量更大,如泰安站高达1 475 mm,为流域之冠。

北纬36°以北的黄河流域北中部地区,由于深入内陆,且受山脉的屏障作用,年降水量比较少,大多在150~550 mm。降水量等值线基本呈东北—西南走向。这种等值线的分布特点在兰州以下地区尤为显著。其中350 mm 等值线的西北侧,降水量向西北方向急剧递减,在宁蒙河套地区形成流域年降水量最少区,如内蒙古的磴口站年降水量仅144.5 mm,成为流域之最。该区兰州以上地区由于受祁连山地形及青海湖的影响,沿大通河出现黄河上游大于450 mm 的另一个多雨区。

综上所述,黄河流域降水的南北差异悬殊,多、少雨区年降水量之比平均大于4,个别站的比值接近7,这是其他河流所不及的。

(二)降水的季节分配

黄河流域大部分地区处于季风气候区,季风影响十分显著,降水的季节分配很不均匀,呈现出冬干春旱、夏秋(6—9 月)降水集中的特点。降水量占年降水量的比例是:春季13%~23%,夏季40%~66%,秋季18%~33%,冬季仅1%~5%;连续最大4 个月(6—9月)的比例可达58%~75%。这种年降水量的集中程度,存在着年降水量愈小,其集中程度愈高的趋势。

各地季降水量所占比例差异较大。春季所占比例偏高(>20%)的地区主要集中在北纬35.5°以南的低纬度地带;而中上游北部和河源地区的比例相对比较小。夏季情况与春季相反,中上游北部和河源地区及下游大汶河流域的比例偏高,多数大于57%,其中呼和浩特高达66%,而渭河中下游却不足45%。秋季比例的差异虽然仍然较大,基本形势与春季相似,但主要在泾、渭河中下游及上游低纬度带时有秋雨的地区偏高,其余大部分地区的比例较接近。冬季由于降水量特少,各地比例虽有差别,但影响甚小。

(三)全年降水日数

全年降水日数,即全年内日降水量≥0.1 mm 的总天数,其分布总趋势与年降水量基本一致,降水日数总的分布趋势是南多北少、东多西少。降水日数偏多地区主要集中在北纬 36° 以南,其中以渭河南山支流区为最多,降水日数超过 140 d。其次是葫芦河干流以东至千河上游区和北洛河中游干流至马莲河干流区间,分别有大于 120 d 和大于 110 d 的区域。此外,下游大汶河中上游还有一个相对偏多区,其中心泰山站达 102 d。

降水日数小于 70 d 的区域主要在上游兰州至河口镇区间,其中以石嘴山至临河区间为最少,只有 30~40 d。其次,东北起太原,沿汾河干流直至北洛河下游的东北—西南走向盆地、平原区,有一个小于 80 d 的偏少区。此外,下游干流沿线的降水日数也小于 80 d。

(四)降水的年际变化

流域降水在时间分配上的另一个特点是年际间变化悬殊。最大年降水量与最小年降水量的比值在 1.7~7.5,一般都在 3.0 以上,其变化趋势为干旱程度愈大,年际差异愈悬殊。湿润的南部秦岭地区比值为 1.7~2.6,而干旱的宁蒙河套地区,如石嘴山站,最大年降水量 357.8 mm(1949 年),最小年降水量仅 47.9 mm(1965 年),多寡年降水量的比值高达 7.5。统计资料表明,年降水量愈小的地区,其年际变化愈大,年降水量的极值比就愈高。

二、蒸发

蒸发量的大小与辐射状况、风速和空气的湿润程度有关。通常用蒸发皿测量,换算为 E601 型数值表示,习惯上称为水面蒸发。

从流域多年平均水面蒸发量等值线图可以看出,大部分地区在 800~1 800 mm,地区差异比较大,水面蒸发量的主要高值区在年降水量小于 400 mm 的区域。如兰州至吴堡区间及中游无定河上游多在 1 200 mm 以上,其中上游吴忠至碛口区间和内流区都超过 1 600 mm,尤其乌兰布和沙漠区的石嘴山至碛口区间高达 1 800 mm 以上,为全流域之冠。而且,这些地区蒸发量等值线的走向与年降水量等值线的走向基本一致,只是大、小值的趋势相反。

另外,在黄河中下游年平均气温高于 6 ℃,且全年降水日数小于 90 d 的地区,以及上游湟水中下游还有两个大于 1 200 mm 的高值区。

流域其余地区的水面蒸发量大多在 700~1 200 mm,其中相对高程变化较大的祁连山、太子山、六盘山、秦岭等山区的水面蒸发量,其值随高程增加而减小,由 1 000 mm 递减到 800 mm 以下,为流域的低值区。尤其是太子山和秦岭,同时受气温的影响,水面蒸发量不足 700 mm。

水面蒸发量的年内分配随气温、湿度和风速等要素的影响而变化。全年蒸发量最小值出现在隆冬 12 月至次年 1 月;最大值出现在春末夏初 5—6 月,黄河上游唐乃亥以上高寒地区最大值出现在 7 月。流域平均 5、6 月份的蒸发量可占全年蒸发总量的 30% 以上。

经计算,黄河流域的年干旱指数,大多在 1.0~10.0;其值分布的地区差异较大,总的趋势是自东南向西北递增。流域内靖远至包头区间及内流区的干旱指数明显偏大,大多在 5.0 以上,尤其西北与内陆片交界的局部地区高达 10.0 以上,为全流域之冠;流域南部秦岭山区、巴颜喀拉山区和阿尼玛卿山区东南部、六盘山南部,以及下游大汶河东南部和上游湟水、大通河干流沿线的干旱指数比较小,大多在 1.5 以下,尤其是渭河中下游的南山支流区,其值小于 1.0,为全流域最小。流域其余地区在 1.5~5.0。

第二节 黄河径流量

一、实测年径流量

以现代科学技术为基础,进行黄河水文观测,始于 1919 年,当时在黄河干流陕县和洑口设立了两处水文站。1933 年发生大洪水后,1934 年又在干流兰州、包头、龙门等地设立水文站,为黄河年径流量的分析研究提供了条件。从 1944 年开始,已先后有黄河年径流量的成果提出。

1954 年编制黄河综合利用规划时,在进行复查和插补的基础上,采用 1919—1953 年系列,计算陕县站实测年径流量为 412 亿 m^3。

为了统一黄河基本数据,1960 年 9 月组织了黄委、水电部北京设计院、水科院水文所、西北设计院,山西、甘肃省水利厅等单位的专业力量,对黄河流域各主要测站的水、沙资料,进行全面统一分析、插补、延长,1962 年提出《黄河干支流各主要断面 1919—1960 年水量、沙量计算成果》,其中陕县站实测年径流量 423.5 亿 m^3,秦厂站 472.4 亿 m^3。以后进行黄河干支流规划,均统一以该成果为准。

由陕县站实测年径流系列分析得知,1922—1932 年曾出现连续 11 年的枯水时段。1968 年水电部水电总局组织有关单位,对黄河上中游进行全面调查。调查结果证明:上、中游干、支流主要河段均出现上述 11 年的连续枯水时段,与陕县站枯水情况基本同步。因此,可以利用陕县站的资料,对全河主要站的实测系列进行延长。

1975 年黄委规划办公室编制治黄规划时,采用 1919—1975 年 56 年系列,计算黄河干、支流各主要站的实测年径流量,其中三门峡站实测年径流量 418.5 亿 m^3,花园口站 469.8 亿 m^3。

为了满足小浪底水利枢纽初步设计的需要,1982 年黄委设计院又按 1919 年 7 月至 1980 年 6 月 61 年系列,提出"黄河干、支流主要站实测年径流量"成果。其中,三门峡站实测年径流量 417.2 亿 m^3,花园口站 466.4 亿 m^3。随着国民经济的发展,今后耗用黄河水量将逐步增加,实测年径流量将呈减少趋势。

二、天然年径流量

人类活动的影响,其中主要是农业灌溉耗水和干、支流的大、中型水库调蓄水量,使黄河实测年径流量已经不能反映黄河天然年径流量的情况,因此必须进行还原,即将实测年径流量还原成天然年径流量。从 20 世纪 60 年代初期开始,黄委即会同有关单位,对黄河流域的工农业用水情况多次进行调查,开展黄河天然年径流量的分析研究。

(一) 黄委设计院成果

为了给编制治黄规划提供水资源资料,1975 年对黄河干、支流主要站的实测年径流量进行了还原,选用 1919 年 7 月至 1975 年 6 月 56 年系列,还原了引黄灌溉耗水量及大、中型水库调蓄水量,三门峡站天然年径流量 498.4 亿 m³,花园口站 559.2 亿 m³。

黄河流域河川径流量主要来自上、中游地区,花园口以下为地上悬河,只有大汶河等支流汇入,流域面积仅占全河流域面积的 3%,来水量仅占全河水量的 3.6%,因此一般以花园口站的资料代表黄河年径流量的情况,如果加入花园口至黄河入海口的天然年径流量 21 亿 m³,则全河天然年径流总量为 580 亿 m³。

以上 56 年系列天然年径流量成果,已被编制黄河流域规划及小浪底水利枢纽规划所采用。

1976 年以后,又对天然年径流量成果进行多次补充研究。1979 年国家农委和科委下达了全国重点科研项目——全国农业自然资源调查和农业区划,"水资源合理利用"是该项目的子课题。1986 年提出《黄河水资源利用》报告。根据黄河的实测情况,对年径流系列又进行了延长,采用 1919 年 7 月至 1980 年 6 月 61 年系列,通过还原,提出了黄河干支流主要站天然年径流量成果,其中三门峡站为 503.8 亿 m³,花园口站为 563.4 亿 m³。61 年系列天然年径流量与 56 年系列天然年径流量相比,差别很小,前者比后者偏大 1% 左右。

(二) 黄委水文局成果

"水资源综合评价"也是全国农业自然资源调查和农业区划项目的子课题。根据水利部的部署,全国地表水资源评价统一采用 1956 年 7 月至 1980 年 6 月 24 年系列。1986 年黄委水文局提出《黄河流域水资源评价》报告,报告提出了黄河流域天然年径流量、地下水资源量、水资源总量等成果。

天然年径流量的推求,主要采用"产水量"法,并对工农业耗水和水库蓄水等进行了还原。三门峡站天然年径流量为 564.3 亿 m³,花园口站天然年径流量为 629.6 亿 m³,全河天然年径流总量为 658.8 亿 m³。全国水资源汇总采用以上成果。

三、年径流特性

黄河流域年径流量主要由大气降水补给。因受大气环流的影响,降水量较少,而蒸发能力很强,黄河多年平均天然年径流量 580 亿 m³,仅相当于降水总量的 16.3%,产水系数很低。

黄河是我国第二大河,但天然年径流量仅占全国河川径流量的 2.1%,居全国七大江河的第四位,小于长江、珠江、松花江。按 1987 年统计资料,流域内人均年径流量 650 m³,亩均年径流量 300 m³,分别占全国人均、亩均年径流量的 25% 和 16%,可见黄河水资源并不丰富。黄河流域河川年径流量地区分布很不平衡,主要来自兰州以上和龙门至三门峡两个区间。兰州以上控制流域面积占花园口以上流域面积的 30.5%,但年径流量即占花园口年径流量的 57.9%;龙门至三门峡区间流域面积占花园口的 26.1%,年径流量占花园口的 20.3%。兰州至内蒙古河口镇区间集水面积达 16 万 km²,占花园口的 22.4%。由于区间的径流损失,河口镇多年平均径流量反而比兰州还小。

从流域年径流深等值线来看,黄河流域水资源的地区分布很不均匀,由南向北呈递减趋势。大致西起吉迈,过积石山,到大夏河、洮河,沿渭河干流至汾河与沁河的分水岭一线以南,主要是山地,植被较好,年平均降水量大于 600 mm,年径流深 100~200 mm 以上,是黄河流域水资源较丰沛的地区。流域北部,经皋兰、海原、同心、定边到包头一线以北,气候干燥,年降水量小于 300 mm,年径流深在 10 mm 以下,是黄河流域水资源最贫乏的地区。在以上两条线之间的广大黄土高原地区,年降水量一般为 400~500 mm,年径流深只有 25~50 mm,水土流失严重,是黄河泥沙的主要来源区。

因受季风影响,黄河流域河川径流的季节性变化很大。夏秋河水暴涨,容易泛滥成灾,冬春水量很小,又赶水源匮乏,径流的年内分配很不均匀。7—10 月的汛期,干流及较大支流径流量占全年径流量的 60%左右,而每年 3—6 月,径流量只占全年径流量的10%~20%,陇东、宁南、陕北、晋西北等黄土丘陵干旱、半干旱地区的一些支流,径流集中的特点更为明显,汛期径流量占全年径流量的比值高达 80%~90%。每年春季,有些支流基本呈断流状态。如皇甫川 1972 年 7 月的一次洪水总量就占当年全年径流量的 69%。窟野河温家川水文站,1976 年汛期测得最大流量达 14 000 m^3/s,而非汛期最小流量仅0.64 m^3/s,丰枯悬殊。

黄河流域水资源年际变化也很悬殊,花园口站多年平均天然年径流量 580 亿 m^3,最大年径流量可达 938.66 亿 m^3(1964 年 7 月至 1965 年 6 月),最小年径流量仅 273.52 亿m^3(1928 年 7 月至 1929 年 6 月),最大年径流量与最小年径流量的比值为 3.4。黄河支流各站的径流年际变幅比干流还要大,最大年径流量与最小年径流量的比值一般为 5~12,干旱地区的中小支流甚至高达 20 以上。

黄河干流龙门以上各站年径流变差系数 C_v 值为 0.22~0.23,龙门以下各站略有增大,三门峡、花园口两站的 C_v 值分别为 0.23 和 0.24。黄河较大支流的 C_v 值较高,一般为0.4~0.5。

从多年的实测资料来分析,黄河流域年径流还存在连续枯水段持续时间长的特点。自 1919 年有实测资料以来,出现过两次连续 5 年以上的枯水段,即 1922—1932 年长达 11年的枯水段和 1969—1974 年 6 年的枯水段。11 年枯水段的年平均径流量 393 亿 m^3,只占花园口站 56 年长系列平均年径流量的 70%,其中 1928 年陕县站天然年径流量仅 240亿 m^3(实测年径流量 198 亿 m^3),只占该站多年平均径流量的 48%。6 年枯水段的年平均径流量 490 亿 m^3,占花园口站多年平均径流量的 87%,其中 1972 年最枯,三门峡、花园口两站的年径流量只占多年平均径流量的 75%左右。长时段连续枯水,给水资源利用带来许多不利影响。

黄河挟带泥沙数量之多,居世界首位。平均每年输入黄河下游的泥沙达 16 亿 t,年平均含沙量 37.8 kg/m^3,一些多沙支流洪峰含沙量高达 300~500 kg/m^3,并且 60%的水量和80%的泥沙量都集中在每年的汛期。黄河含沙量太大,增加了水资源开发利用的难度。

第三节 黄河天然径流变化趋势

一、黄河实测径流变化

随着经济社会的发展,工农业生产和城乡生活用水逐步增加,河道内水量明显减少,越来越不能反映黄河的天然状态,黄河下游利津断面甚至出现了 1997 年 226 d 的断流现象。同时,大型水利工程的修建和投入使用,改变了河道水量的年内分配,显著减少了中常洪水发生的概率及其洪峰、洪量。

(一)1986年以后实际来水锐减

图3-1和图3-2分别给出了黄河干流唐乃亥、兰州、头道拐和龙门、花园口、利津水文站1950—2003年5年滑动实测年径流量逐年变化过程,基本呈逐渐减少的趋势,尤其是1986年以来衰减十分明显。随着宁蒙河段、黄河下游用水量的不断增多,兰州与头道拐、花园口与利津断面水量差距越来越大,而且头道拐和利津两站实测径流从20世纪80年代末开始减少幅度越来越大。

图3-1 黄河上游3站1950—2003年5年滑动实测年径流量逐年对比

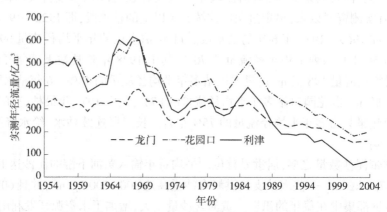

图3-2 黄河下游3站1950—2003年5年滑动实测年径流量逐年对比

(二)大中型水利工程建设改变了年内分配

刘家峡、龙羊峡、小浪底等大型水库先后投入运用后,由于其调蓄作用和沿黄地区引用黄河水,黄河干流河道内实际来水年内分配发生了很大的变化,表现为汛期比例下降,非汛期比例上升。

例如,随着1968年刘家峡水库的投入运用,兰州水文站汛期实际来水比例由以前的

61%下降到了52%,1986年龙羊峡水库的投入使用,更使汛期来水比例下降到了42%。

花园口断面1960年以前实际来水量,汛期一般占61.6%;由于上中游水库的调蓄影响,1986年以后平均降到了45.4%以下;1999年小浪底水库的投入使用,使花园口断面汛期来水比例下降到了40.5%(未计入小浪底非汛期末的调水调沙水量)。图3-3给出了花园口水文站实际来水年内分配变化情况。

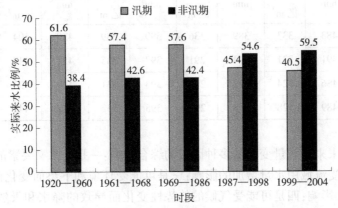

图3-3 花园口水文站实际来水年内分配不同时段变化特点

(三)近20年来洪水特性表现为峰、量、次数明显减少

黄河的洪水主要由暴雨形成。由于西太平洋副热带高压脊线往往于7月中旬进入中游地区,8月下旬以后南撤,黄河的大洪水容易出现在7月下半月和8月上半月。于是有了"黄河洪水,七下八上"之说,特别是1950年以来,洪峰流量超过15 000 m³/s的大洪峰,全都发生在"七下八上"期间。据1950—2003年54年实测资料统计,7月下半月到8月上半月,共发生16次洪峰流量级在8 000 m³/s以上的大洪水,平均发生概率为32%。因此,确切地说,每年7月下半月到8月上半月的一段时间,是黄河下游大洪水的多发期。

(四)实际来水减少的原因

黄河1986年以来实测径流量显著偏少,既与降水减少引起的河川天然径流量减少的自然因素有关,也与流域用水增加有关。其中,部分学者认为黄河中游水土保持生态环境实际耗用水量大于当前的估算数量;还有部分学者认为流域下垫面变化引起的降水-产流关系的变化,以及区域地下水超采对地表径流的影响,也是黄河径流变化的重要原因之一。

二、黄河天然径流变化趋势

定性上讲,黄河流域水资源有减少趋势,主要表现在三个方面:气候变化,如气温升高导致蒸发能力加大而引起水资源减少;水土保持工程的开展引起的用水量增加;水利工程建设引起的水面蒸发附加损失量增加。

20世纪80年代以来,黄河流域内下垫面发生了较大的变化,加上受水资源开发利用的影响,同样降水条件下产生的地表径流量也发生了较大变化。《黄河流域水资源综合规划》采用现状下垫面条件下的年降水径流关系初步预测2001—2050年天然径流量,如

表 3-1 所示。从计算结果来看,流域降水量变化不大,但天然径流量减少显著。

表 3-1　黄河年降水量和天然径流量预测结果

时段	兰州		河口镇		龙门		三门峡		花园口	
	降水量/mm	天然径流量/亿 m³	降水量/mm	天然径流量/亿 m³	降水量/mm	天然径流量/亿 m³	降水量/mm	天然径流量/亿 m³	降水量/mm	天然径流量/亿 m³
1956—2000 年	483	333	389	336	399	389	438	504	451	564
2001—2030 年	491	331	394	291	397	335	452	448	446	471
2031—2050 年	486	324	392	290	393	331	439	433	445	470
2001—2050 年	489	328	393	291	395	333	447	442	446	470

不过,黄河未来来水量变化受多种因素的综合影响:一是受水文要素的周期性和随机性的影响;二是受流域用水量增加的影响;三是可能受环境和下垫面变化而导致的降水-径流关系变化的影响;四是可能受气候的趋势性变化而导致的降水和天然径流的趋势性变化的影响。其中对流域降水及降水-径流关系是否会出现趋势性变化尚有不同认识,而目前考虑水文要素周期性和随机性因素而进行的长期预报受技术水平的限制,精度和可信度有限,对于流域用水增长的幅度预估也存在一定的差别。

第四章

黄河泥沙及其特性

黄河以泥沙多闻名于世。按 1919—1960 年资料统计,陕县(三门峡)多年平均输沙量为 16 亿 t,平均含沙量 37.8 kg/m³。与世界上其他多泥沙河流相比,孟加拉国的恒河年输沙量达 14.5 亿 t,同黄河年输沙量相近,但因其水量多,含沙量只有 3.9 kg/m³,远小于黄河。美国科罗拉多河含沙量达 27.5 kg/m³,略低于黄河,但年输沙量仅有 1.36 亿 t。可见,黄河年输沙量之多,含沙量之高,在世界多沙河流中是绝无仅有的。

第一节 泥沙来源及其特性

一、泥沙来源

黄河上游河口镇断面平均含沙量近 6 kg/m³,多年平均输沙量 1.42 亿 t,仅占全河输沙总量的 8.7%。

黄河中游流经黄土高原,每遇暴雨,造成严重水土流失,大量泥沙通过千沟万壑汇入黄河。黄河泥沙来源比较集中,主要来自以下三大片地区,其输沙模数均大于 10 000 t/(km²·a):一是河口镇至延水关之间两岸的支流;二是无定河的支流红柳河、芦河、大理河,以及清涧河、延水、北洛河和泾河支流马莲等河的河源区(广义的白于山河源区);三是渭河上游北岸支流葫芦河中下游和散渡河地区(六盘山河源区)。

黄河中游地区新黄土分布十分广泛,其粒径组成具有明显的分带性,从西北至东南,中数粒径从大于 0.045 mm 逐渐降到 0.015 mm。

各地黄土粒径的组成,直接影响河流输沙颗粒的粗细,黄河干流泥沙以中数粒径为标准,兰州约为 0.03 mm,河口镇为 0.034 mm,稍有变粗,而吴堡、龙门则增为 0.055~0.044 mm,河南花园口下降为 0.034 mm。支流中泥沙粒径以皇甫川最粗,中数粒径达 0.099 mm,其次是无定河、窟野河,分别为 0.078 mm 和 0.077 mm。

黄河泥沙粒径大于 0.05 mm 的称为粗泥沙。根据 1950—1960 年泥沙测验资料统计,粒径大于 0.05 mm 的粗泥沙有 3.64 亿 t,约占总沙量的 23%。这些粗泥沙集中来自两个区域。一是河口镇至无定河口黄河右岸支流,其中皇甫川至秃尾河之间各支流的中下游地区,粗泥沙输沙模数达 10 000 t/(km²·a)。二是无定河中下游,以及广义的白于山河源区,粗泥沙输沙模数为 6 000~8 000 t/(km²·a)。这些地区既是黄河泥沙的主要来源区,又是粗泥沙的主要来源区,这种产沙地区的集中性是黄河泥沙的突出特点。

粗泥沙是造成黄河下游河床淤积的主要原因。据 1950—1960 年泥沙实测资料统计分析,粒径大于 0.025 mm 的泥沙占下游河道淤积量的 82%,其中粒径大于 0.05 mm 的粗泥沙来沙量占总来沙量的 1/5~1/4,但淤积量却占下游河道总淤积量的 50% 左右。因此,集中力量治理粗泥沙来源区,减少粗泥沙输沙量,可以有效地减轻下游河道淤积。

在黄河主要支流中,多年平均来沙量超过 1.0 亿 t 的有 4 条,其中来沙量最多的是泾河,年平均来沙量高达 2.62 亿 t,占全河来沙量的 16.4%;无定河年平均来沙量 2.12 亿 t,占全河来沙量的 13.3%;渭河(咸阳站)年平均来沙量 1.86 亿 t,占全河来沙量的 11.6%;窟野河年平均来沙量 1.36 亿 t,占全河来沙量的 8.5%。

流域内各省(区)以陕西省来沙量最多,约占全河来沙量的 41.7%;甘肃省次之,占

25.4%;山西省占 17.3%,居第三位。

二、泥沙特性

黄河不仅泥沙来源比较集中,而且具有"水沙异源"的显著特点。河口镇以上黄河上游地区流域面积 38.6 万 km²,占全流域面积的 51.3%,来沙量仅占全河总沙量的 8.7%,而来水量却占全河总水量的 54%,是黄河水量的主要来源区;黄河中游河口镇至龙门区间流域面积为 11.2 万 km²,占全流域面积的 14.9%,来水量仅占 14%,而来沙量却占 55%,是黄河泥沙的主要来源区;龙门至潼关区间流域面积 18.2 万 km²,占全流域面积的 24.2%,来水量占 22%,来沙量占 34%;三门峡以下的洛河、沁河来水量占 10%,来沙量仅占 2%。

黄河泥沙在时间分布上也不均衡,年际变化大,年内分配也很不均匀。如多沙的 1933 年,陕县来沙量达 39.1 亿 t,为多年平均值的 2.4 倍;少沙的 1928 年,陕县来沙量为 4.88 亿 t,仅为多年平均值的 30%;多沙和少沙年相比,前者为后者的 8 倍。一些支流年输沙量相差更大,如泾河张家山站来沙量最大年(1933 年)为 11.7 亿 t,来沙量最小年(1972 年)为 0.32 亿 t,前者为后者的 36 倍;窟野河温家川站,来沙量最大年(1956 年)为 3.03 亿 t,来沙量最小年(1965 年)为 0.053 亿 t,前者为后者的 57 倍。

在一年之内,80%以上的泥沙来自汛期。兰州及河口镇 7—10 月输沙量分别占全年的 85.8%及 81.0%,龙门、三门峡站分别达到 89.7%和 90.7%。汛期泥沙又常常集中于几场暴雨洪水中,如三门峡站洪水期最大 5 d 的沙量,平均占年沙量的 19%,个别年份可占到 31.1%;中游的支流则更为集中,如无定河川口站汛期最大 5 d 的沙量,占全年沙量的 42.2%,窟野河温家川站则占到 72.2%。干流汛期含沙量一般比非汛期高 3~4 倍,如龙门站汛期平均含沙量为 52.2 kg/m³,而非汛期只有 11.5 kg/m³,汛期为非汛期的 3.5 倍,支流的泥沙倍比更为悬殊。

第二节　河道泥沙输移

黄河上游宁夏下河沿至内蒙古河口镇为冲积性河道,在天然情况下,河床处于缓慢抬升状态。随着上游干流大型水库的修建,改变了来水来沙条件,河道主槽淤积加重。

黄河泥沙的集中产区——黄土丘陵沟壑区,由于长期强烈侵蚀,形成千沟万壑,坡陡流急。干沟沟底比降 1%~2%,大都切入基岩,一些支沟、毛沟比降更陡,可达 20%以上。这些沟道已成为输送泥沙的渠道,暴雨期间从坡面和沟谷冲起的泥沙,随水流经过毛沟、支沟、干沟流入黄河支流,很少有淤积。

由于地壳上升运动,河口镇至龙门区间各级支流大多是流短坡陡,一级支流河道比降一般在 5‰以上,二、三级支流比降更陡。河床组成大都为砂卵石层或上部覆盖着薄沙层,在临近入黄的下游段大多已切入基岩,形成跌水或碛滩。实地观察,都未发现明显泥沙淤积。从无定河、大理河、延河支流的实测资料分析,在同一侵蚀类型区内,支流站多年平均输沙模数与该站以上各级小流域的输沙模数基本相等,说明从小流域冲刷下来的泥沙,基本上都可以通过各级支流输送到黄河干流。河口镇至龙门黄河干流流经晋陕峡谷,河道冲淤变化不大,多年平均基本趋于冲淤平衡。因此,黄河泥沙的集中来源区——黄土丘陵沟壑区,各级沟道和各级支流以及河口镇至龙门之间的黄河干流,在天然情况下,都是输送泥沙的"渠道",从多年平均数量来看,在该地区坡面和沟谷侵蚀的泥沙,都可以经过这些"输沙渠道"输送到龙门以下黄河干流,即这一地区的泥沙输移比接近于1。也可以说在这个黄河泥沙主要来源区内增加或减少1 t泥沙,将使进入黄河下游的泥沙大致增加或减少1 t,这是黄河泥沙输移的一个重要特点。

龙门至潼关河段俗称小北干流,两岸为黄土台塬,高出河床50~200 m,河道由禹门口宽约100 m的峡谷河槽骤然展宽为4 km的宽河道,最宽处达19 km,至潼关河宽又收缩为850 m。本河段为渭河、北洛河、汾河等支流的汇流区,河道宽浅散乱,为堆积性、游荡性河道,有一定的滞洪落淤作用。河床随来水来沙条件的变化进行调整,一般表现为汛期淤积,非汛期冲刷,多年平均情况是淤积的。三门峡水库修建前,多年平均淤积量为0.5亿~0.8亿t,三门峡水库修建后,多年平均淤积量近1亿t。"揭河底"冲刷是本河段的一个显著特点,当龙门出现高含沙量、洪峰流量大且持续时间较长的洪水时,就可能出现"揭河底"冲刷。据实测资料,冲刷深度一般为2~4 m,最大达9 m;冲刷距离最长132 km(可达潼关)。"揭河底"冲刷给河道工程增加了防守的困难。

潼关至孟津黄河穿行于最后一段峡谷——晋豫峡谷,该段河道也是"输沙渠道",潼关以上的来沙量,基本上都可以输送到孟津以下黄河河道。

黄河从孟津出峡谷进入华北大平原,河道宽阔,比降平缓,水流散乱,泥沙大量淤积。孟津至黄河入海口全长876 km,是强烈堆积性河段,在不同来水来沙条件下,河床冲淤变化非常迅速。当来水含沙量较低时(一般小于10 kg/m³),其输沙能力与流量的高次方成正比;当来水含沙量较高时,其输沙能力不仅是流量的函数,而且与来水含沙量的大小密切相关,在一定的流量条件下,输沙率随上站含沙量的增加而加大,在上站含沙量一定的条件下,输沙率随流量的增加而加大。所以,黄河下游河道具有"多来、多排、多淤""少来、少排、少淤(或少冲)""大水多排、小水少排"等输沙特性。另外,下游河道冲淤的年内、年际变化也很大,当来沙多时,年最大淤积量可达20余亿t;来沙少时,河道还会发生冲刷。据多年资料统计分析,在进入黄河下游的16亿t泥沙中,约有1/4淤积在利津以上河道内,1/2淤积在利津以下的河口三角洲及滨海地区,其余1/4被输往深海。由于河床多年淤积抬高,黄河下游已成为"地上悬河",防洪负担日益加重。从长期来看,河口淤积延伸,将造成侵蚀基准面相对抬高,由此而产生的溯源淤积,将影响下游较长河段。因此,河口淤积延伸也是造成下游河道淤积抬高的重要因素。

下游河道泥沙淤积的集中性特别明显。一是集中发生在多沙年,如20世纪50年代的1953年、1954年、1958年、1959年这4年,进入下游的沙量达104亿t,河道共淤积26.4亿t,占50年代总淤积量的73%。二是集中发生在汛期,汛期淤积量一般占全年淤积量的80%以上。三是集中发生在几场高含沙量洪水,如1950—1983年11次高含沙量洪水总计历时仅104 d,来水量和来沙量分别占1950—1983年总水量和总沙量的2%和14%,但下游河道的淤积量却占总淤积量的54%,而且淤积强度大,平均每天淤积达1 880万~6 100万t。

第五章
黄河水文测验

第一节 水位观测

一、概述

(一)水位观测的目的和要求

水位是指河流或其他水体的自由水面相对于某一基面的高程,其单位以米(m)表示。

水位是反映水体、水流变化的重要标志,是水文测验中最基本的观测要素,是水文测站常规的观测项目。水位观测资料可以直接应用于堤防、水库、电站、堰闸、浇灌、排涝、航道、桥梁等工程的规划、设计、施工等过程中。水位是防汛抗旱斗争中的主要依据,水位资料是水库、堤防等防汛的重要资料,是防汛抢险的主要依据,是掌握水文情况和进行水文预报的依据。同时,水位也是推算其他水文要素并掌握其变化过程的间接资料。在水文测验中,常用水位直接或间接推算其他水文要素,如由水位通过水位-流量关系推求流量、通过流量推算输沙率、由水位计算水面比降等,从而确定其他水文要素的变化特征。

由此可见,在水位的观测中,要认真贯彻《水位观测标准》(GB/T 50138—2010),发现问题及时排除,使观测数据准确可靠。同时,还要保证水位资料的连续性,不漏测洪峰和洪峰的起涨点,对于暴涨暴落的洪水,应更加注意。

(二)影响水位变化的因素

水位的变化,主要取决于水体自身水量的变化,约束水体条件的改变,以及水体受干扰的影响等因素。在水体自身水量的变化方面,江河、渠道来水量的变化,水库及湖泊引入、引出水量的变化和蒸发、渗漏等使总水量发生变化,使水位发生相应的涨落变化;在约束水体条件的改变方面,河道的冲淤和水库、湖泊的淤积,改变河、湖、水库底部的平均高程;闸门的开启与关闭引起水位的变化;河道内水生植物生长、死亡使河道糙率发生变化导致水位变化。另外,有些特殊情况,如堤防的溃决,洪水的分洪,以及北方河流结冰、冰塞、冰坝的产生与消亡,河流的封冻与开河等,都会导致水位的急剧变化。

水体的相互干扰影响也会使水位发生变化,如:河口汇流处的水流之间会发生相互顶托;水库蓄水产生回水影响,使水库末端的水位抬升;潮汐、风浪的干扰同样影响水位的变化。

(三)基面与水准点

水位是水体(如河流、湖泊、水库、沼泽等)的自由水面相对于某一基面的高程。一般都以一个基本水准面为起始面,这个基本水准面又称为基面。由于基本水准面的选择不同,其高程也不同,在测量工作中一般均以大地水准面作为高程基准面。大地水准面是平均海水面及其在全球延伸的水准面,在理论上讲,它是一个连续的闭合曲面。但在实际中无法获得这样一个全球统一的大地水准面,各国只能以某一海滨地点的特征海水位为准。这样的基准面也称绝对基面。另外,水文测验中除使用绝对基面外,还有假定基面、测站基面、冻结基面等。

1.绝对基面

一般是以某一海滨地点的特征海水面为准,这个特征海水面的高程定为 0.000 m,目前我国使用的有大连、大沽、黄海、废黄河口、吴淞、珠江等基面。若将水文测站的基本水准点与国家水准网所设的水准点接测后,则该站的水准点高程就可以根据引据水准点用某一绝对基面以上的高程数来表示。

2.假定基面

若水文测站附近没有国家水准网,其水准点高程暂时无法与全流域统一引据的某一绝对基面高程相连接,可以暂时假定一个水准基面,作为本站水位或高程起算的基准面。如暂时假定该水准点高程为 100.000 m,则该站的假定基面就在该基本水准点垂直向下 100 m 处的水准面上。

3.测站基面

测站基面是假定基面的一种,它适用于通航的河道上,一般将其确定在测站河库最低点以下 0.5~1.0 m 的水面上,对水深较大的河流,可选历年最低水位以下 0.5~1.0 m 的水面作为测站基面,如图 5-1 所示。

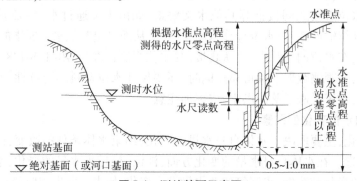

图 5-1　测站基面示意图

同样,当与国家水准点接测后,即可算出测站基面与绝对基面的高差,从而可将测站基面表示的水位换算成以绝对基面表示的水位。

用测站基面表示的水位,可直接反映航道水深,但在冲淤河流,测站基面位置很难确定,而且不便于同一河流上下游站的水位进行比较,这也是使用测站基面时应注意的问题。

4.冻结基面

冻结基面也是水文测站专用的一种固定基面。一般是将测站第一次使用的基面固定下来,作为冻结基面。

使用测站基面的优点是水位数字比较简单(一般不超过 10 m);使用冻结基面的优点是使测站的水位资料与历史资料相连续。有条件的测站应使用同样的基面,以便水位资料在防汛和水利建设、工程管理中使用。

二、水位的观测设备

水位的观测设备可分为直接观测设备和间接观测设备两种。直接观测设备是传统式的水尺,人工直接读取水尺读数加水尺零点高程即得水位。其设备简单,使用方便,但工作量大,需人值守。间接观测设备是利用电子、机械、压力等感应作用,间接反映水位变化。其设备构造复杂,技术要求高;不需人值守,工作量小,可以实现自记,是实现水位观测自动化的重要条件。

(一)水位的直接观测设备

水尺分直立式水尺、倾斜式水尺、矮桩式水尺和悬锤式水尺四种。其中直立式水尺应用最普遍,其他三种,则根据地形和需要选定。

1.直立式水尺

直立式水尺由水尺靠桩和水尺板组成。一般沿水位观测断面设置一组水尺桩,同一组的各支水尺设置在同一断面线上。使用时将水尺板固定在水尺靠桩上,构成直立水尺。水尺靠桩可采用木桩、钢管、钢筋混凝土等材料制成,水尺靠桩要求牢固打入河底,避免发生下沉。水尺靠桩布设范围应高于测站历年最高水位及低于测站历年最低水位0.5 m。水尺板通常是由长1 m、宽8~10 cm的搪瓷板、木板或合成材料制成。水尺的刻度必须清晰,数字清楚,且数字的下边缘应靠近相应刻度处。水尺的刻度一般是1 cm,误差不大于0.5 mm。相邻两水尺之间的水位要有一定的重合,重合范围一般要求在0.1~0.2 m,当风浪大时,重合部分应增大,以保证水位连续观读。

水尺板安装后,需用四等水准测量的方法测定每支水尺的零点高程。在读得水尺板上的水位数值后,加上该水尺的高程就是要观测的水位高程。

2.倾斜式水尺

当测验河段内岸边有规则平整的斜坡时,可采用此种水尺。此时,可在岩石或水工建筑物的斜面上,直接涂绘水尺刻度。设 ΔZ 代表直立水尺最小刻画长度,$\Delta Z'$ 代表边坡系数为 m 的斜坡水尺最小刻画长度,则 $\Delta Z' = \sqrt{1+m^2}\,\Delta Z$。

同直立式水尺相比,倾斜式水尺具有耐久、不易冲毁、水尺零点高程不易变动等优点;缺点是要求条件比较严格,多沙河流上水尺刻度容易被淤泥遮盖。

3.矮桩式水尺

受航运、流冰、浮运影响严重,不宜设立直立式水尺和倾斜式水尺的测站,可改用矮桩式水尺。矮桩式水尺由矮桩及测尺组成。矮桩的入土深度与直立式水尺的靠桩相同,桩顶一般高出河床线5~20 cm,桩顶加直径为2~3 cm的金属圆钉,以便放置测尺。两相邻桩顶高差宜为0.4~0.8 m,平坦岸坡宜为0.2~0.4 m,测尺一般用硬质木料做成。为减少壅水,测尺截面可做成菱形。观测水位时,将测尺垂直放于桩顶,读取测尺读数,加桩顶高程即得水位。

4.悬锤式水尺

悬锤式水尺通常设置在竖固的陡岸、桥梁或水工建筑物上。它也大量被用于地下水位和大坝渗流水位的测量。它是由一条带有重锤的绳或链所构成的水尺,用于从水面以上某一已知高程的固定点测量离水面的竖直高差来计算水位。悬锤的重量应能拉直悬索,悬索的伸缩性应当很小,在使用过程中,应定期检查悬索引出的有效长度与计数器或刻度盘的一致性,其误差不超过±1 cm。

(二)水位的间接观测设备

间接观测设备主要由感应器、传感器与记录装置三部分组成。感应水位的方式有浮子式、压力式、超声波式等多种类型。按传感距离可分为就地自记式与远传遥测自记式两种;按水位记录形式,可分为记录纸曲线式、打字记录式、固态模块记录式等。按感应方式分类,简要介绍如下几种水位计。

1.浮子式水位计

浮子式水位计是利用水面的浮子随水面一同升降,并将其运动通过比例轮传递给记录装置或指示装置的一种水位自记仪器。

浮子式水位计使用历史长,用户量大,产品成熟,是目前使用较多的水位计。该产品具有结构简单,性能可靠,操作使用、保养维修方便,经久耐用、精度高等优点。但使用浮子式水位计需要建立水位计台,有些测站建水位计台困难或建水位计台费用昂贵,使浮子式水位计使用受到限制。在多沙河流上测井易发生泥沙淤积会影响浮子式水位计的使用。

浮子式水位计按记录时间长短分为日记型、旬记型、月记型等。按仪器的构造形式又分为卧式、立式和往复式等。

浮子式水位计根据信号传递的距离分为现场记录方式和远程记录方式,就远程记录方式来讲,又分为有线传输和无线传输两种方式,选择什么方式,应根据具体情况来定。

2.压力式水位计

通过测量水体的静水压力实现水位测量的仪器称为压力式水位计。压力式水位计又分为气泡式压力水位计和压阻式压力水位计两种。通过气管向水下的固定测点通气,使通气管内的气体压力和测点的静水压力平衡,从而可通过测量通气管内气体压力来实现水位测量,这种装置通常称为气泡式水位计。

20世纪70年代,一种新型压力传感器迅速发展,该传感器是直接将压力传感器严格密封后置于水下测点,将其静水压力转换成电信号,用防水电缆传至岸上,再用专用仪表将电信号转换成水位值,这种水位计被称为水下直接感压式压力水位计,又称为压阻式压力水位计。

压阻式压力水位计简称压阻式水位计,是将扩散硅集成压阻式半导体压力传感器或压力变换器直接投入水下测点感应静水压力的水位测量装置。能用在江河、湖泊、水库及其他密度比较稳定的天然水体中,无须建造水位测井,实现水位测量和存储记录。

3.超声波水位计

超声波水位计是一种把声学和电子技术相结合的水位测量仪器,按照声波传播介质的区别,可分为液介式和气介式两大类。

声波是机械波,其频率在20~20 000 Hz范围内。可以引起人类听觉的为可闻声波;更低频率的声波叫作次声波;更高频率的声波叫作超声波。超声波水位计通过超声换能器,将具有一定频率、功能和宽度的电脉冲信号转换成同频率的声脉冲波,定向朝水面发射。此超声束到达水面后被反射回来,其中部分超声能量被换能器接收又将其转换成微弱的电信号。这组发射与接收脉冲经专门电路放大处理后,可形成一组与声波传播时间直接关联的发、收信号,根据需要,经后续处理可转换成水位数据,并进行显示或存储。

HW-1000C非接触超声波水位计是一种新型水位计,经水利部鉴定,被列为全国水利系统重点推广产品。

1)原理

当超声波在空气中传播遇到水面后被反射,仪器测得声波往返于传感器与水面之间的时间,根据超声波在空气中的传播速度计算距离,再用传感器安装高度减去所测至水面距离即得水位。计算方法是:

$$H = \frac{1}{2}vt \tag{5-1}$$

$$H_水 = H_传 - H \tag{5-2}$$

$$v = 331.45 + 0.61T \tag{5-3}$$

式中 T——气温;

t——声波往返时间;

v——超声波在空气中的传播速度;

$H_水$——水位;

$H_传$——传感器安装高度;

H——所测点至水面距离。

由于超声波在空气中的传播速度是温度的函数,正确的修正波速是保证测量精度的关键。为此 HW-1000C 非接触超声波水位计采用温度实时修正方法实现声波校准,以使测量精度达到规范要求。

2)功能

(1)根据测量时间间隔,自动进行水位测量、数据传输。

(2)室内设备具有汉字功能提示、显示水位数据、固态存储、历史水位查询、各种参数设置等功能。

(3)备有 RS232、RS485、TTL 电平、电流环、420 mA 模拟量等多路输出接口。

(4)兼容国内多家数字传输设备,可以方便地组成水情自动测报网。

3)用途

(1)河流、明渠水位自动监测。

(2)水库坝前、坝下尾水水位监测,拦污栅压差监测。

(3)调压塔水位监测。

(4)潮水位自动监测系统。

(5)城市供水、排污水位监测系统。

4)主要特点

(1)在水位测量过程中没有任何部件接触水体,实现非接触测量。

(2)不受高速水流冲击,不受水面漂浮物的缠绕、堵塞或撞击,以及水质电化学反应的影响。

(3)设备安装不须建造水位计台,基建投资小。

(4)设备无运动部件,不会因部件磨损锈蚀而产生故障,寿命长、可靠性好。采用实时温度自动校准技术,精度高。

三、水位观测

(一)用水尺观读水位

水位基本定时观测时间为北京标准时间 08:00。在西部地区,冬季 08:00 观测有困难或枯水期 08:00 代表性不好的测站,根据具体情况,经实测资料分析,主管领导机关批准,可改在其他代表性好的时间定时观测。

水位的观读精度一般记至 1 cm,当上下比降断面水位差小于 0.20 m 时,比降水位应读记至 0.5 cm。水位每日观测次数以能测得完整的水位变化过程、满足日平均水位计算、极值水位挑选、流量推求和水情拍报的要求为原则。

水位平稳时,一日内可只在 08:00 观测 1 次;稳定的封冻期没有冰塞现象且水位平稳时,可每 2~5 d 观测 1 次,月初、月末 2 d 必须观测。

水位有缓慢变化时,每日 08:00、20:00 观测 2 次外,枯水期 20:00 观测确有困难的站,可提前至其他时间观测。

当水位变化较大或出现较缓慢的峰谷时,每日 02:00、04:00、14:00、20:00 观测 4 次。

在洪水期或水位变化急剧时期,可每 1~6 h 观测 1 次;当水位暴涨暴落时,应根据需要增为每半小时或若干分钟观测 1 次,应测得各次峰、谷和完整的水位变化过程。

对结冰、流冰和发生冰凌堆积、冰塞的时期,应增加测次,应测得完整的水位变化过程。

由于水位涨落,水位将要由一支水尺淹没到另一支相邻水尺时,应同时读取两支水尺上的读数,一并记入记载簿内,并立即算出水位值进行比较。其差值若在允许范围内,应取二者的平均值作为该时观测的水位。否则,应及时校测水尺,并查明不符原因。

(二)用自记水位计观测水位

1.自记水位计的检查和使用

在安装自记水位计之前或换记录纸时,应检查水位轮感应水位的灵敏性和走时机构的正常性。电源要充足,记录笔墨水应适度。换纸后,应上紧自记钟,将自记笔尖调整到当时的准确时间和水位坐标上,观察 1~5 min,待一切正常后方可离开,当出现故障时应及时排除。

自记水位计应按记录周期定时换纸,并应注明换纸时间与校核水位。当换纸恰逢水位急剧变化或高、低潮时,可适当延迟换纸时间。

对自记水位计应定时进行校测和检查。使用日记式自记水位计时,每日 08:00 定时校测 1 次;资料用于潮汐预报的潮水位站,应每日 08:00、20:00 校测 2 次;当 1 日内水位变化较大时,应根据水位变化情况增加校测次数。使用长周期自记水位计时,对周记和双周记式自记水位计应每 7 d 校测 1 次;对其他长期自记水位计,应在使用初期根据需要增加校测,待运行稳定后,可根据情况适当减少校测次数。

校测水位时,应在自记纸的时间坐标上画一短线。需要测记附属项目的站,应在观测校核水尺水位的同时观测附属项目。

2.水位计的比测

自记水位计应与校核水尺进行一段时期的比测,比测合格后,方可正式使用。比测时,可将水位变幅分为几段,每段比测次数应在 30 次以上,测次应在涨落水段均匀分布,并应包括水位平稳、变化急剧等情况下的比测值。长期自记水位计应取得 1 个月以上连续完整的比测记录。

比测结果应符合下列规定:

(1)置信水平 95% 的综合不确定度不超过 3 cm,系统误差不超过 1%。

(2)计时系统误差应符合自记钟的精度要求。

四、地下水的观测

(一)地下水的性质

地下水是在一定的地质条件和气候条件下,在不断补给与不断消耗的运动中形成的。它与其他资源相比性质上有相同之处,也有不同的地方。

(1)存储性。地下水的存在占有一定的空间,表现为存储量,这是它与其他矿产资源相同的地方。

(2)流动性。地下水是流体,具有流动性,表现为径流量,这是它与其他矿产资源的不同之处。

(3)调节性。地下水始终处在不断补给和不断消耗的新旧交替过程中。补给、消耗在数量上随时间形成周期性的变化,使地下水具有调节性质,表现为调节量。这也是它与其他矿产资源的不同之处。

(4)恢复性。在人工开采地下水时,只要开采量不超过一定限度,地下水量由于有补给并不显著减少。停止开采后,水量、水位能自动恢复。这是地下水与其他矿产资源不同的另一个特点。

(二)地下水的蓄水结构

含水层:是能透过和给出相当水量的岩层。

隔水层:是不能透过和给出水量(透水和给水均微不足道)的岩层。

透水层:是能透水但给出水量微弱(与含水层相比)的岩层。

1.含水层划分原则

含水层划分原则见表 5-1。

表 5-1 含水层划分原则

一般原则	1.注意岩层透水、隔水和含水的相对概念及其相互转化的关系; 2.考虑形成条件; 3.有利于生产实际需要和工作方便
有供水意义	能满足供水量的岩石层均可视为含水层,按水量大小进一步划分主、次含水层。 根据供水规模和要求,相同的含水层在不同的富水地段,可分为强、弱含水层,甚至当作隔水层
含水层段	对厚度很大的含水层,考虑岩性差异、裂隙或岩溶发育程度在垂直方向上的变化,应进一步划分出含水性不同的层段
含水层组	对一些岩性和含水性相近的含水层,综合归并成一个含水层组

续表 5-1

含水带	不含水的岩层,由于局部裂隙和断裂影响,可以透水并含水,因此在岩层水平分布方向上,应按实际含水情况划分出含水带
富水带	含水岩层由于局部变化,裂隙和岩深发育可以存在透水性和含水性很强的地段(如古河床、岩深集中径流地带等)

2.含水层划分指标

含水层划分指标见表 5-2。

表 5-2　含水层划分指标

含水性	泥质含量/%	单位出水量/[L/(s·m)]	渗透系数/(m/d)
极强	极少	>10	>50
强	<5	10~5	50~10
中等	5~10	5~1	10~5
弱	10~15	1~0.01	5~1
极弱(隔水层)	>15	<0.01	<1

3.基岩含水层的分类

基岩含水层按其含水介质不同分类如表 5-3 所示。

表 5-3　基岩含水层的分类

类型	介质特征
孔隙含水层	半胶结的砾岩和砂岩,粒间孔隙透水,当与泥岩页岩等隔水岩层互层时,即构成含水层
裂隙含水层	1.构造裂隙含水层:脆性岩层(石英岩、石英砂岩)与塑性泥质岩互层,经构造变动后,构造裂隙沿脆性岩层发育,成为裂隙含水层,泥质岩石裂隙不发育构成隔水层; 2.成岩裂隙含水层:成岩裂隙发育的火山熔岩与裂隙不发育的凝灰岩、泥岩、页岩等互层时,火山熔岩为深含水层,砂泥质岩层相对为隔水层
岩溶含水层	石灰岩、白云岩、大理岩等可溶性岩层与非可溶性的砂泥质岩层互层时,沿可溶性岩层岩溶发育,使其成为岩溶含水层,砂泥质岩层相对为隔水层

(1)基岩含水带:是指主要受地质构造或风化作用控制,而受地质体限制的含水裂隙带或含水岩溶带。基岩含水带按其形态特征分类,如表 5-4 所示。

表 5-4　基岩含水带按形态特征分类

含水带类型	形态特征
带状含水带	分布范围较宽的带状、似层状的含水带: 1.风化裂隙含水带:基岩风化壳中,其下未风化的母岩为隔水层; 2.构造裂隙含水带:与岩层褶曲有关,如背斜轴部张裂带、褶曲转折端张裂带等; 3.岩溶含水带:碳酸岩地区,地下岩溶分布不均匀,在岩溶发育地段形成岩溶含水带

续表5-4

含水带类型	形态特征
脉状含水带	分布范围呈狭长脉状的含水带： 1.断层破碎带含水带； 2.岩脉含水带：侵入不透水围岩中的岩脉，沿脉壁及脉体裂隙发育形成含水带； 3.侵入接触含水带：岩浆岩侵入体与围岩的接触带在裂隙发育地段形成含水带
管道状或洞穴状含水带	由大型水平溶洞构成的地下河或地下湖

（2）隔水围岩：与含水带对应的相对不透水部分的岩石构成含水带的隔水边界。

4.控水构造

控水构造是指控制地下水的地质构造或称水文地质构造。控水构造由透水层（带）和相对隔水层（围岩）组合而成的。按其对地下水的控制作用，可分为导水构造、阻水构造、汇水构造、蓄水构造及储水构造五类，其组成要素和特征见表5-5。

表5-5 控水构造组成要素和特征

类型	组成条件	控水作用与特征	亚类
导水构造	不透水或弱透水岩层中的相对比较狭窄的强透水通道	在各含水层（带）之间或各蓄水构造之间起连通导水作用。地下水以径流量为主，储存量不多	（1）导水断层； （2）导水岩脉； （3）导水接触带； （4）导水溶洞
阻水构造	（1）下游有阻水体； （2）上游有含水层（带）	对地下水径流起阻挡作用： （1）抬高地下水位； （2）改变地下水流向。 （3）能使地下水富集成为有开采价值的水源	（1）阻水断层； （2）阻水岩体； （3）阻水岩脉； （4）阻水地层
汇水构造	（1）上部为透水岩层； （2）下部为盆形或谷形的隔水岩层； （3）补给、排汇条件较好	能将分散的地下水汇集起来，形成集中的地下水体或水流	（1）向斜汇水构造； （2）盆地汇水构造； （3）岩脉汇水构造； （4）风化带洼地汇水构造
蓄水构造	（1）透水的岩层； （2）隔水的边界； （3）补给条件优于排泄条件	在不断补给和排泄的交替过程中蓄积和储存地下水，形成有开采价值的地下水源	
储水构造	（1）含水岩层（带）； （2）封闭的隔水边界； （3）不具备补给和排泄条件	起储藏地下水的作用。其中的水量主要是储存量，没有天然补给量	封闭的含水体

5.水文地质单元

地下的水文体系,按地下水的储存系统和交替系统,分为一系列独立的或半独立的单元。这些单元称为水文地质单元。一个水文地质单元可以是一个联合的或单式的蓄水构造或完整的地下水域,也可是二者结合的水文地质体。一个完整的水文地质单元应包括以下4个基本要素:

(1)含水层或含水带。它们是地下水储存和径流的场所,如岩溶含水层、裂隙含水层、断层含水带等。

(2)隔水层或隔水围岩。作为边界条件对地下水的储存起约束作用。

(3)补给区。地下水接受补给的地区,一般位于地下径流的上游,地势较高的地方。

(4)排泄区。排泄区是排泄地下水的地区,一般位于地下径流的下游或地势较低的地方。

水文地质单元按水文地质单元的封闭程度(独立程度)相对地分为4级。如把岩溶地下河系的地下水流域作为一个水文地质单元,则干流流域就是一级水文地质单元,支流流域就是二级或三级水文地质单元。

地下水域是指地下水流系统的集水范围,是水文地质单元的一种。如地下水集中排泄的地方就是一个地下水流系统。

6.地下水的循环

(1)水的分布。自然界中的水以气态、液态和固态分布于地球的大气圈、水圈和岩石圈中。各相应圈中的水,分别称为大气水、地表水和地下水。地球上总水量约为14亿km^3,占地球体积的1%。水在自然界中的估算量见表5-6。

表5-6　自然界中水的估算量

区域	面积/km^2	水均衡要素	水的体积/km^3	水层厚度/mm
海洋	$360×10^6$	降水	$411.6×10^3$	1 140
		蒸发	$447.9×10^3$	1 200
		河水流入量	$36.3×10^3$	100
陆地外流区①	$117×10^6$	降水	$99.3×10^3$	850
		蒸发	$63.0×10^3$	540
		河流径流量	$36.3×10^3$	310
陆地内流区②	$33×10^6$	降水	$7.7×10^3$	240
		蒸发	$7.7×10^3$	240
整个地球	$510×10^6$	降水或蒸发	$518.6×10^3$	1017

注:①陆地外流区:地表径流最后直接流入海洋的地区。
　　②陆地内流区:地表径流不流入海洋的地区。

(2)水循环。自然界中水循环分为大循环和小循环。

大循环(也叫外循环)指从海洋蒸发的水分凝结降落到陆地,再经过径流或蒸发形式返回海洋的过程。

小循环(也叫内循环)指从海洋或陆地蒸发的水分再降落到海洋或陆地的过程。

五、地下水动态观测

(一)地下水动态观测的目的与任务

地下水动态观测是研究天然和人为作用下地下水渗流过程中的流量场和梯度场随时间和空间的变化规律。这些变化规律是含水层边界条件和地下水渗流条件方面的综合反映。因此,通过地下水动态观测,可以确定地下水动态的因素,了解各含水层之间、地表水与地下水之间、降水和包气带水之间的水力联系,以进行地下水量、水质评价,并为地下水的合理开发利用、预防发生危害性环境地质问题提供依据。对于不同的地区和目的,观测的基本任务各有不同。若以开采利用地下水为目的,则地下水动态观测的基本任务包括以下内容。

1.一般地区

(1)观测不同水文地质单元的水位、水量、水温、水质等动态变化的一般规律。

(2)了解水文、气候因素及人为因素对地下水动态变化的影响,查明地下水与地表水的补、排关系。

(3)了解各含水层间的水力联系。

2.大量开采区

(1)了解开采过程中地下水的动态变化,查明漏斗区的范围、形成条件、补给因素及发展趋势。

(2)了解区域水位下降和水量变化及井孔间干扰情况。

(3)提出合理开采、科学用水,资源保护、兴利除害的措施。

(二)观测点(网)的布设

1.观测点(网)的分类

观测点(网)根据其目的不同,一般可分为基本观测点(网)和专门观测点(网)两类。

基本观测点(网)属于整个城市范围内的控制性点(网),它研究区域性地下水动态变化规律,划分地下水动态类型,以便为地下水资源评价、预测和管理提供系列资料。

专门观测点(网)用来研究某些专门性的水文地质问题,或用来解决某些特殊性问题。这些问题如:地下水与地表水和上、下含水层之间的水力联系,咸水和淡水的分界线,计算某些水文地质参数,确定某些地下水均衡要素等。

2.观测点(网)布置的一般原则

(1)基本观测点(网)的布设。基本观测点(网)应以能控制勘察区的地下水动态特征为原则进行布设,并尽量结合已有的井、泉和勘探钻孔进行。

(2)专门观测点(网)的布设。专门观测点(网)要根据所解决的问题,有针对性地进行布设。

3.观测孔的结构

利用钻孔、井、泉等作为观测点,应根据观测目的和性质来确定其结构。

1)基本观测点的结构

基本观测点以能够控制区域地下水动态特征为原则,尽量利用已有井、泉和勘探钻孔作为观测点。

（1）用井作为观测点时，应在地形平坦地段选择人为因素影响较小的井，井深要达到历年最低水位以下 3～5 m，以保证枯水期照常观测。井壁和井口必须紧固，最好是用石砌，采用水泥加固。井底无严重淤塞，井口要能设置水位观测的固定基点，以进行高程测量。

农灌井作为观测点时，要有能够放入水位计和水温计的间隙。如果需要观测灌溉期间的抽水量，出水口要安装适用的计量装置（流量计或堰口）。如果是密封形式的机电井，可以在泵管与井管之间安装测水位的观测管，可选用直径为 20～50 mm 的铁管，顶部加管帽，观测管深度应达到历年最低动水位以下 3～5 m。

以自流井作为观测点时，如压力水头不高，可以接高井管，直接观测静水头的高度；如果压力水头很高，不便于接管观测，可以安装水压表，测定水头高度。

（2）用泉作为观测点时，可在泉口修建混凝土或砖砌的水池，并安装量水设备（堰或流量计），要及时清除池内淤沙，以避免流速减缓，保证正常观测。

（3）勘探钻孔作为观测点时，需要掌握钻孔地层和结构，并了解洗井、抽水情况，井口应加盖，并留有观测水位的口。

2）专门观测点的结构

专门观测点是为了某一目的而设置的，因此这种观测点不是永久性的。但有些观测点，如位于水源地范围内，也可留作永久性观测点加以利用。对其结构应符合下列要求：

（1）材料。可用铁管或钢管，对具有腐蚀性的地下水，可用塑料管或不锈钢管。松散层宜用包网或缠丝过滤器，基岩可用骨架式过滤器。

（2）孔径。一般不小于 89 mm，如果要抽水取水样，孔径可按泵管直径确定，并应大于泵管的直径。

（3）过滤器应下到含水层，并达到最低动水位以下 3～7 m，其长度不少于 2～3 m，下设沉淀管。过滤器周围最好能围填滤料，填砾层的厚度为 20～50 mm，如图 5-2 所示。

（4）观测孔孔口应高出地面 0.5 m 左右，并应加盖（管口保护帽）加锁。

（三）地下水动态观测项目

地下水动态观测的基本项目包括水位、水温、水量和水质观测。

1.水位观测

1）观测时间和次数

观测时间和次数可根据用水期和非用水期、灌溉期和非灌溉期、补给期和非补给期的具体情况来定。

（1）基本观测点：第一，初建的观测点（网），每5 d 观测 1 次，经过 2 年后，如基本掌握了水位动态变化规律，并在水位变化不大的情况下可延长至10 d 观测 1 次。第二，以农灌井为观测点时，应在当日抽水灌溉之前进行水位观测，观测期间，如果遇有集中灌溉连续抽水，应在抽水结束后，

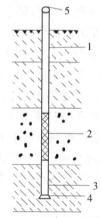

1—观测管；2—滤水管；3—沉淀管；
4—底塞；5—管口保护帽。

图 5-2 观测孔结构

水位恢复至静水位时方可观测,并注明停泵时间。

(2)专门观测点:第一,对确定地下水垂直补给或消耗量的观测点,在补给期或消耗期每日观测1次,其他时期每5d观测1次。第二,对确定地下水侧向补给或排泄量的观测点,在枯水期和平水期每5~10d观测1次,在地下水位变化较大,或有融雪、降雨,或邻近地区有开采的情况下,每1~3d观测1次。降雨期间每日观测1次,或在雨后加测。第三,对确定地下水与地表水之间的水力联系的观测点,应对地下水位与河、湖水位同时进行观测,非汛期每5d观测1次,汛期每日观测1次。水位变化较大时,可在部分观测点增加观测次数。

2)观测方法

(1)水位观测要从孔(井)口的固定基点量起,每次观测需要重复进行,其允许误差不超过2cm,取其平均值,作为观测结果。

(2)水位观测数值以m为单位,测记至两位小数(即cm)。如果动水位波动较大,记至两位小数有困难,可放宽观测精度,但要保证第一位小数准确。

(3)用导线或测绳测量水位时,其伸缩性应经常校核,及时消除误差。

2.水温观测

1)观测时间的要求

开始进行水温观测时,应与水位同步观测。经过一个时期后,基本掌握水温变化规律时,可适当减少观测次数。

2)观测方法

(1)温度表法。有酒精温度表和水银温度表两种。前者适用于常水温,精度较差;后者适用于冷热水温,测量热水时应选择最高水银温度表。观测时应将水温计装入专制的金属壳内,在水中放置3~5min后取出读数。

(2)热敏电阻法。由感温探头、导线和平衡电桥等部件构成,适用于冷、热水,使用灵活、方便,精度高。但热敏电阻易老化,随着电阻值增高,观测精度降低。观测时,读出示温指针所指的温度;使用时,需对电阻经常标定,避免电阻老化造成测量误差。

除以上两种仪器外,目前新型仪器很多,如SW-1型水温水位仪、DWS三用电导仪等,均可以连续测量水温,且精度高,使用方便,可以推广。

3.水量观测

1)观测时间和次数

利用开采井观测时,应逐日记录水量和动水位。若为农灌井,在非灌期每月测定1~3次,灌溉期应增加观测次数。泉和自流井的水量一般每3~5d观测1次,雨季或其他原因使流量发生明显变化时,应增加观测次数。

2)观测方法

水量观测,一般在井口安装流量计进行观测,无上述设备时,可利用水塔或蓄水池进行观测。

对留用勘探钻孔,可分别在丰、平、枯3个时期进行抽水试验,以了解不同时期的水量变化。

4.水质观测

水质观测不论是基本观测点,还是专门观测点,一般每月或每季取一次水样进行水质分析,其中 1/5 做全分析,其余做简分析。丰、枯水季节或有可能污染的地区,应增加取样次数和分析项目。

第二节 流量测验

流量是单位时间内流过江河某一横断面的水量,单位为 m^3/s。流量是反映水资源和江河、湖泊、水库等水量变化的基本资料,也是河流最重要的水文要素之一。

一、概述

(一)流量测验方法的分类
目前,国内外采用的测流方法和手段很多,按测流的工作原理,可分为下列几种类型。

1.流速面积法
常用的流速面积法有流速仪测流法、浮标测流法、航空摄影测流法、遥感测流法、动船法、比降法等。

2.水力学法测流
水力学法测流包括量水建筑物测流和水工建筑物测流。

3.化学法测流
化学法又称溶液法、稀释法、混合法等。

4.物理法测流
这类方法有超声波法、电磁法和光学法测流等。

5.直接法测流
直接法测流包括容积法和重量法,其适用于流量极小的山涧小沟和实验室模型测流。

实际测流时,在保证资料精度和测验安全的前提下,应根据具体情况,因时因地选用不同的测流方法。

(二)流速分布和流量模型
研究流速脉动现象及流速分布的目的是掌握流速随时间和空间变化的规律。它对于流量测验具有重大意义,可据以合理布置测速点及控制测速历时。

1.流速脉动
水体在河槽中运动,受到许多因素影响,如河道断面形状、坡度、糙率、水深、弯道以及风、气压和潮汐等,使天然河流中的水流大多呈紊流状态。由水力学可知,紊流中水质点的流速,不论其大小、方向都是随时间不断变化着的,这种现象称为流速脉动现象,如图 5-3 所示。

2.河道中流速分布
研究河道中的流速分布主要是研究流速沿水深的变化,即垂线上的流速分布,以及流速在横断面位置上的变化。研究流速分布对泥沙运动、河床演变等都有很重要的意义。

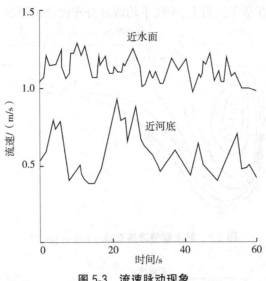

图 5-3　流速脉动现象

1）垂线流速分布

天然河道中常见的垂线流速分布曲线，一般水面的流速大于河底，且呈一定形状。只有封冻的河流或受潮汐影响的河流，其曲线呈特殊的形状。影响流速曲线形状的因素很多，如糙率、冰冻、水草、风、水深、上下游河道形势等，致使垂线流速分布曲线的形状多种多样，如图 5-4 所示。

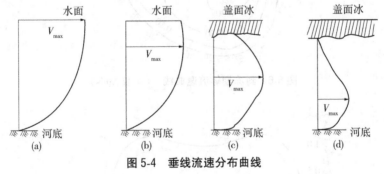

图 5-4　垂线流速分布曲线

2）断面流速分布

断面流速分布受到断面形状、糙率、冰冻、水草、河流弯曲形势、水深及风等因素的影响。可通过绘制等流速曲线方法来研究横断面流速分布的规律，如图 5-5 和图 5-6 所示，分别为畅流期和封冻期的等流速曲线。

从图 5-5、图 5-6 中及其他许多观测资料分析结果可知：河底与岸边附近流速最小；冰面下的流速、近两岸边的流速小于中泓，水最深处水面流速最大；垂线上最大流速，畅流期出现在水面至 $0.2h$（h 为水深）范围内，封冻期则由于盖面冰的影响，对水流阻力增大，最大流速从水面移向半深处，等流速曲线形成闭合状。

垂线平均流速沿河宽的分布曲线如图 5-7 所示。从图 5-7 中可见，流速沿河宽的变化与断面形状有关。在窄深河道上,垂线平均流速分布曲线的形状与断面形状相似。

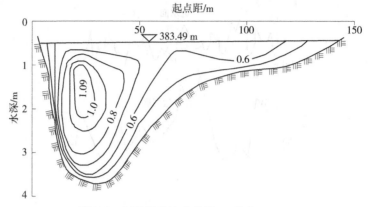

图 5-5　畅流期等流速曲线 （单位:m/s）

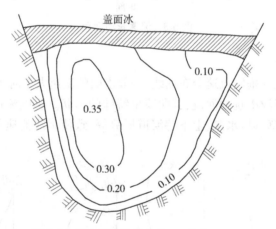

图 5-6　封冻期等流速曲线 （单位:m/s）

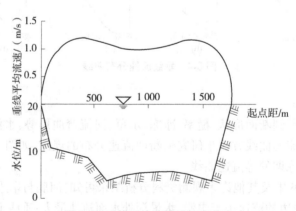

图 5-7　垂线平均流速沿河宽分布

3.流量模的概念

河道中的流速分布,沿着水平与垂直方向都是不同的,为了描述流量在断面内的形态,可采用流量模的概念:以过水断面为垂直面、水流表面为水平面、断面内各点流速矢量为曲面所包围的体积,表示单位时间内通过过水横断面的水的体积,该立体图形称为流量模型,简称流量模,它形象地表示了流量的定义。

通常用流速仪测流时,是假设将断面流量模型垂直切割成许多平行的小块,如图 5-8(a)所示,每一块称为一个部分流量;在超声波分层积宽测流时,假设将断面流量水平切割成许多层部分流量,如图 5-8(b)所示。

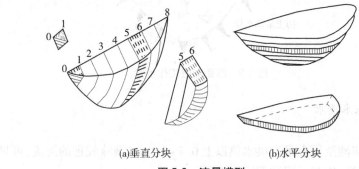

(a)垂直分块 (b)水平分块

图 5-8　流量模型

在过水断面内,对于不同部位,对流量的叫法分为以下几种:

(1)单位流量。单位时间内,水流通过某一单位过水面积上的体积。

(2)单宽流量。单位时间内,水流通过以某一垂线水深为中心的单位河宽过水面积上的体积。

(3)单深流量。单位时间内,水流通过水面下以某一深度为中心的单位水深过水面积上的体积。

(4)部分流量。单位时间内,水流通过某一部分过水面积上的水流体积。

二、断面测量

断面测量是流量测验工作的重要组成部分。断面流量要通过对过水断面面积及流速的测定来间接加以计算,因此断面测量的精度直接关系到流量成果精度;同时,断面资料又为研究部署测流方案,选择资料整编方法提供依据,对于研究分析河床的演变规律,航道或河道的整治都是必不可少的。

(一)断面测量内容和基本要求

1.断面测量内容

垂直于河道或水流方向的截面称为横断面,简称断面。断面与河床的交线,称河床线。

水位线以下与河床线之间所包围的面积,称为水道断面,它随着水位的变化而变动;历史最高洪水位与河床线之间所包围的面积,称为大断面,它包括水上及水下两部分。

断面测量的内容是测定河床各点的起点距(距断面起点桩的水平距离)及其高程。对水上部分各点高程采用四等水准测量;水下部分则是测量各垂线水深并观读测深时的水位,如图 5-9 所示。

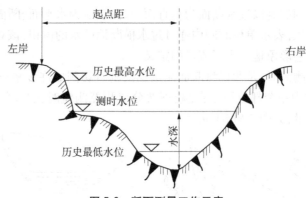

图 5-9　断面测量工作示意

2.断面测量基本要求

1)测量范围

大断面测量应测至历史最高洪水位以上 0.5~1.0 m;漫滩较远的河流,可只测至洪水边界;有堤防的河流,应测至堤防背河侧地面。

2)测量时间

大断面测量宜在枯水期单独进行,此时水上部分所占比重大,易于测量,所测精度高。水道断面测量一般与流量测验同时进行。

3)测量次数

新设测站的基本水尺断面、测流断面、浮标断面、比降断面,均应进行大断面测量。断面设立后,对于河床稳定的测站(水位与面积关系点偏离曲线小于±3%),每年汛期前复测 1 次;对河床不稳定的站,除每年汛前、汛后施测外,应在每次较大洪峰后加测(汛后及较大洪峰后,可只测量洪水淹没部分),以了解和掌握断面冲淤变化过程。

4)精度要求

大断面岸上部分的测量,应采用四等水准测量。施测前应清除影响测量的杂草及障碍物,可在地形转折点处打入有编号的木桩作为高程的测量点。测量时前后视距不等差不超过 5 m,累积差不超过 10 m,往返测量的高差不符值在 $\pm 30\sqrt{K}$ mm(K 为往返测量或左右路线所算得的测量线路长度的平均长度,km)范围内。对地形复杂的测站可低于四等水准测量。

(二)水深测量

1.测深垂线的布设

1)垂线的布设原则

测深垂线的布设易均匀分布,并应能控制河床变化的转折点,使部分水道断面面积无大补大割情况。当河道有明显漫滩时,主槽部分的测深垂线应较滩地为密。

2)对测深垂线数目的规定

大断面测量水下部分最少测深垂线数目见表5-7。

对新设测站,为取得精密测深资料,为以后进行垂线精简分析打基础,要求测深垂线数不少于表5-7规定数量的 1 倍。

表 5-7　大断面测量水下部分最少测深垂线数目

水面宽/m		<5	5	50	100	300	1 000	>1 000
最少测深垂线/条	窄深河道	5	6	10	12	15	15	15
	宽浅河道			10	15	20	25	>25

注:水面宽与平均水深比值小于 100 为窄深河道,大于 100 为宽浅河道。

2.水深测量方法

根据不同的测深仪器及工作原理,水深测量可划分成以下几种形式。

1)测深杆、测深锤测深

(1)测深杆测深。用刻有读数标志、下端装有 1 个圆盘的测杆垂直放入水中进行直接测深。该法适用于水深较浅,流速较小的河流。测深杆测深可用船测或涉水进行。

(2)测深锤测深。用测深锤(铁砣)上系有读数标志的测绳放入水中进行测深。该法适用于水库或水深较大但流速小的河流。

2)悬索测深

悬索测深,是用悬索(钢丝绳)悬吊铅鱼,测定铅鱼自水面下放至河底时,绳索放出的长度。该法适用于水深流急的河流,应用范围广泛,因此它是目前江河断面测深的主要方法。

在水深流急时,水下部分的悬索和铅鱼受到水流的冲击而偏向下游,与铅垂线之间产生一个夹角,称为悬索偏角。为减小悬索偏角,铅鱼形状应尽量接近流线形,表面光滑,尾翼大小适宜,要求做到阻力小、定向灵敏,各种附属装置应尽量装入铅鱼体内;同时,要求铅鱼具有足够的重量。铅鱼重量的选择,应根据测深范围内水深、流速的大小而定。对使用测船的测站,还应考虑在船舷一侧悬吊铅鱼对测船安全与稳定的影响,以及悬吊设备的承载能力等因素。

3)超声波测深

利用超声波在不同介质的界面上具有定向反射的这一特性,从水面垂直向河底发射一束超声波,声波即通过水体传播至河底,并以相同时间和路线返回水面。

超声波测深按水深显示方式不同,可分为记录式与直读式两大类。

(1)记录式回声测深仪。以时间为基础反映水深,可将测得水深记录在记录纸上,所以又称为时基记录式。

按其记录方式不同,又可分为直线时基式和圆周时基式两种。前者是以一定时间内移动的一定距离表示水深;而后者则是以一定时间内旋转的角度来表示水深。

(2)直读式超声测深仪。是用于缆道测深,能直观显示水深数字的数字回声仪。这种仪器一般是将换能器、收发声器,连同电池密封后固定在铅鱼的尾翼上,置于水下,由岸上控制数码管显示水深,用缆道钢丝绳(悬索)及水作为导体,以传递测量信号。

超声波测深仪具有效率高、劳动强度小、适应性强、测深精度高等优点;但当水流中含沙量大时,声波可能从密集悬浮泥沙反射回来。如果河床由较厚的淤泥组成,会使反射波变弱,记录不清晰,水深值难以辨认。

(三)起点距测定

大断面和水道断面的起点距均以高水位时的断面起点桩(一般为设在岸上的断面桩)作为起算零点。起点距的测定也就是测量各测深垂线距起点桩的水平距离,可以采用平面交会法、极坐标交会法、北斗定位系统等。

三、流速仪测流

一般常用的流速仪是机械式转子流速仪。机械式转子流速仪分为旋杯式流速式和旋桨式流速式两种,如图5-10、图5-11所示。该仪器惯性力矩小,旋轴的摩阻力小,对流速的感应灵敏;结构坚固,不易变形;仪器的支承及接触部分装在体壳内,能防止进水进沙,在含沙含盐的水中都能应用;结构简单,使用方便,便于拆装清洗修理;体积小,重量轻,便于携带,价格低,便于推广。但是,在水流含沙量较大时转轴加速、漂浮物多时易缠绕等问题难以解决。因此,各国正在试验研究采用其他感应器来测速,如超声波测速法、电磁测速法、光学测速法等,这些流速仪都称为非转子式流速仪。

流速仪测流时,必须在断面上布设测速垂线和测速点,以测量断面面积和流速。测流的方法,根据布设垂线、测点的多少及繁简程度而分为精测法、常测法和简测法。根据测速方法的不同,又可分为积点法和积深法两种。

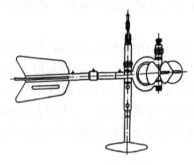

图 5-10 旋杯式流速仪

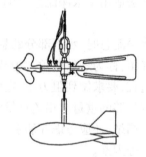

图 5-11 旋桨式流速仪

(一)测速垂线的数目与布置

1.测速垂线的数目

在断面上布设测速垂线的多少,取决于所要求的流量精度和垂线平均流速沿断面分布的变化情况,此外,还应考虑节省人力和时间。所以,合理的测速垂线数目,应为能充分反映横断面流速分布的最少垂线数。

目前,我国对测速垂线数目的规定见表5-8。该数目主要是根据河宽和水深而定的。宽浅河道测速垂线数目多一些,窄深河道则少一些。

表 5-8 我国精测法、常测法最少测速垂线数目

水面宽/m	<5.0	5.0	50	100	300	1 000	>1 000
精测法	5	6	10	12~15	15~20	15~25	>25
常测法	3~5	5	6~8	7~9	8~13	8~13	>13

注:宽浅河道取上限,窄深河道取下限。

一般国际上多采用多线少点测速。国际标准建议测速垂线不少于 20 条,任一部分流量不超过总流量的 10%。美国在 127 条不同河流上设测站,每站在断面上布设 100 条以上的测速垂线,对不同测速垂线数目所推求的流量,进行流量误差的统计分析,见表 5-9。表 5-9 中说明,标准差的变化范围从 8 条垂线的 4.2% 到 104 条垂线的假定值 0,即垂线数越多流量的误差越小。因此,测速垂线的数目应该引起足够的重视。

表 5-9 各种测速垂线数对流量的标准差

测速垂线/条	8~11	12~15	16~20	21~25	26~30	31~35	104
标准差/%	4.2	4.1	2.1	2.0	1.6	1.6	0

2.测速垂线布置

垂线布设应均匀,并应控制断面地形和流速沿河宽分布的主要转折点。主槽较滩地为密;对测流断面内大于总流量 1% 的独股水流、串沟,应布设测速垂线;随水位级的不同,断面形状或流速横向分布有较明显的变化,可分高、中、低水位级分别布设测速垂线。

另外,测速垂线布置应尽量固定,以便于测流成果的比较,了解断面冲淤与流速变化情况,研究测速垂线与测速点数目的精简分析等。当遇到水位涨落或河岸冲淤,靠岸边的垂线离岸边太远或太近时,应及时调整或补充测速垂线;断面出现死水、回流,需确定死水、回流边界或回流量时,应及时调整或补充测速垂线;当河流地形或流速沿河宽分布有明显变化时,应及时调整或补充测速垂线;当冰期的冰花分布不均匀、测速垂线上冻实、靠近岸边与敞露河面分界处出现岸冰时,应及时调整或补充测速垂线。

(二)精测法、常测法与简测法简介

精测法是指在较多的垂线和测点上,用精密的方法测速,以研究各级水位下测流断面水力要素的特点,并为制订精简测流方案提供依据。精测法工作量大,不适用于日常工作,主要是为分析研究积累资料。

常测法是指在保证一定精度的条件下,经过精简分析,或直接用较少的垂线、测点测速,测算流量。该法是平时测流常采用的方法。

简测法是为适应特殊水情,在保证一定精度的前提下,经过精简分析用尽可能少的垂线、测点测速。

这里提出了精度要求,它是以精测法为标准,经过精简分析,符合一定精度要求而采用常测法、简测法时,其容许误差的限界见表 5-10。

表 5-10 常测法、简测法的误差限界

测流方法	偶然误差		系统误差 X''_Q/%
	累积频率 75% 以上的误差 X_Q/%	累积频率 95% 以上的误差 X'_Q/%	
常测法(以精测法资料精简)	不超过±3	不超过±5	不超过±1
简测法(以精测法资料精简)	不超过±5	不超过±10	
简测法(以常测法资料精简)	不超过±4	不超过±8	

常测法和简测法在垂线上一般用两点法测速。在水位涨落急剧的断面,为了缩短测速历时,提高测流成果精度,可改用一点法测速。

(三)积点法测速与测速点

积点法测速就是在断面的各条线上将流速仪放在许多不同的水深点处逐点测速,然后计算流速、流量。这是目前最常用的测速方法。

垂线上测速点的数目主要考虑资料精度要求、节省人力与时间。用精测法测流时,测速垂线上测速点数目,根据水深及流速仪的悬吊方式等条件而定,具体要求见表5-11。测速点的位置,主要取决于垂线流速分布。

(四)积深法测速

积深法测速不是流速仪停留在某点上测速,而是流速仪沿垂线均匀升降而测得流速。该方法可直接测得垂线平均流速,减少测速历时,是简捷的测速方法,故常测法、简测法测流时,可用积深法测速。

表5-11　精测法测速点的分布

水深或有效水深/m		垂线上测速点数目和位置	
悬杆悬吊	悬索悬吊	畅流期	封冻期
>1.0	>3.0	5点(水面、0.2h、0.6h、0.8h、河底)	6点(水面或冰底或冰花底、0.2h、0.4h、0.6h、0.8h、河底)
0.6~1.0	2.0~3.0	3点(0.2h、0.6h、0.8h)或2点(0.2h、0.8h)	3点(0.15h、0.5h、0.85h)
0.4~0.6	1.5~2.0	2点(0.2h、0.8h)	2点(0.2h、0.8h)
0.2~0.4	0.8~1.5	1点(0.6h)	1点(0.5h)
0.16~0.2	0.6~0.8	1点(0.5h)	
<0.16	<0.6	改用悬杆悬吊或其他测流方法 改用小浮标法或其他方法	改用悬杆悬吊

(五)流量计算的方法

流量计算的方法有图解法、分析法及流速等值线法等。图解法和流速等值线法只适用于多线多点的测流资料。分析法是计算流量应用最广泛的方法,可随测随算,及时检查成果,工作简便迅速。其计算内容包括:垂线的起点距、水深,测点流速、垂线平均流速,部分平均流速、部分断面面积、部分流量,断面面积、断面流量、断面平均流速,相应水位等。

四、浮标法测流

浮标测流法包括水面浮标法、深水浮标法、浮杆法和小浮标法。浮标法适用于流速仪测流困难或超出流速仪测速范围的高流速、低流速、小水深等情况的流量测验。在这些方法中,原理和操作方法基本相同,主要是因采用浮标不同而异。

凡能漂浮之物,都可做成浮标,为了节约,宜就地取材。浮标法测流的主要工作是测量浮标流速和水道横断面。浮标法测流是在测流河段上游沿河宽均匀投放浮标,观测各浮标流经上、下浮标断面间的运行历时 T,测定各浮标流经中断面的位置。投放浮标的数目应大致与流速仪测流的测速垂线数目相当。如遇特大洪水,可只在中泓投浮标或选用天然漂浮物作浮标。

用浮标法测流时,水道断面面积正确与否是影响流量精度的关键因素,尤其是河床冲淤变化显著的测站,浮标法测流时不测断面,而借用断面的误差较大。河床稳定的测站,可借用最近的实测断面资料。

此外,浮标法测流时还应观测水位、风向、风力及其他附属项目(如天气现象、漂浮物、风浪等),以供检查和分析时参考。

第三节 泥沙测验

一、概述

(一)泥沙测验的意义

河流中挟带不同数量的泥沙,淤积河道,使河床逐年抬高,容易造成河流的泛滥和游荡,给河道治理带来很大的困难。黄河下游泥沙的长期沉积,形成了举世闻名的"悬河",正是水中含沙量大所致。泥沙的存在,使水库淤积,缩短工程寿命,降低了工程的防洪、灌溉、发电能力;泥沙还会加剧水力机械和水工建筑物的磨损,增加维修和工程造价等。泥沙也有其有利的一面:粗颗粒泥沙是良好的建筑材料;细颗粒泥沙进行灌溉,可以改良土壤,使盐碱沙荒变为良田;抽水放淤可以加固大堤,从而增强抗洪能力等。

对一个流域或一个地区,为了达到兴利除害的目的,就要了解泥沙的特性、来源、数量及其时空变化,为流域的开发和国民经济建设,提供可靠的依据。为此,必须开展泥沙测验工作,系统地收集泥沙资料。

(二)河流泥沙的分类

泥沙分类形式很多,从泥沙测验方面来讲,主要考虑泥沙的运动形式和在河床上的位置,如图 5-12 所示。

图 5-12 泥沙分类

按运动形式,河流泥沙可分为悬移质、推移质、河床质。悬移质是指悬浮于水中,随水流一起运动的泥沙;推移质是指在河床表面,以滑动、滚动或跳跃形式前进的泥沙;河床质是组成河床活动层,处于相对静止的泥沙。

按在河床中的位置,河流泥沙可分为冲泻质和床沙质。冲泻质是悬移质泥沙的一部分,它由更小的泥沙颗粒组成,能长期悬浮于水中而不沉淀,它在水中的数量多少,与水流的挟沙能力无关,只与流域内的来沙条件有关;床沙质是河床质的一部分,与水力条件有关,当流速大时,可以成为推移质和悬移质,当流速小时,沉积不动成为河床质。

因为泥沙运动受到本身特性和水力条件的影响,各种泥沙之间没有严格的界限。当流速小时,悬移质中一部分粗颗粒泥沙可能沉积下来成为推移质或河床质;反之,推移质或河床质中的一部分,在水流的作用下悬浮起来成为悬移质。随着水力条件的不同,它们之间可以相互转化,这也是泥沙治理困难的关键所在。

二、悬移质泥沙测验

悬移质泥沙测验的目的在于测得通过河流测验断面的悬移质输沙率及变化过程。由于输沙率随时间变化,要直接测获连续变化过程无疑是困难的。通常是利用输沙率(或断面平均含沙量,简称断沙)或其他水文要素建立相关关系,有其他水文要素变化过程的资料,通过相关关系求得输沙率变化过程。我国绝大部分测站的实测资料分析表明,一般断面平均含沙量与断面上有代表性的某垂线或测点含沙量(单位含沙量,简称单沙)存在着较好的相关关系。测断面输沙率的工作量大,测单沙简单。一般可用施测单沙以控制河流的含沙量随时间的变化过程,以较精确的方法在全年施测一定数量的断面输沙率,建立相应的单沙断沙关系,然后通过相关关系由单沙过程资料推求断沙过程资料,进而计算悬移质的各种统计特征值。因此,悬移质测验的主要内容除了测定流量外,还必须测定水流含沙量。悬移质泥沙测验包括断面输沙率测验和单沙测验。

(一)悬移质泥沙测验仪器及使用

目前,悬移质泥沙测验仪器分瞬时式、积时式和自记式3种。为了正确测取河流中的天然含沙水样,必须对各种采样仪器的性能有所了解,通过合理使用,以取得正确的水样。

1.悬移质泥沙采样器的技术要求

(1)仪器对水流干扰要小。仪器外形应为流线形,器嘴进水口设置在扰动较小处。

(2)尽可能使采样器进口流速与天然流速一致。当河流流速小于 5 m/s 和含沙量小于 30 kg/m³ 时,管嘴进口流速系数在 0.9~1.1 的保证率应大于 75%,含沙量为 30~100 kg/m³ 时,管嘴进口流速系数在 0.7~1.3 的保证率应大于 75%。

(3)采取的水样应尽量减少脉动影响。采取的水样必须是含沙量的时均值,同时取得水样的容积还要满足室内分析的要求,否则就会产生较大的误差。

(4)仪器能取得接近河床床面的水样,用于宽浅河道的仪器,其进水管嘴至河床床面距离宜小于 0.15 m。

(5)仪器应减少管嘴积沙、器壁粘沙。

(6)仪器取样时,应无突然灌注现象。

(7)仪器应具备结构简单、部件牢固、安装容易、操作方便且对水深、流速的适应范围广等特点。

2.横式采样器结构形式、性能特点及采样方法

横式采样器属于瞬时采样器,器身为一圆管,容积为 500~3 000 mL,两端有筒盖,筒盖关闭后,仪器密封。取样时张开两盖,将采样器下放至测点位置,水样自然地从筒内流过,然后操纵开关关闭筒盖。开关形式有拉索、锤击和电磁吸闭三种。横式采样器的形式如图 5-13 所示。

横式采样的优点是仪器的进口流速等于天然流速,结构简单,操作方便,适用于各

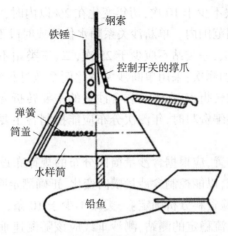

钢索
铁锤
控制开关的撑爪
弹簧
筒盖
水样筒
铅鱼

图 5-13 横式采样器

种情况下的逐点法或混合法取样。其缺点是不能克服泥沙的脉动影响,且在取样时,严重干扰天然水流,采样器关闭时口门击闭影响水流,如图 5-14 所示,加之器壁粘沙,使测取的含沙量普遍偏小。据有关单位试验,其偏小程度为 0.41%~11.0%。

横式采样器主要应考虑脉动影响和器壁粘沙。在输沙率测验时,因断面内测沙点较多,脉动影响可以相互抵消,故每个测沙点只需取一个水样即可。在取单位水样含沙量时,采用多点一次或一点多次的方法,总取样次数应不少于 2~4 次。所谓多点一次是指在一条或数条垂线的多个测点上,每点取一个水样,然后混合在一起,作为单位水样。一点多次是指在某一固定垂线的某一测点上,连续测取多次混合成一个水样,以克服脉动影响。为了克服器壁粘沙,在现场倒过水样并量过容积后,应用清水冲洗器壁,一并注入盛样筒内。采样器采取的水样应与采样器本身容积一致,其差值一般不得超过 10%,否则应废弃重取。

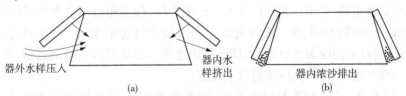

器外水样压入
器内水样挤出
(a)
器内浓沙排出
(b)

图 5-14 横式采样器口门击闭对水样的影响

(二)悬移质输沙率测验

悬移质输沙率测验的目的是用比较精确的方法测定单位时间内通过的悬移质干沙质量,结合同时的流量资料确定断面平均含沙量,利用单断沙关系或断沙过程线以推求不同时期的断沙数值。

一年内悬移质输沙率的测次,应主要分布在洪水期。采用断面平均含沙量过程线法进行资料整编时,每次较大洪峰的测次不应少于 5 次,平、枯水期,一类站每月测 5~10 次,二、三类站每月测 3~5 次。采用单断沙关系整编资料时,一类站单断沙关系与历年综合关系比较,其变化在 3%以内时,一年测次不少于 15 次;二、三类站做同样的比较,其变化在5%以内时,一年测次不少于10次,历年变化在2%以内时,一年测次不少于6次,并应均匀分布在含沙量变幅范围内。单断沙关系随水位级或时段不同而分为2条以上曲线时,每年悬移质输沙率测次,一类站不应少于25次,二、三类站不应少于15次,在关系曲线发生转折变化处,应增加测次;采用单断沙关系比例系数过程线法整编资料时,测次应均匀分布并控制比例系数转折点,在流量和含沙量的主要转折变化处,应增加测次;采用流量输沙率关系曲线法整编资料时,年测次分布应能控制各主要洪峰变化过程,平、枯水期分布少量测次。

断面内测沙垂线的布置,应根据含沙量横向分布的规律布设,一般情况下,其分布应大致均匀,中泓密,两边疏,以能控制含沙量横向变化,正确测定断面输沙率为原则。测沙垂线数目,一般应根据试验资料分析确定:一类站不少于10条,二类站不少于7条,三类站不少于3条。断面与水流稳定的测站,测沙垂线应该随测速垂线一起固定下来。用全断面混合法测输沙率时,测沙垂线的数目和位置应按全断面混合法的要求布置。

在测沙垂线有代表性的相对位置上,逐点测取水样,同时测流速,按流量加权的原理计算垂线平均含沙量。选点法有以下几种。

1.畅流期

一点法:在0.6h处,测速取沙。

二点法:在0.2h和0.8h处,测速取沙。

三点法:在0.2h、0.6h、0.8h处,测速取沙。

四点法:在0.2h、0.6h、0.8h处和河底附近,测速取沙。

2.封冻期

一点法:在0.5h处,测速取沙。

二点法:在水面下0.15h、0.85h处,测速取沙。

六点法:在冰底或冰花底、0.2h、0.4h、0.6h、0.8h处及河底附近,测速取沙。

输沙率测验期间,在单沙取样位置上取得的水样,称为相应单位含沙量(简称相应单沙)。由于输沙率测验不能在一瞬间完成,因此相应单沙也不能用一次单沙与之适应,应视沙情变化,通过采用取多次单沙,以推求相应单沙。相应单沙质量的高低,直接影响单断沙关系。测取相应单沙时,应注意以下几点:

(1)取样次数。在水情平稳时取1次;有缓慢变化时,应在输沙率测验开始、终了各取1次;水沙变化剧烈时,应增加取样次数,并控制转折变化。

(2)取样要求。在取样位置,取样的方法、使用仪器类型,应与经常性的单沙取样相同,以不失去相应单沙的代表性。兼作颗粒分析的输沙率测次,应同时观测水温。当单样与单粒取样方法相同时,可用相应单样作颗粒分析;不同时应另取水样作颗粒分析。

(三)水样处理

水样处理就是通过量积、沉淀、浓缩、称重等工序,求得含沙量的过程。

1.量积

为了避免水样蒸发、散失,一般在现场应及时量积,量积的读数误差,不得大于水样容积的1%,所取水样应全部参加处理,不得仅取其中的一部分。

2.沉淀、浓缩与称重

水样沉淀、浓缩是为称重做准备的。水样经过一定时间的沉淀后,吸出上部清水,称浓缩后的水样。水样浓缩时间,应根据试验确定,不得少于24 h。因沉淀时间不足而产生沙重损失的相对误差,一、二、三类站,分别不得大于1.0%、1.5%和2.0%,当洪水期与平水期的细颗粒泥沙相对含量相差悬殊时,应分别试验确定沉淀时间。然后将浓缩后的水样倒入烘杯、滤纸或比重瓶中,经处理后再放入天平中称重。

沉淀可采用自然沉淀或加速沉淀两种。对于不做颗粒分析的水样,可加入氯化钙或明矾以加速沉淀,凝聚剂的浓度及用量应经试验确定。对于做颗粒分析的水样,不能用上述方法加速沉淀。

3.沙样处理方法

沙样的处理方法很多,常用的处理方法有烘干法、过滤法、置换法等。

三、推移质及河床质泥沙测验

(一)推移质泥沙测验的目的、工作内容

1.推移质泥沙测验的目的

推移质泥沙运动是河流输送泥沙的另一种基本形式,泥沙的推移质数量一般比悬移质少,但在一些上游山区性河流,其推移质数量往往很大。由于推移质泥沙颗粒较粗,常常淤塞水库、灌渠及河道,不易冲走,对水利工程的管理运用、防洪、航运等影响很大。为了研究和掌握推移质运动规律,为修建港口,保护河道,兴建水利工程,大型水库闸坝设计、管理等提供依据,以及为验证水工物理模型与推移质理论公式提供分析资料,开展推移质测验具有重要意义。

2.推移质输沙率测验工作内容

(1)在各垂线上采取推移质沙样。

(2)确定推移质移运地带的边界。

(3)采取单位推移质水样。

(4)进行各项附属项目的观测,包括取样垂线的平均流速,取样处的底速、比降、水位及水深,当样品兼作颗粒分析时,还应加测水温。

(5)推移质水样的处理。当推移质测验与流量、悬移质输沙率测验同时进行时,上述大多数附属项目可以从流量成果中获得。

(二)推移质泥沙测验仪器及测验方法

1.推移质泥沙测验仪器

1)对推移质采样器的性能要求

(1)仪器进口流速应与测点位置河底流速接近。

(2)采样器口门要伏贴河床,对附近床面不产生淘刷或淤积。

(3)取样效率高,效率系数稳定,进入采样器内泥沙堆沙部位合理。

(4)外形合理、有足够的取样容积,并有一定的自重以保持取样位置不因水流冲击改变。

(5)结构简单、牢固,操作方便灵活。

2) 采样器种类

推移质采样器按用途分为卵石采样器和沙质采样器两类,如图 5-15～图 5-18 所示。

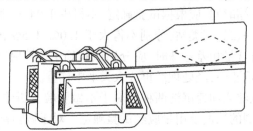

图 5-15　64 型卵石推移质采样器

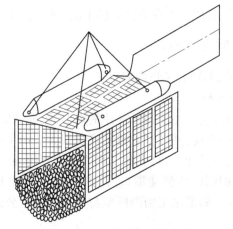

图 5-16　大卵石推移质采样器

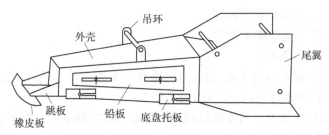

图 5-17　黄河 59 型推移质采样器

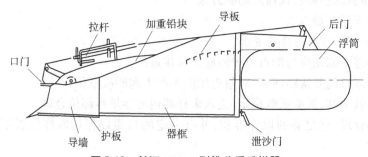

图 5-18　长江 Y78-1 型推移质采样器

2.推移质输沙率测验方法

用采样器施测推移质,因仪器不够完善,测验工作还缺乏可靠的基础,而且测沙垂线的布设、取样历时、测次等尚无成熟经验,现只能根据少数站开展推移质测验的情况,提出一些基本要求。

1)测次与取样垂线

推移质输沙率的测次主要布设在汛期,应能控制洪峰过程的转折变化,并尽可能与悬移质、流量、河床质测验同时进行,以便于资料的整理、比较和分析。

取样垂线应布设在有推移质的范围内,以能控制推移质输沙率横向变化,准确计算断面推移质输沙率为原则。推移质取样垂线最好与悬移质输沙率取样垂线相重合。

2)取样历时与重复取样次数

为消除推移质脉动影响,需要有足够的取样历时并应重复取样。对沙质推移质,每条垂线需重复取样 3 次以上,每次取样历时不少于 3~5 min,推移量很大时,也不应少于 30 s。对卵石推移质强烈推移带,每条垂线重复取样 2~5 次,累计取样历时不少于 10 min,其余垂线可只取样 1 次,历时 3~5 min。

每次取样数量以不装满采样器最大容积的 2/3 为宜。

3)推移质运动边界的确定

一般用试深法确定推移质运动的边界。做法是将采样器置于靠近垂线的位置,若 10 min 以上仍未取到泥沙,则认为该垂线无推移质泥沙,然后继续向河心移动试探,直至查明推移质泥沙移动地带的边界。对卵石推移质,还可用空心钢管插入河中,俯耳听声,判明卵石推移质的边界,该法适用于水深较浅、流速较小的河流。

4)单位推移质输沙率

为建立单位推移质输沙率与断面推移质输沙率的相关关系,以便用较简单的方法来控制断面推移质输沙率的变化过程,可在断面靠近中泓处选取 1~2 条垂线,作为单位推移质取样垂线,该垂线最好与断面推移质取样垂线相重合,这样在进行推移质测验时,可不再另取单位推移质沙样。

(三)河床质泥沙测验

1.河床质泥沙测验的目的

测取测验断面或测验河段的河床质泥沙,进行颗粒分析,取得泥沙颗粒级配资料,供分析研究悬移质含沙量和推移质基本输沙率的断面横向变化;同时河床质又是研究河床冲淤变化、推移质输沙量理论公式和河床糙率等的基本资料。

2.河床质采样仪器

对采样器的性能,要求能采集到河床表层 0.1~0.2 m 以内,具有级配代表性的沙样。在仪器上提时,采样器内沙样不被水流冲走,仪器结构牢固简单、操作方便,易于维修。

根据不同的河床组成、水深与流速等因素的影响,河床质的采样器有使用于卵石河床质的采样器(锹式采样器、蚌式采样器、犁式床沙采样器等)和沙质河床质采样器(圆锥式采样器、钻头式采样器、悬锤式采样器、锥式采样器、挖斗式床沙采样器等),如图 5-19、图 5-20 所示。

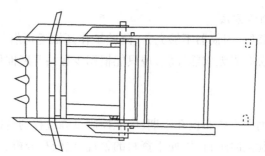

图 5-19　犁式床沙采样器

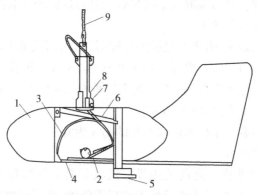

图 5-20　挖斗式床沙采样器

3.河床质测验方法

河床质测验的测次应满足测得不同水情、沙情条件下的河床质颗粒级配,或根据需要确定。一般只在悬移质和推移质测验作颗粒分析的各测次,同时采取河床质泥沙。

河床质取样垂线,应尽可能和悬移质、推移质输沙率各测验垂线位置相同。采取河床质容量的多少取决于取样方法、取样位置、河床质的变化情况以及颗粒分析所要求的精度。将取得的河床质泥沙经过处理后,按质量计算各种粒径组的泥沙所占的百分比,以求得其颗粒级配。

第六章

黄河水文气象情报预报

第六章

黄四大文学群体的崛起

第一节 洪水预报

根据洪水形成和运动的规律,利用过去和实时水文气象资料,对未来一定时段的洪水发展情况的预测,称洪水预报。

洪水预报是根据前期和现时的水文、气象等信息,揭示和预测洪水的发生及其变化过程的应用科学技术。它是防洪非工程措施的重要内容之一,直接为防汛抢险、水资源合理利用与保护、水利工程建设和调度运用管理,以及工农业的安全生产服务。

一、洪水预报发展历史

(一)中国洪水预报发展

中国早在 1027 年就将水情分为 12 类。

16 世纪 70 年代在黄河流域已有比较正常的报汛方式。当时在黄河设有驿站,由驿吏乘马飞速向下游逐站接力传报水情。同时,还发现"凡黄水消长必有先兆,如水先泡则方盛,泡先水则将衰"的规律。大意是当黄河大量出现水泡时,表示水势正在盛涨,若水泡消失,表示水势趋于衰落,据此来预估黄河洪水的涨落趋势。

1949 年以后,我国全面规划布设了水文站网,制订了统一的报汛办法,加强了对洪水的监测工作,洪水预报业务技术得到迅速发展和提高。

1954 年长江、淮河特大洪水,1958 年黄河特大洪水和 1963 年 8 月海河特大洪水,1981 年长江上游、1983 年汉江上游特大洪水,都由于洪水预报准确及时,为正确作出防汛决策提供了科学依据。

与此同时,中国洪水预报技术在大量实践经验的基础上,不论是理论或方法都有创新和发展,并在国际水文学术活动中广为交流。如对马斯京根法的物理概念及其使用条件进行了研究论证,发展了多河段连续演算的方法;对经验单位线的基本假定与客观实际情况不符所带来的问题,提出了有效的处理方法;结合中国的自然地理条件,提出了湿润地区的饱和产流模型和干旱地区的非饱和产流模型;提出了适合各种不同运用条件下中小型水库的简易预报方法;在成因分析的基础上进行中长期预报方法的研究等。

中国水利部水文水利调度中心初步形成了一个包括 6 个子系统的适用于不同流域、不同地区的预报系统,进一步提高了洪水预报的预见性和准确性。

为统一技术标准,严格工作程序,提高水文情报预报质量,水利电力部还组织编制了《水文情报预报规范》(SD 138—1985),于 1985 年正式颁发实施。

(二)国际洪水预报发展

1910 年奥地利林茨和维也纳的水文局,首次安装水位自动遥测和洪水警报电话装置,发展了洪水预报方法。1932 年,L.R.K.谢尔曼提出单位过程线,1933 年 R.E.霍顿建立下渗公式,1938 年,G.T.麦卡锡等提出马斯京根法原理,为根据降雨过程计算流量过程和河道洪水演进提供了方法,这些成果至今仍在洪水预报中广泛应用,且在不断地深化研究和改进。第二次世界大战期间,美国 H.U.斯韦尔德鲁普和 W.H.蒙克提出了根据风的要素预报海浪要素的半经验半理论方法。20 世纪 50 年代以来洪水预报技术发展很快。随着电子计算技术的发展,多学科的互相渗透和综合研究,不仅对水文现象的物理机制给予较充分的揭示,加强了经验性预报方法的理论基础,而且大大加速了信息的传递与处理,并使以往用人工无法实现的分析计算,能用电子计算机快速完成,同时提出了一些新方法。20 世纪 60 年代以后迅速发展的各种流域水文模型(包括中国的新安江模型、美国的萨克拉门托模型、日本的水箱模型等),日益得到广泛应用,并在不断研究改进和完善。又如采用卡尔曼滤波递推估算水文系统状态;用系统识别建立误差模型和参数估计作补充描述;或用人机对话进行实时跟踪校正,把卫星遥感技术和测雨雷达与水文预报模型结合应用,以提高洪水预报精度。此外,欧美不少国家建立了多种实时联机洪水预报系统。如美国国家气象局建立了全国的河流预报系统;苏联国家水文气象及自然环境监督委员会建立了全国实时水资料接收和预报系统。它们的特点是:功能齐全,适应性强,自动化程度高,通用性好,运算速度快。

二、洪水预报相关概念

(一)预报内容及分类

预报内容是最高洪峰水位(或流量)、洪峰出现时间、洪水涨落过程、洪水总量等。

1.按预见期长短分类

洪水预报按预见期长短可分为短、中、长期预报。通常把预见期在 2 d 以内的称为短期预报;预见期在 3~10 d 的称为中期预报;预见期在 10 d 以上一年以内的称为长期预报。对径流预报而言,预见期超过流域最大汇流时间即作为中长期预报。

2.按洪水成因要素分类

洪水预报按洪水成因要素可分为暴雨洪水预报、融雪洪水预报、冰凌洪水预报、海岸洪水预报等。

世界上绝大多数河流的洪水是因暴雨产生并造成灾害的,故暴雨洪水预报是洪水预报的一个主要课题。它包括产流量预报,即预报流域内一次暴雨将产生多少洪水径流量;汇流预报,即预报产流后,径流如何汇集河道再进行洪水演进,得出河道各代表断面的洪水过程。

3.其他分类

洪水预报还可分为两大类:第一类是河道洪水预报,如相应水位(流量)法。天然河道中的洪水,以洪水波形态沿河道自上游向下游运动,各项洪水要素(洪水位和洪水流量)先在河道上游断面出现,然后依次在下游断面出现。因此,可利用河道中洪水波的运动规律,由上游断面的洪水位和洪水流量,来预报下游的运动规律,由下游断面的洪水位和洪水流量来预报下游断面的洪水位和洪水流量。这就是相应水位(流量)法。第二类是流域降雨径流(包括流域模型)法。此法依据降雨形成径流的原理,直接从实时降雨预报流域出口断面的洪水总量和洪水过程。

(二)洪水预报方法

1.暴雨洪水预报

目前常用基于一定理论基础的经验性预报方法。如产流量预报中的降雨径流相关图是在分析暴雨径流形成机制的基础上,利用统计相关方法的一种图解分析法;汇流预报则是应用以汇流理论为基础的汇流曲线,用单位线或瞬时单位线等法对洪水汇流过程进行预报;河道相应水位预报和河道洪水演算是根据河道洪水波自上游向下游传播的运动原理,分析洪水波在传播过程中的变化规律及其引起的涨落变化,以寻求其经验统计关系,或者对某些条件加以简化求解等。近年来实时联机降雨径流预报系统的建立和发展,电子计算机的应用,以及暴雨洪水产流和汇流理论研究的进展,不仅从信息的获得、数据的处理到预报的发布用时很短(一般只需几分钟),而且既能争取到最大有效预见期,又具有实时追踪修正预报的功能,从而提高了暴雨洪水预报的准确度。

2.融雪洪水预报

融雪洪水预报主要根据热力学原理,在分析大气与雪层的热量交换以及雪层与水体内部的热量交换的基础上,并考虑雪层特性(如雪的密度、导热性、透热性、反射率、雪层结构等),以及下垫面情况(如冻土影响、产水面积等),选定有关气象、水文等因子建立经验公式或相关图预报融雪出水量、融雪径流总量、融雪洪峰流量及其出现时间等。20世纪80年代以来,概念性模型也得到广泛应用。

3.冰凌洪水预报

冰凌洪水预报可分为以热量平衡原理为基础的分析计算法和应用冰情、水文、气象观测资料为主的经验统计法两大类,以经验统计法较为简便。它选用有关气象、水文、动力、河道特征等因子建立经验公式或相关图,预报冰流量、冰塞或冰坝壅水高度、解冻最高水位及其出现时间等。目前冰凌洪水预报尚缺乏完善的理论和可靠的预报方法。除要加强冰情监测和深入研究冰的生消过程物理机制外,还需要提高气象预报的可靠性,加强热量平衡计算法的研究和建立冰情预报模型。

4.风暴潮预报

风暴潮预报一般先用调和分析法、最小二乘法和月龄法等计算出天文潮正常水位,然后进行风暴潮的增水预报。常用的预报方法有两种。①经验统计法,即根据历史资料建立经验公式或预报模拟图,如建立风、气压和给定地点风暴潮位之间的经验关系进行预报。②动力数值计算法,即应用动力学原理,求解运动方程、连续方程,或建立各类动力模型作过程预报。这种方法理论基础比较严密,并可直接应用电子计算机。因此,国内外都在进一步研究发展中。

5.水文气象法预报

为了增长洪水预报的预见期,有时采用水文气象法作预报,即从分析形成各类洪水的天气气候要素及前期大气环流形势和有关因素入手,预报出暴雨、气温、台风、气旋等的演变发展,再据以预报洪水的变化。这种方法在很大程度上取决于气象预报的精度。因此,要密切注视预见期内及其前后的天气气候变化,及时进行修正预报,对水库调度运用及研究防洪措施决策能起到一定的参考作用。

三、黄河洪水预报

黄河的洪水预报,主要为防汛、水利施工、交通、航运及工农业生产等部门服务。预报项目有洪峰流量、最高水位、峰现时间、流量过程等;范围包括黄河干支流的主要控制站、大型水库、分滞洪区等;预报的重点区域是三花区间、黄河下游河道及三门峡水库。

（一）预报方案

1.预报方法

1）水位预报

在 20 世纪 50 年代初期,应用相应水位的理论编制了黄河下游干流简单的上、下游站洪峰水位和水位涨差相关图。该方法只在河床不变情况下有效,在黄河下游应用此种方法往往产生较大误差。1955 年后改用实时改正水位流量关系曲线法,为由预报流量通过水位-流量关系曲线推求水位的方法,并根据实测资料,随时修正水位-流量关系曲线,借以提高水位的预报精度。一般可以得到较高的精度,多年来一直作为经常使用的方法。

1964 年黄委水情科开始探索变动河床影响下的水位预报,从分析断面冲淤变化入手,用导向原断面方法,修正水位-流量关系曲线,由洪峰流量推求洪峰水位。但尚需解决断面冲淤预报问题。

1975 年黄委水文处、水利科学研究所与清华大学水利系等单位组织协作,对黄河下游变动河床水位预报进行探讨,研究重点是河槽断面冲淤变化对水位的影响,初步提出"河道主槽断面冲淤变化的预报方法"。1988 年 4 月黄河水利委员会水利科学研究所与武汉水利电力学院合作研制黄河下游变动河床洪水位预报数学模型,于 1990 年 4 月正式提出成果,并经黄委有关专家验收。

2）流量预报

（1）洪峰相关法。

这种方法早在 20 世纪 50 年代初,已在黄河上广泛应用。此法简单、修正方便、能保持一定精度。近年来结合黄河河道冲淤善变的特点,在应用这一相关法中,分析考虑了洪峰形状和平滩流量大小因素的影响,其相关形式有下列三种。

单一河段:采用上游断面洪峰流量与下游断面洪峰流量相关;建立以平滩流量为参数的上下游断面洪峰流量相关图,或以洪峰系数为参数的上下游断面洪峰流量相关图。

有支流加入的河段:黄河中游地区,两岸有众多的支流注入,单一相关法已不能满足需要。如吴堡至龙门、龙门至潼关、泾河张家山、渭河咸阳至华县及其上游的各个河段均采用两种形式的相关图,即:建立以上站洪峰形状系数为参数的上游干支流站合成流量与下游站洪峰流量相关图;或以支流站合成流量为参数的上游站洪峰流量与下游站洪峰流量相关图。

有区间降雨影响的相关图:上下游站区间有降雨加入,则建立以区间降水量和支流站合成流量为参数的洪峰流量相关图。

上述各种洪峰流量相关法,简单灵活,可以实时修正,应用方便,一般具有较高的精度,为洪峰预报中经常采用的方法。

（2）流量演算法。

新中国成立初期曾应用过图解法、瞬态法。自 1955 年起在主要干支流,凡开展流量过程预报的河段均采用马斯京根法。对于黄河下游河道的洪水演算又分为两种情况:

①无生产堤影响的河段:对于一个特定的河段,又存在着两种不同条件的洪水,一是不漫滩洪水,二是漫滩洪水。演算结果两者不同,故需分别求得适合各类洪水演算的参数,并随时根据前期实测资料进行校正,一般可得到较高精度的预报成果。

②有生产堤影响的河段:1958年大水后,黄河下游河道两岸滩地上,群众修建了大量的生产堤,在生产堤不溃决时,仍采用不漫滩的参数进行演算,生产堤溃决时,主要采用三种方法。一是滩区调洪演算法:首先应用河道漫滩洪水马斯京根演算法进行演算,然后对漫滩流量以上洪水过程进行水库洪水调蓄计算,将计算结果与河槽流量过程相加即得预报结果。二是滩区汇流系数法:将进入滩区的流量过程应用汇流系数进行演算,河槽部分的流量过程仍用河槽洪水演算参数进行演算,滩槽演算结果相加即为河道出流过程。三是滩槽分演滞后叠加法:洪水漫滩后入流断面洪水分成大河水流和滩地水流分别进行马斯京根法演算,然后在出流断面叠加。

3) 出流过程预报

出流过程预报主要有三种方法:20世纪50年代中期广泛应用的峰量关系和概化过程线法;20世纪50年代末至70年代常用的流域单位线法(主要有L.R.K.谢尔曼单位线、纳希瞬时单位线);20世纪70年代末至80年代初广为应用的单元单位线汇流法。

4) 流域模型

我国自1976年开始引进国外的水文预报模型,1978年俞文俊等结合黄河实际情况,在伊河上建立了陆浑降雨径流预报模型。1983年以后又在同区试用美国萨克拉门托模型和中国新安江模型;在三小间,大汶河和黄河上游用了新安江模型;在三花间还编制了混合模型;在沁河和皇甫川应用了日本水箱模型;在汾河应用了汾河流域模型;在大汶河编制了临汾以上流域模型。

5) 水库预报

自1960年三门峡水库建成并投入运用以来,其他大中型水库调洪演算均采用蓄率中线法。对于多沙河流的黄河干流水库,库容曲线常受冲淤影响,随时发生变化,所以在实际作业预报中根据实测输沙率及时进行修正,以保证库水位及下泄流量预报精度。

(二) 作业预报

1.概况

1955年以前的作业预报,主要根据洪水预报曲线结合实况分析发布。自1955年起系统地编制了中下游洪水预报方案后,作业预报才逐步走上正轨。根据黄河防汛的具体要求,健全了汛期作业预报组织,制定了预报步骤和发布标准。20世纪80年代以来,主要采用按次洪水,由主班负责预报,并吸取天气预报会商的经验,避免机械使用方案和主观臆断,使作业预报更加符合客观实际,进而提高预报精度。预报手段也不断改进,已由20世纪50年代和60年代的手工计算和查图作业,发展到80年代电子计算机作业。作业预报时间大大缩短,使预报预见期有所增长。

2.预报作业规定

1) 预报步骤

自1955年开始根据不同的预报精度分步提供预报,按照防汛的要求,作业预报分3步进行。第一步根据降水预报,由降雨径流预报方案(或流域模型),推估可能产生的洪水,作为警报。此步预报对花园口预报的预见期一般在24 h左右,但精度较低,只能供领导和防汛部门参考。第二步根据流域内已出现降雨实况,由降雨径流(或流域模型)预报方案推求洪水,一般精度为80%左右,对花园口预报的预见期为12~18 h,供防汛部门提早考虑防汛部署。第三步依据干支流站已出现的洪峰流量,由洪峰流量相关和流量演算方法,推算下游各站的洪水,再加经验修正后正式发布,一般精度在90%以上,对花园口预报的预见期为8~10 h,供作防汛决策的依据。

2)预报程序

20世纪50—70年代,预报工作由水情组(科)负责,预报由技术负责人审核发布,20世纪80年代起改由作业预报组按次洪水轮流负责,以主班预报为主。在潼关或花园口站流量超过6 000 m³/s以上且在10 000 m³/s以下时,其余各班亦同时做出预报,集体会商讨论,由技术负责人审核,处领导签发;超过10 000 m³/s的洪水预报,由水文局和防办领导审批发布。

3)发布形式

洪水预报对外一律采用预报电码形式发布;对内规定漫滩流量以下、3 000 m³/s以上的洪水预报,先告知防办并在水情日报上公布;漫滩流量以上洪水预报或修正预报,一律用"代电"形式发布,并在"代电"中阐明预报依据,以便外单位分析使用。

4)预报分工

洪水预报在20世纪50和60年代没有明确分工,主要由黄委负责发布。同时兰州水文总站和三门峡水库水文实验总站也相应做预报,主要适应当地需要。自1977年建立黄河下游预报网以后,黄河下游各站的预报分别由河南、山东黄河河务局向下属单位发布,黄委所做预报只向国家(中央)防总及河南、山东黄河河务局发布。黄河上游的预报,由兰州水文总站负责发布;沿黄各省(区)水文总站负责发布所辖区段的洪水预报。1985年规定华县、龙门、潼关、三门峡四站流量及史家滩水位预报主要由三门峡水库水文实验总站负责。若龙门、潼关、华县三站流量分别达到10 000 m³/s、8 000 m³/s、4 000 m³/s以上,黄委亦应做出预报与总站会商发布。

第二节　河道洪水传播的概念

当流域上发生暴雨或大量融雪水汇集到河道后,或河流上游水利枢纽工程大量泄水后,河流水量在原本稳定的水面造成流量急剧增加,水位也相应上涨,就形成河道洪水。洪水在河道行进而造成的波动现象称洪水波,洪水波是通过水质点的位移而实现波动传播的位移波,它在传递时不但波形的瞬时水面线向前传播,同时水质点也向前移动,致使沿程的水流流速和水深不断改变,属于不稳定流。河流洪水波形状及传播如图6-1所示。

图6-1可说明描述洪水波几何特征的术语及意义。图6-1中箭头指明河流流动和洪水波传播方向。*ADC*为稳定流情况的水面(线)。*ABCDA*为洪水波某时刻的波体,即洪水波高出原稳定水面的部分;波体与稳定水面交接的长度称波长,如图6-1中的*AC*线(面);洪水波波体轮廓线上最高相对于稳定流水面的高度称波高,同一波体的波高随河长而变化,其中最大的波高称为洪峰,

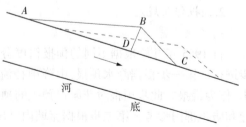

图6-1　河流洪水波形状及传播示意

如图 6-1 中的 *BD* 线(面);以洪峰为界,向着波前进方向的那部分波体称波前,如图 6-1 中的 *BCDB* 部分;与波前相反的那部分波体称波后,如图 6-1 中的 *BADB* 部分;波前的前锋界面称波锋,如图 6-1 中的 *BC* 线(面)。图中虚线波体表示洪水波运动到另一时刻的形态。

洪水波的运动特征可用附加比降、相应流量(水位)、波速等描述。附加比降可近似地用波体的水面比降和稳定流情况比降之差表示。相应流量(水位)是不稳定流各位相(不同时刻不同位置)的流量(水位),当位置确定后即为各时刻的流量(水位),水文站的洪水流量(水位)过程线就表示这种特征。波速指波体上某一位相点沿河道运动的速度,或者说相应流量(水位)沿河道传播的速度。洪水波波体上同位相点的波速一般是不相同的,相应流量(水位)为洪峰流量(水位)时的波速称为洪峰波速。

河道上任一断面的流量(水位)过程线给出了洪水波经过该断面时所呈现的形状,一般表现是水位(流量)有起涨快升、峰顶或持平降落、落平的涨落过程。理论分析指出,对单峰形洪水而言,任何断面上洪水波的最大特征值出现的先后顺序是:最大比降、最大流速、最大流量,最后才出现最高水位。根据这一观点,河道上两个断面的流量(水位)过程线之间的差异,必然反映洪水波在该河段中的传播规律。洪水波形成后,在河道传播过程中,既有同位相点(如洪峰)下断面出现时间晚于上断面表现洪水波移行的特点,也有下断面流量(水位)过程线比上断面低平、矮胖表现洪水波坦化的特点,在河段宏观上给出洪水波向下游移行中长度不断扩展、高度不断降低、连续变形、逐渐消失的物理图景。若将沿途没有旁侧支流加入的上下游若干位置(水文站)横断面洪水水位、流量过程线绘制在统一坐标系中,不但可以观察到洪水波经过各断面时所呈现的形状,还可以观察到洪水波随出现顺序而坦化扩展的演变图形。

洪水波引起河道水量的变化情况是:涨水时有一部分水量暂时积蓄在河段中,而在落水时这部分水量又会慢慢泄放出来,这就是河槽的调蓄作用。河槽调蓄与洪水波附加比降的密切关系是,后者大前者也大,反之亦然。洪水河槽是由以前的调蓄洪水开拓的,也为后来洪水预备了调蓄场地。河槽调蓄能力不足是造成洪水漫溢出槽、泛滥成灾的原因之一。

洪水波消失后的状况是,若洪水补充水源减弱到很小水平,河流可恢复到洪水前的状况;若补充水源维持在相当大水平的时间较长,则河流出现高水位、较大流量的新状况。

因洪水水位高,水深大,水流急,流速、流量大,危险性大,洪水的水文勘测任务艰巨,洪水涨落急剧变化过程快,在冲积性河床上冲淤显著,各水文要素测量控制时间要求紧,水位-流量关系较复杂,洪水预报作业要考虑河槽调蓄等因素反复跟踪演算,需和防汛等部门交换信息及时会商,这一切都会增大测算分析工作量,有关测报人员工作十分紧张。

第三节 冰情预报

冰情预报也称冰凌预报,对于有冰期的江河湖库或其他水体,根据有关热力、水力等因素和冰情资料,分析冰情的形成和变化规律,对未来的冰情做科学的预测,为防凌、发电、灌溉、航运、供水、施工和国防等提供依据。

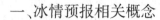

一、冰情预报相关概念

(一) 预报类型

一般来说冰情预报可以分为短期预报和长期预报两种。

1.短期预报

短期预报项目主要有封河日期、开河日期、冰厚、冰量、冰塞、冰坝最高水位、凌洪流量等,预报方法主要以热量平衡为基础,应用热力、水力等因素与冰情建立关系,建立冰情预报关系时一般只应用主要的热力因素,并用流量表示水力因素。

2.长期预报

长期预报的项目有封河日期、冰量、冰厚、开河日期等;预报方法主要是水文气象法和数理统计法,前者为以前期大气环流特征或有关气象因素和冰情建立经验关系,如大气环流法,后者为以冰情演变的统计规律建立预报方法,如概率统计法。

(二) 预报方法

预报方法分为经验和成因两类,经验法又分为完全经验法和有物理基础的统计法。完全经验法以大量观测资料为依据,建立纯经验关系,如河段上下游站的封河(开河)日期相关图,同一站(或河段)的流冰开始日期和封冻日期相关图等;统计法是在物理成因分析基础上建立的统计方法,如以相应流量和相应水温为参变数的气温转正日期与开河日期相关图等。成因方法是根据热量平衡原理和水力学理论建立的计算方法,如应用热量平衡方程式预报见冰日期。

(三) 预报内容

冰情预报的内容,一般指预报流凌、封冻、解冻的日期,封冻期的冰厚以及凌汛的最高水位等。

1.流凌日期预报

水流产生水内冰时就开始流凌。水内冰产生的迟早由水流本身的热量及其失热强度的大小来定。水流的热量可用水温表示,其失热强度常用气温转负日期表示。因为气温转负日期早,当时的太阳辐射强度较大,水流的热量较多,失热强度就小,从气温转负日期至开始流凌所需的时间也较长。

2.封冻日期预报

河道开始流凌后,随着气温继续下降,凌块不断增加,就可能封冻。在有足够产凌量时,河道封冻取决于两种因素:一是凌块间的冻结力,即热力因素;二是水流对凌块的牵引力,即水力因素。只有当冻结力大于牵引力时,河道才能封冻。制订方案时,常用气温转负日期、流凌日期、累积负气温、降温强度等因素反映产凌量和冻结力,以封冻前的水位或流量反映水流的牵引力。

3.冰厚预报

河流封冻后,水体继续失热,冰盖不断加厚。黄河、黑龙江、松花江、辽河等地,以累积负气温作为水体失热量的指标与冰厚建立经验公式。高纬度地区,冰上积雪减缓了水体失热强度。因此,积雪愈深,冰厚增加也愈慢。

4.解冻日期预报

河流解冻俗称开河,需要热力和水力条件。冰盖与大气的热量交换是融冰热量的主要来源。来自大气层的热量主要是太阳辐射,常以气温转正日期、气温转正至河流解冻期间的累积正气温等作为指标。对于流向自南向北的河流,上游来水带来的热量是使冰盖下层受热融化的原因,常以上游站水温、上游站流量与水温的乘积(称热流量)及上游站解冻日期等为指标。水力条件是指水位对冰盖的抬升作用与水流对冰层的牵引力,常用解冻前的水位或流量、上游站解冻日期为指标。河流解冻日期的早晚与气温转正时的冰层厚度有很大关系。冰层愈厚,融冰时所需热量愈多。

5.凌汛最高水位预报

河流解冻后的最高水位与封冻时的河槽蓄水量有关,且是由下游冰坝壅水或上游解冻使河槽水量增加造成的。河流的冰坝一般形成于河湾、浅滩或河段束窄处,各年形成的地点变化不大,但是形成冰坝条件比较复杂,各年冰坝的长度、高度以及壅水高程等各不相同,使得凌汛水位预报比较困难。

二、封冻预报

封冻预报包括流凌开始日期、封冻日期、冰厚和承载能力等预报项目。

(一)流凌开始日期预报

水温略低于 0 ℃时河道开始流凌,因此流凌日期预报即推求水温降到 0 ℃以下的日期,常以日平均气温转负日期、降温强度、河水热流量指标(水温与流量乘积)等作为热量因素指标,根据历史资料建立相关图。

(二)封冻日期预报

流凌开始后,气温继续下降,流凌密度增加,凌块之间的壅塞凝聚加强,当冰凌之间的冻结力大于水流对冰凌的牵引力时,河流开始封冻。一般用气温转负日期、流凌开始日期、累积负气温、降温强度等指标反映冰凌的数量和冻结力;封冻前期的水位和流量反映水流的牵引力;根据历史资料建立这些指标与封冻日期的预报相关图。

(三)冰厚和承载能力预报

河流封冻后,河水通过冰盖继续失热,冰盖不断加厚。常用累积负气温、封冻历时等反映河水失热情况。在冰面有积雪的情况下,冰厚增长速度降低,此时可建立包括起始冰厚、封冻历时、冰上积雪深度等与冰厚的多因素相关图(称合轴相关图)进行冰厚预报。根据冰厚预报和气温预报,并考虑冰的物理性质和荷载形式,可预测冰盖允许承载的能力。

三、解冻预报

解冻预报包括解冻日期、解冻时最高水位及它们的出现日期、解冻形势等预报项目。

(一)解冻日期预报

冰盖与大气的热量交换、冰盖与河水的热量交换是融冰的热量来源。预报中,常以气温转正日期、气温转正至河流解冻时期内的累积正气温作为指标,反映来自大气的热量;以上游水文站水温、河水热流量、上游解冻日期作为指标,反映来自河水的热量。促使解冻的水力因素主要是水流对冰盖的抬升和牵引作用,通常用解冻前水位或流量、上游解冻日期作指标。冰厚影响解冻快慢,常用气温转正日的冰厚、封冻期累计负气温、封冻日期、开始封冻时的水位作指标。根据历史资料建立这些指标与解冻日期的经验关系,即可进行解冻日期预报。

(二)解冻时最高水位预报

河流解冻的同时或解冻后几天内,河水迅速上涨,出现最高水位。在一般河段,造成解冻时最高水位的因素有:解冻前期河槽蓄水量、冰雪融化的水量及解冻期的降水量等,通常以封冻期水位作为前期河槽蓄水量指标与解冻时最高水位建立相关图进行预报;在由低纬度地区流向高纬度地区的河段,上游先解冻,河槽蓄水下泄,形成洪峰(称凌峰)向下游传播,可根据上、下游凌峰水位相关关系进行预报;在河湾、浅滩或河段束窄处,流冰受阻堆塞,容易形成冰坝,使河水位急剧壅高,有时可出现一年中最高水位。在这种情况下预报解冻时最高水位,尚需预估冰坝能否出现。

第四节　气象情报预报

一、气象情报

(一)情报收集

自 20 世纪 60 年代起,黄委有了自己的气象专业人员,从此也开展了专门为黄河防汛防凌服务的气象情报工作。不过,当时的气象情报,仅限于根据河南省气象台所收集的气象信息和天气图表,结合黄河的水情和下游的凌情及时描绘、复制与黄河流域天气有关的天气形势图表及部分经过分析加工的资料。

黄委比较正式的气象情报工作开始于 1977 年夏季。随着水文处水情科气象组的成立,当年汛前通过郑州市电信局,开设了由河南省气象台至黄委的气象通信专用线路。同期委托河南省气象台代培了两名气象通信、填图人员。7 月中旬开始了气象情报的正式值班工作。7 月 18 日填绘出黄委用于实时天气预报的第一张天气图。当时,由于值班人员少,技术尚不够全面,每天只收填 20 时的欧亚地面天气图,东亚 850 hPa、700 hPa 和 500 hPa 三张等压面图。

至 1982 年初,填图人员基本保持为 6 人,并先后到山东省气象台和陕西省气象台进行两次技术培训。随着情报人员的增加、技术水平的提高,不仅天气图表收填的数量逐年增加,质量也明显提高。

1986 年,黄委气象科在利用气象部门情报为黄河防汛、防凌服务方面做了大量工作。如在汛期,黄河流域气象部门除向黄委及时提供气象预报外,还及时提供气象情报,主要内容有月、旬、日降水实况及变化情况,当河南、山西、陕西、山东省气象台及中央气象台遇重大天气过程时,及时提供前几小时的天气实况、雷达回波和卫星云图等方面的情报。黄委气象人员及时进行综合分析与汇总,并向黄河防汛部门和有关领导汇报。同时,还会同水文、雨量站的雨情资料,分析流域雨区的移动和发展趋势,为暴雨和洪水预报提供依据。

凌汛期,根据山东省、河南省气象台提供的北镇(或惠民)、济南、菏泽和郑州等站的气温实况或遇强冷空气过程和回暖天气,中央气象台提供的全国范围内的天气情报,黄委气象人员及时进行分析和汇总,并向有关部门汇报。同时,制作气温变化图表,结合天气形势和凌情趋势,为气温和冰情预报提供依据。

另外,月初(或上月末)发布当月降水(汛期)或气温(凌汛期)长期预报时,还对所收集到的降水(或气温)实况,以及天气图资料进行综合分析,及时向有关部门提供天气气候特点和大气环流背景的再加工情报。

(二)仪器设备

1977年初,从郑州市电信局租用了两台555型电传打字机。1978年购置配备了两台长江555型电传打字机,同时,对情报人员进行了电传操作和维修技术的培训。1979年和1980年相继增设了两台T1000S型电子式电传打字机和两台上海产电子式电传打字机,提高了气象信息传输打印的速度,减少了噪声,改善了工作条件。1981年又增设了两台ZSQ-1A气象传真收片机,为天气分析和预报工作增添了大量信息和资料。1986年汛前,增设了自动填图仪,实现了天气图填制自动化,不仅减轻了填图员的劳动强度,节省了人力,而且缩短了填图时间。1987年又增设了雷达终端,通过与河南气象台713型气象雷达的专线传输,可及时获得以郑州为中心、半径500 km范围内云或雨的显示图像。

(三)常规资料

气象常规资料是天气预报及分析工作最基本的实时气象资料。自1977年开始,经河南省气象台至黄委的通信专线传输和电传打印后,由人工或自动填图仪填制成天气图。主要内容如下。

1.地面气象报

根据黄河流域的地理位置和北京气象中心发布地面气象报的情况,在欧亚大陆和太平洋西海域共选取345个地面和海洋气象站。地面气象报包括天气报、重要天气报和雨量报等。主要内容有云高、云量、云状、能见度、风向、风速、气温、露点温度、本站气压、海平面气压、过去3 h变压、降水量、天气现象、24 h变温、24 h变压,以及最高和最低气温等。

地面气象报全天有6次,即02:00、05:00、08:00、14:00、17:00和20:00。由于填图人员少,1977年开始只填08:00和20:00两次,绘制地面天气图。遇复杂天气,临时加05:00或14:00小区地面天气图。

2.高空报和测风报

根据资料情况,在欧亚大陆、太平洋西海域和印度洋北海域共选取380个发布高空报或测风报的台、站。主要内容有850 hPa、700 hPa、500 hPa等压面的高度、温度、露点温度、风向、风速等。每日08:00和20:00两次,根据高空报填制等压面天气图(简称高空图)。遇有复杂天气时,增加填绘02:00和05:00两次高空图。

3.台风报

台风报的主要内容有台风编号、中心位置、中心气压、最大风速以及未来12 h、24 h、36 h、48 h台风中心移动路线。一般由预报值班员点绘在相应时刻的地面和高空天气图上。

4.月、旬、候格点报

每逢月、旬、候结束的次1~2日,应填北半球500 hPa平均高度的格点报。报文内容除区别月、旬、候三种报的指示码外,内容与形式基本一致。

每份报共获得576个格点的高度值。根据格点报填制成北半球的月、旬、候平均高度图,从而绘成平均环流形势图,供天气气候分析和中长期天气预报使用。

(四)传真资料

传真资料是通过有线或无线传真发送,利用传真收片机接收,通常接收由北京气象中心广播发送的图、表资料包括以下几点。

1.实时资料

实时资料主要包括东亚850 hPa、700 hPa、500 hPa高度,500~1 000 hPa厚度,700 hPa、500 hPa 24 h变高,北半球24 h地面变压。

2.客观分析资料

客观分析资料主要包括亚欧地面850 hPa、700 hPa分析图,700 hPa垂直速度分析,500 hPa涡度分析,热带地面和200 hPa分析,东亚、地面分析,北半球100 hPa、200 hPa、300 hPa、500 hPa客观分析。

3.物理量及其分析资料

物理量及其分析资料主要包括500 hPa θ_{se} 与850 hPa θ_{se} 的差,700 hPa θ_{se},T-Td、水汽通量、水汽通量散度和垂直速度,北半球500 hPa涡度及其距平,850 hPa水汽通量。

4.预报资料

预报资料主要包括700 hPa形势和T-Td 36 h预报,500 hPa的12~36 h变高预报,500~1 000 hPa的36 h厚度预报,850 hPa的36 h温度预报,36 h、48 h地面形势预报,中国范围24 h、48 h降水量,月平均气温距平和月降水量距平百分率预报,欧洲数值预报中心的24 h、48 h、72 h、96 h、120 h和124 h北半球500 h预报,12~36 h网格降水量预报,欧亚500 hPa月平均高度预报,台风路径客观预报,500 hPa 36 h、48 h涡度预报,700 hPa 36 h、48 h垂直速度,水汽通量、水汽通量散度,全风速预报,850 hPa 36 h水汽通量和全风速预报,500~850 hPa θ_{se} 的36 h差值预报。

5.其他资料

其他资料主要有台风警报,北半球500 mbar超长波合成,月平均高度、高度距平及其球展系数;500 hPa欧亚和东亚区环流指数,西太平洋副热带高压、东亚槽、极涡等特征量,以及河南省区域天气图等。

(五)卫星云图、测雨雷达和探空资料

1.卫星云图

1981年7月开始,由河南省气象台提供日本GMS-1同步气象卫星拍制的云图资料。7月上旬至9月上旬的红外云图,主要为A图和H图。A图的覆盖范围为北纬10°~60°,东经100°~170°。每天8个时次,即世界时00:00点为第一次图,然后每隔3 h一次图。

1982年开始,启用日本GMS-2同步卫星云图,并考虑到实际应用的需要,改用B图(覆盖范围为北纬10°~60°,东经135°~西经150°),与A图衔接,覆盖整个欧亚大陆太平洋海域。

2.测雨雷达资料

1987 年设置雷达终端,与河南省气象台的 713 型气象雷达相连,并商定:遇一般天气过程,每天开机 3~4 次,可分别获得云或雨的 3~4 张平面位置和高度显示图像。当天气形势复杂,已经或可能出现强降水过程时,每隔 1~2 h 开一次机。

3.探空资料

配合黄河"三花"间的短期天气预报,1978 年开始,由河南省气象台投资提供郑州站探空资料。6~9 月每天 08:00 和 20:00 两次,包括高空温、压、湿、风,在天气分析和预报中应用。

另外,1985—1986 年期间,还由栾川县驻军二炮某部气象台提供栾川站的探空资料。

二、短期预报

(一) 汛期降水预报

1.基本任务

汛期,每天提供未来 1~3 d(1987 年前为 1~2 d)流域各区降水量级预报,是降水短期预报的主要任务。

一般情况下,每年 6 月上旬为天气监视阶段(遇有重大天气过程即时转入天气预报阶段),开始全面接收气象信息和点绘分析有关资料,并对天气变化特点和发展趋势进行监视,遇有情况及时向领导和黄河防汛抗旱总指挥部办公室反映。

6 月中旬开始进入预报值班阶段,即除全面接收分析气象信息、资料外,还安排预报人员昼夜值班。每天上午或中午会商天气,根据会商结果向有关领导提供未来 1~3 d 内黄河流域分区的降水量预报。文字预报同时公布在每天的《黄河水情日报》上。每当有重要雨、水情,且天气形势呈现复杂情况时,还需及时向黄委水文局有关领导和黄河防汛抗旱总指挥部办公室值班人员汇报,必要时发布修正预报。当中游大部分可能有强降雨过程时,还得向防办和黄委水文局有关领导提供降水量等值线预报图。

一般情况下,进入 10 月就不再在夜间值预报班,只是每天派预报员到河南省气象台查看天气形势,参加天气会商,监视天气变化情况。是否继续发布降水预报,则视雨、水情和天气形势而定。但遇有洪水过程,或出现强降雨或连阴雨天气,则继续接收气象信息和发布降水预报。

2.资料与图表

日常用于短期降水预报的资料和图表有:

(1)08:00、20:00 的 850 hPa、700 hPa、500 hPa 高空等压面图,必要时增加 02:00 和 05:00 的高空风图。

(2)02:00、05:00、08:00、14:00 的东亚地面天气图。

(3)1984 年汛期开始,增加河南省区域(72 站)天气图。

(4)24 h 全国降水量分布图。

(5)郑州站温度对数压力图和高空风时间垂直剖面图。

(6)国内部分 K 指数、θse、能量的沙土指数等物理量图。

(7)卫星云图:日本 GMS-1 和 GMS-2 同步气象卫星图片由河南省气象台提供。

（8）雷达回波：1987 年 8 月开始通过雷达终端可以定时（遇有复杂天气可随时）由河南省气象台提供 713 型气象雷达回波图像（包括目标平面位置和高度的两种显示图像）。

（二）凌汛期气温预报

每年冬季，黄河下游凌汛期一般为 2~3 个月。根据凌情预报的需要，必须做好黄河下游逐日气温的预报。

1.山东气象台的预报

1962 年，山东黄河河务局与山东省气象局商定，每年下游凌汛期由山东省气象台定时用电话向山东黄河河务局水情科提供未来 3 d 内郑州、济南、开封、菏泽和北镇的逐日气温预报。预报项目有最高、最低和平均气温。当时山东省气象台应用常规的天气图资料，用天气学方法制作逐日气温预报。

在确定济南站气温预报值时，要注意到济南周围特殊地形对该站气温的影响，即该站气温往往较其他站偏高，尤其是在回暖阶段，持续刮偏南风的情况下，这种偏高更为显著。因此，必须进行经验订正。

20 世纪 70 年代开始，为了充分发挥三门峡水库在下游防凌中的作用，开展了三门峡水库优化调度的试验研究，做好逐日气温预报就显得更为重要。针对这一情况，山东省气象台与山东黄河河务局水情科及山东大学数学系协作，开展了气温预报的数理统计方法研究。同时，从 1974 年开始将气温预报预见期由原来的 3 d 延长为 5 d。预报方法也由单一的天气学方法改进为天气学和统计学相结合的综合预报方法。

在此期间，山东黄河河务局水情科每天及时通过电话向黄委传递山东省气象台的逐日气温预报，以便在凌情预报和防凌调度中充分发挥其作用。

2.黄委和有关省气象台的气温预报

在山东省气象台向山东黄河河务局提供逐日气温预报的同时，黄委也于 1962 年凌汛期开始，与河南省气象台合作，开展了气温短期预报。1964—1965 年凌汛期黄委防凌工作组到济南，与山东省气象台一起制作气温预报，随时将预报结果传递给山东黄河河务局水情科。

1972 年开始，因防凌工作的要求，每天由水情科气象人员利用气象台的气象资料，在气象台专业人员的配合下，每天定时试作郑州、济南二站未来 3 d 的日平均气温预报。经对 1972—1973 年和 1973—1974 年两个凌汛期逐日平均气温预报按允许误差 24 h 为 ±1.5 ℃，48~72 h 为 ±2 ℃进行统计，后第 1 d 至第 3 d 的预报准确率分别是：郑州为 64%、58% 和 46%，济南为 56%、47% 和 38%。

1975—1976 年，由于人员原因暂停了逐日气温预报工作。

1977 年开始，正式成立了气象组，并增设了气象情报工作。从此，黄委气象组的预报员应用自己的天气图和气象资料，用天气学方法试作郑州、济南、北镇三站未来 3 d 的逐日气温预报。

1983 年成立气象科之后，黄河下游 3 d 气温预报的工作走向正规化，并明确由短期预报组承担，每年 12 月开始，进入凌汛期气象预报值班，通常在 12 月 15 日后正式发布预报，遇特殊情况时提前进入凌汛值班或提前发布逐日气温预报。

一般情况下，值班工作持续到 2 月底。遇有 3 月开河的年份则延长至全河开通，即凌汛期结束。

三、中长期预报

(一) 中期预报

黄委自 20 世纪 50 年代以来就开始应用地方气象台的中期预报。不过,当时的应用只起到了解天气变化情况的作用。

1962 年凌汛期开始,由山东黄河河务局委托山东省气象台提供下游 5 站 3 d 逐日气温预报;1974 年开始,将气温预报的期限由原来的 3 d 延长为 5 d。

同期,黄委也与河南省气象台合作,试作下游 3 站的 3 d 气温预报。

1979 年初,在北京大学仇永炎教授的建议和支持下,由中国气象局气象科学院姜达雍、张杰英作技术指导,黄委与河南省气象台合作,应用黄委水科所 TQ-16 电子计算机,开展了一层原始方程的中期数值预报试验。至 1980 年,共进行两年预报试验。计算成果结合天气学方法,应用于流域汛期降水预报和凌汛期下游气温预报。

同年秋季,由中国气象局主持在苏州召开了"全国中期预报学术交流会"。黄委代表在会上就黄河流域开展中期预报的方法和试验成果做了报告。会后根据会议交流的主要内容,中国气象局以及有关专家发起关于"加强中期预报方法研究和积极开展中期预报业务"的呼吁。针对黄河防洪防凌工作的实际,对开展黄河气象中期预报做了初步设想,逐步开展中期预报工作。

经过对 1981 年黄河上游大洪水的分析总结,进一步认识到开展气象中期预报的重要性和必要性,于 1982 年汛期开始,抽专人开展中期预报业务。至 1984 年汛期的两年时间里,由于中期预报的业务工作处于初期,既缺乏资料和方法,又缺实际预报经验,因而对中期预报工作的要求,主要是以口头形式向防汛部门和主管领导提供预报。随着资料和经验的积累,建立了基本的预报方法,从 1984 年凌汛期开始,中期预报改为以文字形式发布,并且规定:中期预报的期限为第 3~7 d;预报内容以过程为主,即凌汛期发布未来 3~7 d 黄河下游的气温预报,汛期发布未来 3~7 d 流域的降水过程预报。

为了配合黄河防汛抗旱总指挥部办公室每周举行的防汛例会,中期预报在一般情况下一周发布一次,发布时间原则上在防汛例会的前一天,当遇到特殊情况,必须对原预报进行修正时,以文字或口头形式增发一次。

(二) 长期预报

通常称预见期在 10 d 以上为长期预报。

1959 年黄委开始应用地方气象台的长期(月、季)天气预报掌握流域各区降水趋势,并制作流域干支流主要站的径流预报。这一情况一直延续到 1967 年。

1968 年开始,黄委组织了黄河流域水文气象长期预报的科研大协作。当年汛前,根据科研成果做出了黄河干支流主要控制水文站的径流量,分区降水量,大到暴雨次数、等级以及出现时间等数十项预报。同时,参考黄河流域各省(区)气象台根据协议提供的月、季长期天气预报,试验性地开展黄河流域分区(全流域分为:兰州以上,兰州—包头区间,包头—龙门区间,汾河流域,北洛河流域,泾渭河流域,伊、洛河流域和沁河流域,共 8 个区)的汛期和分月降水量长期预报。这是第一份降水长期预报。

1968年和1969年的长期预报都收到较好的效果。

1970—1971年,气象人员下放,降水长期预报工作暂停。当时由水文人员将中央气象台和沿黄各省(区)的降水长期预报按流域水系进行综合,并作为径流长期预报的主要依据。

1972年,下放人员调回,流域分区的降水长期预报工作再次开展,并将流域分区进行了调整,把兰州至龙门区间的包头站改为托克托站,即:兰包区间改为兰托区间,同时改包龙区间为托龙区间。

1974年,在山东省气象台的协助下,与山东大学数学系合作开展了黄河下游凌汛期气温长期预报方法的研究。

当年11月下旬,发布了1974年12月至1975年3月黄河下游5站(郑州、菏泽、聊城、济南、惠民)的气温预报。这是黄委的第一份气温长期预报。预报项目为12月至次年2月的月、旬平均气温和距平值,以及3月的气温趋势。

1975年,汛期降水长期预报增加下游汶河流域,同时将原泾渭河分开,从而成为10个预报分区。凌汛气温预报也考虑到资料的困难,不再包括聊城站,即改为下游4站气温预报。

1975—1978年,结合郑州大学数学系、新乡师范学院数学系和南京气象学院毕业生来黄河实习之机,开展应用电子计算机制作径流量、流域分区降水量和黄河下游凌汛期气温的长期预报工作。

自1980年凌汛期开始,考虑到气温资料和凌情预报的实际情况,将菏泽站删去。从此,气温预报改为郑州、济南、北镇3站。

自1980年汛期开始,对黄河流域的降水分区做了较大调整,主要依据对全流域69个雨量代表站27年(1953—1979年)降水量资料聚类分析的结果,同时参考流域特征和预报应用的实际情况,把流域降水的预报区统一为六个大区,即:兰州以上地区;兰州至托克托区间;将托克托至龙门区间和汾河流域合并为一个大区,统称为晋陕区;泾、北洛、渭河为一区;将伊、洛河和沁河统一于三门峡至花园口区间;将金堤河、大汶河统一于花园口以下地区为下游区。

同时,长期预报业务也做了相应调整。明确规定:每年3月下旬前准备一份当年汛期降水长期预报的讨论稿,参加由中央气象台主持召开的全国汛期降水预报会商会及其他有关会议;5月黄河防汛会议前为主管领导提供一份当年黄河流域汛期降水趋势的综合意见;5月下旬正式发布当年汛期6~9月流域分区的降水量长期预报;并在每月的2日或3日发布分月降水量预报,同时提供上月的流域降水实况及分析。

1981—1983年,为了对黄河流域旱涝规律和长期预报进行研究,与杭州大学地理系气象专业开展协作,经过3年共同工作,不仅基本弄清了黄河流域旱涝的变化规律及其主要成因,而且建立了一套用于业务预报的长期预报方案,从而使长期预报工作向前推进了一大步。

(三)服务效果与预报准确率

1.中期预报

中期预报业务起步晚,人员较少,资料和方法也比较缺乏,但预报人员克服种种困难,扬长避短,边开展预报服务,边改善工作条件,使预报服务的质量稳步提高,取得了良好预报效果。

据1984—1987年中期预报,参照河南省气象局规定的中期降水预报时段、范围和强度三方面评定标准和中期气温预报评定规定1~3 d误差为±2 ℃,4~10 d误差为±2.5 ℃进行检查,平均预报准确率:汛期降水过程为74%左右,凌汛期气温过程为82%左右。

2.长期预报

长期预报业务虽然开展得比较早,由于人员少、资料不足,预报理论和方法不够成熟,准确率不高。多年来不断努力改进预报方法和预报方案,降水预报准确率超过60%的占总次数的80%,最高年份达79%,气温预报准确率超过60%的年份占总次数的40%,最高的达100%,取得了一定的社会效益和经济效益。

第七章

黄河水资源评价及供需形势分析

第一节 水资源评价

水资源评价工作要求客观、科学、系统、实用，并遵循以下技术原则：

(1)地表水地下水统一评价。

(2)水量水质并重。

(3)水资源可持续利用与社会经济发展和生态环境保护相协调。

(4)全面评价与重点区域评价相结合。

一、一般要求

(1)水资源评价是水资源规划的一项基础工作。首先应该调查、收集、整理、分析利用已有资料，在必要时再辅以观测和试验工作。水资源评价使用的各项基础资料应具有可靠性、合理性与一致性。

(2)水资源评价分区进行。各单项评价工作在统一分区的基础上，可根据该项评价的特点与具体要求，再划分计算区域评价单元。首先，水资源评价应按江河水系的地域分布进行流域分区。全国性水资源评价要求进行一级流域分区和二级流域分区；区域性水资源评价可在二级流域分区的基础上，进一步分出三级流域分区和四级流域分区。另外，水资源评价还应按行政区划进行行政分区。全国性水资源评价的行政分区要求按省(自治区、直辖市)和地区(市、自治州、盟)两级划分；区域性水资源评价的行政分区可按省(自治区、直辖市)、地区(市、自治州、盟)和县(市、自治县、旗、区)三级划分。

(3)全国及区域水资源评价应采用日历年，专项工作中的水资源评价可根据需要采用水文年。计算时段应根据评价目的和要求选取。

(4)应根据社会经济发展需要及环境发展变化情况，每隔一定时期对前次水资源评价成果进行一次全面补充修订或再评价。

二、水资源数量评价

水资源数量评价实际上主要包括地表水资源量计算、地下水资源量计算以及水资源总量计算。在进行水资源量计算时，在有条件的地区，还进行相关数据的收集与计算，包括水汽输送量、降水量、蒸发量、地表水资源量、地下水资源量、总水资源量。

(一)水汽输送量计算

一个区域的水汽输送量多少，用水汽通量和水汽通量散度描述。全国和有条件的地区可进行水汽输送量分析计算，其内容应符合下列要求：

(1)将评价区概化为经向和纬向直角多边形，采用边界附近探空气象站的风向、风速和温度资料，计算各边界的水汽输入量或输出量，统计评价区水汽的总输入量、总输出量和净输入量，并分析其年内、年际变化。

(2)根据评价区内探空气象站的湿度资料，估算评价区上空大气中的水汽含量。

(二)降水量计算

降水量计算应以雨量观测站的观测资料为依据，且测站和资料选用应符合下列要求：

(1)选用的雨量观测站,其资料质量较好、系列较长、面上分布较均匀。在降水量变化梯度大的地区,选用的站要适当加密,同时应满足分区计算的要求。

(2)采用的降水资料应为经过整编和审查的成果。

(3)计算分区降水量和分析其空间分布特征,应采用同步资料系列;而分析降水的时间变化规律,应采用尽可能长的资料系列。

(4)资料系列长度的选定,既要考虑评价区大多数测站的观测年数,避免过多地插补延长,又要兼顾系列的代表性和一致性,并做到降水系列与径流系列同步。

(5)选定的资料系列如有缺测和不足的年、月降水量,应根据具体情况采用多种方法插补延长,经合理性分析后确定采用值。

降水量用降落到不透水平面上的雨水(或融化后的雪水)的深度来表示,该深度以mm计,观测降水量的仪器有雨量器和自记雨量计两种。其基本点是用一定的仪器观测记录下一定时段内的降水深度,作为降水量的观测值。

降水量计算应包括下列内容:

(1)计算各分区及全评价区同步期的年降水量系列、统计参数和不同频率的年降水量。

(2)以同步期均值和 C_v 点据为主,不足时辅之以较短系列的均值和 C_v 点据,绘制同步期平均年降水量和 C_v 等值线图,分析降水的地区分布特征。

(3)选取各分区月、年资料齐全且系列较长的代表站,分析计算多年平均连续最大4个月降水量占全年降水量的百分率及其发生月份,并统计不同频率典型年的降水月分配。

(4)选择长系列测站,分析年降水量的年际变化,包括丰枯周期、连枯连丰、变差系数、极值比等。

(5)根据需要,选择一定数量的有代表性测站的同步资料,分析各流域或地区之间的年降水量丰枯遭遇情况,并可用少数长系列测站资料进行补充分析。

根据实际观测,一次降水在其笼罩范围内各地点的大小并不一样,表现了降水量分布的不均匀性。这是由于复杂的气候因素和地理因素在各方面互相影响所致。因此,工程设计所需要的降水量资料都有一个空间和时间上的分布问题。

流域或区域面上的平均降水量计算方法,有算术平均法、等值线法、泰森多边形法。

(1)算术平均法:此法简单,但当降水量随地形变化较大时,精度较差。只有当地形起伏不大,且降水量观测站分布较均匀时,计算效果较好。

(2)等值线法:当流域(或区域)内可选择的降水量观测站较多,且降水量空间分布不均匀时,可以绘制年降水等值线图。然后,量算每两条等值线之间的面积,再通过一定计算就得到相应的降水量。

一般来说,等值线法是计算流域或区域平均降水量较完善的方法,因为它考虑了地形变化对降水的影响。因此,对于地形变化较大区域内有足够数量的降水量观测站,又能够根据降水资料结合地形变化绘制出降水量等值线图的条件下,采用等值线法比较理想。

(3)泰森多边形法:当流域内待选的降水量观测站比较少,绘制降水量等值线图又比较困难时,可以选用本方法。

(三)蒸发量计算

蒸发是影响水资源数量的重要水文要素,评价内容应包括水面蒸发、陆面蒸发和干旱指数。

水面蒸发的分析计算应符合下列要求:

(1)选取资料质量较好、面上分布均匀且观测年数较长的蒸发站作为统计分析的依据,选取的测站应尽量与降水选用站相同,不同型号蒸发器观测的水面蒸发量,应统一换算为 E601 型蒸发器的蒸发量。

(2)计算单站同步期年平均水面蒸发量,绘制等值线图,并分析年内分配、年际变化及地区分布特征。

陆面蒸发量常采用闭合流域同步期的平均年降水量与年径流量的差值来计算,亦即水量平衡法。

干旱指数是指年水面蒸发量与年降水量的比值。

(四)地表水资源量计算

按照中华人民共和国行业标准《水资源评价导则》(SL/T 238—1999)的要求,地表水资源量评价应包括下列内容:

(1)单站径流资料统计分析。

(2)主要河流(一般指流域面积大于 5 000 km² 的大河)年径流量计算。

(3)分区地表水资源数量计算。

(4)地表水资源时空分布特征分析。

(5)入海、出境、入境水量计算。

(6)地表水资源可利用量估算。

(7)人类活动对河川径流的影响分析。

单站径流资料统计分析应符合下列要求:

(1)凡资质较好、观测系列较长的水文站均可作为选用站,包括国家基本站、专用站和委托观测站。各河流控制性测站为必须选用站。

(2)受水利工程、用水消耗、分洪决口影响而改变径流情势的测站,应进行还原计算,将实测径流系列修正为天然径流系列。

(3)统计大河控制站、区域代表站历年逐月天然径流量,分别计算长系列和同步系列年径流量的统计参数;统计其他选用站的同步期天然年径流量系列,并计算其统计参数。

主要河流年径流量计算:选择河流出口控制站的长系列径流量资料,分别计算长系列和同步系列的平均值及不同频率的年径流量。

分区地表水资源数量计算应符合下列要求:

(1)针对不同情况,采用不同方法计算分区年径流量系列;当区内河流有水文站控制时,根据控制站天然年径流量系列,按面积比修正为该地区年径流系列;在没有测站控制的地区,可利用水文模型或自然地理特征相似地区的降雨径流关系,由降水系列推求径流系列;还可通过绘制年径流深等值线图,从年径流深等值线图上量算分区年径流量系列,经合理性分析后采用。

(2)计算各分区和全评价区同步系列的统计参数和不同频率的年径流量。

（3）应在求得年径流系列的基础上进行分区地表水资源数量的计算。

地表水资源时空分布特征分析应符合下列要求：

（1）选择集水面积为300~5 000 km²的水文站（在测站稀少地区可适当放宽要求），根据还原后的天然年径流系列，绘制同步期平均年径流深等值线图，以此反映地表水资源的地区分布特征。

（2）按不同类型自然地理区选取受人类活动影响较小的代表站，分析天然径流量的年内分配情况。

（3）选择具有长系列年径流资料的大河控制站和区域代表站，分析天然径流的多年变化。

入海、出境、入境水量计算应选取河流入海口或评价区边界附近的水文站，根据实测径流资料采用不同方法换算为入海断面或出、入境断面的逐年水量，并分析其年际变化趋势。

地表水资源可利用量估算应符合下列要求：

（1）地表水资源可利用量是指在经济合理、技术可行及满足河道内用水并顾及下游用水的前提下，通过蓄、引、提等地表水工程措施可能控制利用的河道外一次性最大水量（不包括回归水的重复利用）。

（2）某一分区的地表水资源可利用量，不应大于当地河川径流量与入境水量之和再扣除相邻地区分水协议规定的出境水量。

人类活动对河川径流量的影响分析应符合下列要求：

（1）查清水文站以上控制区内水土保持、水资源开发利用及农作物耕作方式等各项人类活动状况。

（2）综合分析人类活动对当地河川径流量及其时程分配的影响程度，对当地实测河川径流量及其时程分配做出修正。

（五）地下水资源量计算

地下水资源量评价内容包括：补给量、排泄量、可开采量的计算和时空分布特征分析，以及人类活动对地下水资源的影响分析。

在地下水资源量评价之前，应获取评价区以下资料：

（1）地形地貌、区域地质、地质构造及水文地质条件。

（2）降水量、蒸发量、河川径流量。

（3）灌溉引水量、灌溉定额、灌溉面积、开采井数、单井出水量、地下水实际开采量、地下水动态、地下水水质。

（4）包气带及含水层的岩性、层位、厚度及水文地质参数，对岩溶地下水分布区还应搞清楚岩溶分布范围、岩溶发育程度。

地下水资源量评价应符合下列要求：

（1）根据水文气象条件、地下水埋深、含水层和隔水层的岩性、灌溉定额等资料的综合分析，正确确定地下水资源量评价中所必需的水文地质参数，主要包括：给水度、降水入渗补给系数、潜水蒸发系数、河道渗漏补给系数、渠系渗漏补给系数、渠灌入渗补给系数、井灌回归系数、渗透系数、导水系数、越流补给系数。

(2)地下水资源量评价的计算系列尽可能与地表水资源量评价的计算系列同步,应进行多年平均地下水资源量评价。

(3)地下水资源量按水文地质单元进行计算,并要求分别计算评价流域分区和行政分区地下水资源量。

平原区地下水资源量评价应分别进行补给量、排泄量和可开采量的计算:

(1)地下水补给量包括降水入渗补给量、河道渗漏补给量、水库(湖泊、塘坝)渗漏补给量、渠系渗漏补给量、侧向补给量、渠灌入渗补给量、越流补给量、人工回灌补给量及井灌回归量,沙漠区还应包括凝结水补给量。各项补给量之和为总补给量,总补给量扣除井灌回归补给量为地下水资源量。

(2)地下水排泄量包括潜水蒸发量、河道排泄量、侧向流出量、越流排泄量、地下水实际开采量,各项排泄量之和为总排泄量。

(3)计算的总补给量与总排泄量应满足水量平衡原理。

(4)地下水可开采量是指在经济合理、技术可行且不发生因开采地下水而造成水位持续下降、水质恶化、海水入侵、地面沉降等水环境问题和不对生态环境造成不良影响的情况下,允许从含水层中取出的最大水量,地下水可开采量应小于相应地区地下水总补给量。

平原区深层承压地下水补给、径流、排泄条件一般很差,不具有持续开发利用意义。需要开发利用深层地下水的地区,应查明开采含水层的岩性、厚度、层位、单位出水量等水文地质特征,确定出限定水头下降值条件下的允许开采量。

山丘区地下水资源量评价可只进行排泄量计算。山丘区地下水排泄量包括河川基流量、山前泉水出流量、山前侧向流出量、河床潜流量、潜水蒸发量和地下水实际开采净消耗量,各项排泄量之和为总排泄量,即为地下水资源量。

(六) 水资源总量计算

水资源总量评价是在地表水资源量和地下水资源量评价的基础上进行的,主要内容包括"三水"(降水、地表水、地下水)关系分析、水资源总量计算和水资源可利用总量估算。

"三水"转化和平衡关系的分析内容应符合下列要求:

(1)分析不同类型区"三水"转化机制,建立降水量与地表径流、地下径流、潜水蒸发、地表蒸散发等分量的平衡关系,提出各种类型区的总水资源数量表达式。

(2)分析相邻类型区(主要指山丘区和平原区)之间地表水和地下水的转化关系。

(3)分析人类活动改变产流、入渗、蒸发等下垫面条件后对"三水"关系的影响,预测总水资源数量的变化趋势。

水资源总量分析计算应符合下列要求:

(1)分区水资源总量的计算途径有两种(可任选其中一种方法计算):一是在计算地表水资源数量和地下水补给量的基础上,将两者相加再扣除重复水量;二是划分类型区,用区域水资源总量表达式直接计算。

(2)应计算各分区和全评价区同步期的年水资源总量系列、统计参数和不同频率的水资源总量;在资料不足地区,组成水资源总量的某些分量难以逐年求得,则只计算多年平均值。

（3）利用多年均衡情况下的区域水量平衡方程式，分析计算各分区水文要素的定量关系，揭示产流系数、降水入渗补给系数、蒸散发系数和产水模数的地区分布情况，并结合降水量和下垫面因素的地带性规律，检查水资源总量计算成果的合理性。

分析地表水与地下水利用过程中的水量转化关系，用扣除地下水可开采量本身的重复利用量以及地表水可利用量与地下水可开采量之间的重复利用量的办法，估算水资源利用总量。

三、水资源质量评价

水资源质量的评价，应根据评价目的、水体用途、水质特性，选用相关参数和相应的国家、行业或地方水质标准进行。其内容包括：河流泥沙分析、天然水化学特征分析、水资源污染状况评价。

河流泥沙是反映河川径流质量的重要指标，主要评价河川径流中的悬移质泥沙。天然水化学特征是指未受人类活动影响的各类水体在自然界水循环过程中形成的水质特征，是水资源质量的本底值。水资源污染状况评价是指地表水、地下水资源质量的现状及预测，其内容包括污染源调查与评价、地表水资源质量现状评价、地表水污染负荷总量控制分析、地下水资源质量现状评价、水资源质量变化趋势分析及预测、水资源污染危害及经济损失分析、不同质量的可供水量估算及适用性分析。

地表水资源质量评价应符合下列要求：

（1）在评价区内，应根据河道地理特征、污染源分布、水质监测站网，划分成不同河段（湖、库区）作为评价单元。

（2）在评价大江、大河水资源质量时，应划分成中泓水域与岸边水域，分别进行评价。

（3）应描述地表水资源质量的时空变化及地区分布特征。

（4）在人口稠密、工业集中、污染物排放量大的水域，应进行水体污染负荷总量控制分析。

地下水资源质量评价应符合下列要求：

（1）选用的监测井（孔）应具有代表性。

（2）应将地表水、地下水作为一个整体，分析地表水污染、污水库、污水灌溉和固体废弃物的堆放、填埋等对地下水资源质量的影响。

（3）应描述地下水资源质量的时空变化及地区分布特征。

水资源质量评价是水资源评价的一个重要方面，是对水资源质量等级的一种客观评价。无论是地表水还是地下水，水资源质量评价都是以水质调查分析资料为基础的，可以分为单项组分评价和综合评价。单项组分评价是将水质指标直接与水质标准比较，判断水质是否合适。综合评价是根据一定评价方法和评价标准，综合考虑多因素进行的评价。

水资源质量评价因子的选择是评价的基础，一般应按国家标准和当地的实际情况来确定评价因子。

评价标准一般应依据国家标准和行业或地方标准来确定。同时，应参照该地区污染起始值或背景值。

水资源质量单项组分评价,就是按照水质标准[如《地下水质量标准》(GB/T 14848—2017)、《地表水环境质量标准》(GB 3838—2002)]所列分类指标,划分类别,代号与类别代号相同,不同类别标准值相同时从优不从劣。例如,地下水挥发性酚类Ⅰ、Ⅱ类标准值均为0.001 mg/L,若水质分析结果为0.001 mg/L,应定为Ⅰ类,不定为Ⅱ类。

对水资源质量综合评价,有多种方法,现分别介绍如下。

(一)评分法

评分法是水资源质量综合评价常用方法。具体要求如下:

(1)首先进行各单项组分评价,划分组分所属质量类别。

(2)对各类别分别确定单项组分评价分值。

(3)计算综合评价分值。

(4)根据综合评价分值划分水资源质量级别。

(二)污染指数法

污染指数法是以某一污染要素为基础,计算污染指数,以此为判断依据进行评价。

(三)一般统计法

这种方法是以检测点的检出值与背景值或水质标准作比较,统计其检出数、检出率、超标率等,一般以表格法来反映,最后根据统计结果来评价水资源质量。

其中,检出率是指污染组成占全部检测数的百分数。超标率是指检出污染浓度超过水质标准的数量占全部检测数的百分数。对于受生活污染的水体,可以根据检出率确定其污染程度。

(四)多级关联评价方法

多级关联评价是一种复杂系统综合评价方法。它的特点是:

(1)评价的对象可以是一个多层结构的动态系统,即同时包括多个子系统。

(2)评价标准的级别可以用连续函数表达,也可以采用在标准区间内做更细致分级的方法。

(3)方法简单可操作,易与现行方法对比。

第二节 水资源开发利用

一、供水基础设施及供水能力调查统计分析

以现状水平年为基准年,分别调查统计地表水源、地下水源和其他水源供水工程的数量和供水能力,以反映供水基础设施的现状情况。供水能力是指现状条件下相应供水保证率的可供水量。

地表水源工程分蓄水、引水、提水和调水工程,按供水系统统计,注意避免重复计算。蓄水工程指水库和塘坝,调水工程指跨水资源一级区的工程。

地下水源工程指水井工程,按浅层地下水和深层承压水分别统计。

其他水源工程包括集雨工程、污水处理回用和海水利用等供水工程。

在统计工作的基础上,应分类分析它们的现状情况、主要作用及存在的主要问题。

二、供水量调查统计分析

供水量是指各种水源工程为用水户提供的包括输水损失在内的毛供水水量。对跨流域跨省(区)的长距离地表水调水工程,以省(自治区、直辖市)收水口作为毛供水量的计算点。

在受水区内,按取水水源对地表水源供水量、地下水源供水量分别进行统计。地表水源供水量以实测引水量或提水量作为统计依据,无实测水量资料时可根据灌溉面积、工业产值、实际毛用水定额等资料进行估算。地下水源供水量是指水井工程的开采量,按浅层淡水、深层承压水和微咸水分别统计。

另外,其他水源供水量的统计,包括污水处理回用、集雨工程、海水淡化等。供水量统计工作,是分析水资源开发利用的关键环节,也是水资源供需平衡分析计算的基础。

三、供水水质调查统计分析

供水水量评价计算仅仅是其中的一方面,还应该对供水水质进行评价。原则上,地表水供水水质按《地表水环境质量标准》(GB 3838—2002)评价,地下水水质按《地下水质量标准》(GB/T 14848—2017)评价。

四、用水量调查统计及用水效率分析

用水量,是指分配给用水户包括输水损失在内的毛用水量。按照农业、工业、生活三大类进行统计并把城(镇)乡分开。

在用水调查统计的基础上,计算农业用水指标、工业用水指标、生活用水指标以及综合用水指标,以评价用水效率。

农业用水指标包括净灌溉定额、综合毛灌溉定额、灌溉水利用系数等。工业用水指标包括水的重复利用率、万元产值用水量、单位产品用水量。生活用水指标包括城镇生活和农村生活用水指标,城镇生活用水指标用"人均日用水量"表示,农村生活用水指标分别按农村居民"人均日用水量"和牲畜"标准头日用水量"计算。

五、实际消耗水量计算

实际消耗水量是指毛用水量在输水、用水过程中,通过蒸腾蒸发、土壤吸收、产品带走、居民和牲畜饮用等多种途径消耗掉而不能回归到地表水体或地下水体的水量。

农业灌溉耗水量包括作物蒸腾、棵间蒸散发、渠系水面蒸发和浸润损失等水量,可以通过灌区水量平衡分析方法进行推求,也可以采用耗水机制建立水量模型进行计算。

工业耗水量包括输水和生产过程中的蒸发损失量、产品带走水量、厂区生活耗水量等,可以用工业取水量减去废污水排放量来计算,也可以用万元产值耗水量来估算。

生活耗水量包括城镇、农村生活用水消耗量,牲畜饮水量以及输水过程中的消耗量。可以采用引水量减去污水排放量来计算,也可以采用人均或牲畜标准头日用水量来推求。

六、水资源开发利用引起不良后果的调查与分析

天然状态的水资源系统是未经污染和人类破坏影响的天然系统。而在人类活动影响后，或多或少地对水资源系统产生一定影响。这种影响可能是负面的，也可能是正面的，影响的程度也有大有小。如果人类对水资源的开发不当或过度开发，必然导致一定的不良后果。例如，废污水的排放导致水体污染，地下水过度开发导致水位下降、地面沉降、海水入侵，生产生活用水挤占生态用水导致生态破坏等。

因此，在水资源开发利用现状分析过程中，要对水资源开发利用导致的不良后果进行全面的调查与分析。

七、水资源开发利用程度综合评价

在上述调查分析的基础上，需要对区域水资源的开发利用程度做一个综合评价。具体计算指标包括：地表水资源开发率、平原区浅层地下水开采率、水资源利用消耗率。其中，地表水资源开发率是指地表水源供水量占地表水资源量的百分比；平原区浅层地下水开采率是指地下水开采量占地下水资源量的百分比；水资源利用消耗率是指用水消耗量占水资源总量的百分比。

在这些指标计算的基础上，综合水资源利用现状，分析评价水资源开发利用程度，说明水资源开发利用程度是高、中等还是低等。

第三节　黄河流域水资源供需形势分析

一、经济社会发展预测

(一)预测方法

预测对象繁多，预测内容广泛，因而预测方法也多种多样，大致可分为以下几种：

(1)调查研究预测法。它是对预测对象的未来发展性质的一种主观经验方面的判断估计。预测者采用各种调查方式取得大量实际资料，对这些资料进行加工整理和分析研究，从中找出规律，并结合经验来判断和推算未知事件的发展前景。

(2)因果分析预测法。也称回归分析预测，是指通过因素和预测对象之间的因果关系对其进行估计推算的方法。首先分析研究各种因素和预测对象之间的相关关系，确定回归方程式，然后根据自变量数值的变化，代入回归方程式从而推算预测对象的变化。

(3)时间序列预测法。这种方法指将某种统计指标的数值，按时间先后顺序排列所形成的数列。例如，将人口数值、工农业总产值等按年次顺序排列，从而形成相应的数据时间序列。

时间序列由两种因素组成：一种是统计数据所属的时间；另一种是序列水平的统计数据。时间和水平这两个因素，统称为时间序列的成分。时间序列预测法通过编制和分析时间序列，根据时间序列反映出来的发展过程、方向和趋势，进行外推，以预测下一时期或以后若干时期可能达到的水平。

（4）系统预测法。近些年来，随着人工神经网络（ANN）、灰色系统等新理论、新方法的不断完善，人们通过探索这些新理论、新方法在预测中应用的可能性，形成了系统的预测方法。

（二）经济社会发展指标预测

1.经济社会发展分析

改革开放以来，黄河流域经济社会得到快速发展。1980年国内生产总值（GDP）为916.4亿元，2006年达到13 733.0亿元，年均增长率为11.0%；人均GDP由1980年的1 121元增加到2006年的12 154元，增长了9.8倍；总人口由1980年的8 177.0万人增加到2006年的11 298.8万人，年增长率为12.5‰；城镇化率由17%增加到39%；工业增加值从1980年的310.0亿元，增加到2006年的6 684.1亿元，年增长率为12.5%；农田有效灌溉面积从1980年的6 492.5万亩，增加到2006年的7 764.6万亩，26年新增农田有效灌溉面积约1 272万亩，见表7-1。

表7-1 黄河流域经济社会发展主要指标

年份	总人口/万人	GDP/亿元	人均GDP/元	工业增加值/亿元	农田有效灌溉面积/万亩
1980	8 177.0	916.4	1 121	310.0	6 492.5
1985	8 771.4	1 515.8	1 728	489.0	6 404.3
1990	9 574.4	2 280.0	2 381	739.5	6 601.2
1995	10 185.5	3 842.8	3 773	1 474.8	7 143.0
2000	10 971.0	6 565.1	5 984	2 559.1	7 562.8
2006	11 298.8	13 733.0	12 154	6 684.1	7 764.6

2.国民经济发展指标预测

分别采用以上分析方法对黄河流域未来主要经济社会指标进行预测。

1）人口与城镇化

黄河流域大部分省（区）位于中西部地区，少数民族集中，人口增长较快。2006年总人口达到11 298.8万人，1980—2006年人口增长率为12.5‰。2010年以前，受人口增长惯性作用，人口增长率仍然较高；2010年以后，人口呈现"低增长率、高增长量"的发展态势。预计2030年黄河流域总人口达到13 094万人，2030年比2006年新增人口约1 795万人，2006—2020年和2020—2030年年均增长率分别为8.2‰和3.4‰。

2）国内生产总值（GDP）预测

黄河流域国内生产总值从1980年的916.4亿元，增加到2006年的13 733.0亿元，1980—2006年年均增长率为11.0%。2006年人均GDP为12 154元。预测到2030年黄河流域国内生产总值达到76 799.24亿元，2006—2020年和2020—2030年年均增长率分别为8.1%和6.5%，2006—2030年年均增长率为7.4%。2030年黄河流域人均GDP将达到5.87万元。2006年黄河流域三产结构为8.9∶55.8∶35.3，预计到2030年水平，黄河流域三产结构将调整为4.7∶52.7∶42.6。

3）工业指标预测

黄河流域资源条件雄厚,拥有"能源流域"的美称,经济发展潜力巨大。2006年黄河流域工业增加值为6 684.1亿元;到2030年工业增加值将达到35 687.4亿元,2006—2020年、2020—2030年发展速度分别为7.7%和6.9%,24年工业增加值发展速度达到7.4%,2030年与2006年相比增长4.5倍。2030年工业增加值主要分布在龙门至三门峡区间、兰州至河口镇区间和三门峡至花园口区间,占全流域总量的71%。

2006年黄河流域火电装机容量为5 641万kW,预计到2030年黄河流域火电装机容量达到17 631万kW。2030年比2006年新增火电装机11 990万kW,80%左右的火电装机集中在兰州至河口镇、河口镇至龙门和龙门至三门峡三个河段。

4）建筑业及第三产业

2006年黄河流域建筑业增加值为975.3亿元,随着城市化和工业化进程的加快,建筑业增加值的发展速度将提高较快,预计2030年将达到4 152.7亿元,2030年与2006年相比将增长3.3倍。

2006年黄河流域第三产业增加值为4 847.3亿元,占流域GDP的35.3%。随着城市化和工业化进程的加快,第三产业增加值以高于GDP的发展速度增长,预计2030年增加值将达到32 730.3亿元。

5）农林牧有效灌溉面积

黄河流域的农业生产具有悠久的历史,是我国农业经济开发最早的地区,流域内的小麦、棉花、油料等主要农产品在全国占有重要地位。2006年黄河流域农田有效灌溉面积为7 764.58万亩,预计2030年达到8 697万亩,24年新增农田有效灌溉面积932.4万亩。2006年黄河流域林牧灌溉面积为789.7万亩,根据林牧发展思路,预计到2030年发展为1 182.5万亩,2030年与2006年相比新增林牧灌溉面积392.8万亩。

6）牲畜

黄河流域牲畜总头数由2006年的9 953.2万头(只)发展到2030年的13 286.4万头(只),其中大牲畜发展到2 122.9万头,小牲畜发展到11 163.5万头(只)。

7）河道外生态环境

黄河流域河道外生态环境包括城镇生态环境和农村生态环境两部分,其中城镇生态环境指标包括城镇绿化、河湖补水和环境卫生等,农村生态环境指标主要包括人工湖泊和湿地补水、人工生态林草建设、人工地下水回补三部分。2006年黄河流域城镇绿化面积为31.0万亩,河湖补水面积为5.2万亩,环境卫生面积为24.7万亩。预计2030年水平黄河流域城镇生态环境绿化面积为111.1万亩,河湖补水面积为20.2万亩,环境卫生面积为83.5万亩。黄河流域主要经济社会指标发展预测成果见表7-2。

表7-2 黄河流域主要经济社会指标发展预测成果

主要指标预测	2006年	2020年	2030年
总人口/万人	11 298.8	12 659	13 094
城镇人口/万人	4 423.51	6 373.52	7 703.92
城镇化率/%	39.15	50.35	58.84

黄河水资源

续表 7-2

主要指标预测	2006 年	2020 年	2030 年
国内生产总值(GDP)/亿元	13 733	40 968.6	76 799.24
工业增加值/亿元	6 684.1	18 395.6	35 687.4
建筑业增加值/亿元	975.3	2 379.9	4 152.7
第三产业增加值/亿元	4 847.3	17 247.8	32 730.3
农田有效灌溉面积/万亩	7 764.58	8 382.5	8 697
林牧灌溉面积/万亩	789.7	958.3	1 182.5
大牲畜/万头	1 692.7	1 940.5	2 122.9
小牲畜/万头(只)	8 260.5	10 071.5	11 163.5
城镇绿化+河湖+环境卫生面积/万亩	60.9	156.6	214.8

二、经济社会对水资源的需求预测

(一)需水预测方法

不同的用水户,其需水预测方法不同,同一用水户,也存在着多种预测方法。目前普遍采用的方法为发展指标与用水定额法,一般简称为定额法。其他方法包括趋势分析法、机制预测法、人均需水量法、弹性系数法等。

(1)发展指标与用水定额法。例如,工业需水预测采用万元产值(或增加值)法、生活需水预测采用人均日用水量法、灌溉需水预测采用灌溉定额法等。该方法是目前我国最为广泛采用的方法。

(2)机制预测法。该方法从需水机制入手,基于水量平衡而提出,如灌溉需水量预测所采用的彭曼公式法。

(3)趋势分析法。该方法基于对历史统计数据的分析,选取一定长度的,具有可靠性、一致性和代表性的统计数据作为样本,进行回归分析,并以相关性显著的回归方程进行趋势外延。

(4)人均需水量法。用水或需水归根结底为人的需水,因而采用人均需水量法,也不失为一种简单而实用的方法。人均需水量指标主要基于国内外、区内外的比较分析后综合判定。

(5)弹性系数法。需水弹性系数即为需水增长率与其考虑对象的增长率的比值。如工业需水弹性系数可以描述为工业需水量的增长率与工业产值的增长率的比值。

(二)需水量预测

水资源需求预测按各类用水户分为生活、生产和生态三部分。

需水量预测是对国民经济需水量进行多种用水(节水)模式下的需水方案研究,体现在根据不同的节水措施组合和节水力度的大小,估算出多个方案的节水量,进而产生多个方案的需水量来进行水资源的供需平衡分析,由供需平衡结果、水资源承载能力和投资规模来决定需水方案的采用。根据各种用水(节水)模式下的需水方案的比选分析,特别是经过水资源供需平衡分析成果的多次协调平衡后,推荐的方案符合"资源节约、环境友好型"社会建设的要求,即水资源利用效率总体达到同期国际较先进水平,基本保障了河流和地下水生态系统的用水要求,并退还了现状国民经济挤占的生态环境用水量。

1.黄河流域经济社会需水量预测

黄河流域多年平均河道外总需水量由基准年(2006 年)的 485.79 亿 m³,增加到 2030 年的 547.33 亿 m³,24 年净增了 61.54 亿 m³,年增长率为 0.5%。24 年增长最多的省是陕西、山西和甘肃,分别为 19.9 亿 m³、12.7 亿 m³ 和 10.65 亿 m³,内蒙古增长了 1.76 亿 m³,宁夏下降了 0.08 亿 m³,详见表 7-3。

表 7-3　黄河流域河道外总需水量预测　　　　　　　　单位:亿 m³

二级区、省(区)	2020 年	2030 年
青海	25.05	26.76
四川	0.14	0.16
甘肃	58.37	60.53
宁夏	85.67	90.27
内蒙古	105.48	106.90
陕西	88.40	95.65
山西	65.01	68.99
河南	59.52	62.09
山东	23.90	24.72
黄河流域	521.13	547.33

黄河流域多年平均河道外生活需水量由基准年(2006 年)的 29.45 亿 m³,增加到 2030 年的 48.89 亿 m³,24 年净增了 19.44 亿 m³,年增长率为 2.13%;生产需水量基准年为 452.97 亿 m³,到 2030 年增加到 490.9 亿 m³,24 年增加了 37.93 亿 m³,年增长率为 0.34%;生态需水量基准年为 3.45 亿 m³,增加到 2030 年的 7.46 亿 m³,24 年增加了 4.01 亿 m³,详见表 7-4。

表 7-4　黄河流域河道外生活、生产和生态需水量预测　　　　单位:亿 m³

需水项目	2006 年	2020 年	2030 年
城镇居民	16.66	26.74	34.78
农村居民	12.79	14.46	14.11
非火电工业	60.30	85.80	94.90
火电工业	9.40	14.10	15.50
建筑及第三产业	7.00	12.20	16.30
农田灌溉	336.80	317.80	312.50
林牧灌溉	27.00	28.20	34.00
鱼塘	5.63	6.19	6.45

续表 7-4

需水项目	2006 年	2020 年	2030 年
牲畜需水量	6.84	9.59	11.25
河道外生态环境	3.45	5.94	7.46

黄河流域万元 GDP 用水量由基准年的 354 m³,下降到 2030 年的 71 m³,年递减率为 6.5%;工业万元增加值用水量由基准年的 104 m³,减少到 2030 年的 30 m³,年递减率为 5.0%。2030 年万元 GDP 用水量与基准年相比减少了 80%,工业增加值用水量与基准年相比减少了 71%,接近全国平均水平。未来 30 年,黄河流域人均需水量基本稳定在 420 m³左右,详见表 7-5。

表 7-5 黄河流域用水水平分析表

项目	基准年	2020 年	2030 年
万元 GDP 用水量/m³	354	127	71
人均需水量/m³	430	412	418
工业万元增加值用水量/m³	104	53	30

此外,随着未来黄河流域产业结构的调整以及节水水平的提高,非火电工业万元增加值用水量下降显著,由基准年的 93.1 m³下降到 2030 年的 26.6 m³,定额下降了 71%;火电工业用水定额由基准年的 16.7 m³/kW 降低到 2030 年的 8.8 m³/kW,定额降低了 47%。农田灌溉水利用系数由基准年的 0.49 提高到 2030 年的 0.59;农田灌溉定额由基准年的 434 m³/亩降低到 2030 年的 359 m³/亩,定额下降了 75 m³/亩。

2.黄河流域外供水区需水预测

据 1980—2000 年统计,黄河 21 年平均向流域外供水 108 亿 m³,预测未来经济发展水平下流域外需水见表 7-6。

表 7-6 黄河流域外需水预测　　　　　　　　　　　　　　　　　单位:亿 m³

流域外供水项目	2030 年	流域外供水项目	2030 年
向石羊河供水	6.00	向山东规划供水	60.00
向山西大同等地区	5.60	向河北规划供水	5.00
向河南规划供水	20.72	合计	97.32

三、黄河流域供需形势

根据黄河流域水资源本底条件评价,黄河流域水资源总量为 719.6 亿 m³,现状国民经济水资源可利用总量仅为 396.33 亿~416.33 亿 m³,相应的可供水量为 465.5 亿~511.6 亿 m³。根据黄河流域内外水资源需求预测,2030 年水资源需求量将达到 632.5 亿 m³。因此,黄河供需形势十分严峻,2030 年水平黄河流域将缺水 120.3 亿~140.3 亿 m³。

第八章

黄河水环境保护

第一节 黄河水功能区划和水资源保护规划

一、水功能区划

水功能区划是指为满足水资源合理开发和有效保护的需求,根据水资源的自然条件、功能要求和开发利用现状,按照流域综合规划、水资源保护规划和经济社会发展的要求,在相应水域按其主导功能划定并执行相应质量标准的特定区域。"水功能区"的概念于20世纪末正式界定,并于2000年在全国范围内开展区划工作。水功能区划不仅是现阶段水资源保护规划的基础,而且是今后水资源保护监督管理的出发点和落脚点,是实现水资源合理开发利用、有效保护、综合治理和科学管理的极其重要的基础性工作,对国家实施经济社会可持续发展具有重大意义。

(一)区划工作情况

水功能区划是《中华人民共和国水法》(简称《水法》)赋予水利部门的一项重要职责。2000年2月,水利部印发《关于在全国开展水资源综合规划编制工作的通知》,要求针对全国所有水域划分水功能区,作为规划的基础和今后水资源保护管理的重要依据。

2000年3月21日,黄河流域(片)水资源保护规划工作会议在郑州召开,会议讨论通过了《黄河流域水资源保护规划工作大纲》和《黄河流域水功能区划技术细则》,统一了技术要求,明确了任务分工和工作进度。水功能区划方案初步形成后,流域机构与各省(区)对区划方案反复讨论,形成区划成果,经多次修改、完善,于2002年1月通过了水利部组织的审查。

在此基础上,水利部根据国家和流域水资源的管理重点,选择主要和重要的水域形成《中国水功能区划(试行)》,于2002年4月要求各流域机构和各省、自治区、直辖市水利(水务)厅(局)认真组织实施。经过一年多的试行,在征求全国各省、自治区、直辖市人民政府及各部委意见的基础上,水利部于2003年8月、2004年10月和2005年8月对《中国水功能区划(试行)》及重要江河水功能区划进行三次校核修订。

在2005年初,黄河流域青海、四川、宁夏、内蒙古、陕西、河南6省(区)政府已正式批复本省(区)的水功能区划,其他省(区)也在申报或审批过程中。

(二)区划目的与意义

黄河流域地处干旱、半干旱地区,水资源贫乏,水资源人均占有量低于全国平均水平。随着经济社会的快速发展和人民生活水平的不断提高,对水资源量和质的需求也在提高,供需矛盾日益突出。与此同时,废污水大量排放使水体受到不同程度的污染,水生态环境恶化。因此,维护水资源的可持续利用,保障流域经济社会可持续发展已成为迫切任务。

在水功能区划的基础上,通过水功能区管理可逐步实现水资源优化配置、合理开发、高效利用、有效保护的目的,促进经济社会的可持续发展。

(三)指导思想

以水资源与水环境承载能力为基础,以合理开发和有效保护水资源为核心,以遏制水污染和水生态恶化、改善水资源质量为目标,结合区域水资源开发利用规划及经济社会发展规划,从流域(片)水资源开发利用现状和未来发展需要出发,根据水资源的可再生能力和自然环境的可承载能力,科学合理地划定水功能区,促进经济社会和生态环境的协调发展,以水资源的可持续利用保障经济社会的可持续发展。

(四)区划原则

区划原则包括为以下几点:①尊重水域自然属性的原则;②统筹兼顾、突出重点的原则;③现实性和前瞻性相结合的原则;④便于管理、实用可行的原则;⑤水质水量并重、水资源保护与生态环境保护相结合的原则;⑥不低于现状功能的原则。

(五)区划范围

本次水功能区划涉及的范围包括黄河流域及西北诸河(通称黄河流域片)。

黄河流域包括:黄河干流水系及支流洮河水系、湟水水系、窟野河水系、无定河水系、汾河水系、渭河水系、泾河水系、北洛河水系、洛河水系、沁河水系和大汶河水系中流域面积大于 100 km² 的河流、开发利用程度较高、污染较重的河流,以及向城镇供水的河流、水库。黄河流域湖泊包括:宁夏回族自治区的沙湖、内蒙古自治区的乌梁素海、山东省的东平湖。西北诸河包括:额尔齐斯河水系、艾比湖水系、伊犁河水系、天山北麓诸河、塔里木河水系、吐哈盆地水系、达布逊湖水系、霍布逊湖水系、克鲁克湖水系、青海湖水系、疏勒河水系、石羊河水系等。西北诸河区域湖泊包括:艾比湖、乌伦古湖、赛里木湖、博斯腾湖、克鲁克湖、青海湖、达里诺尔湖、黄旗海、岱海等。

(六)区划体系

水功能区划分采用两级体系,即一级区划和二级区划。一级区划是从宏观上解决水资源开发利用与保护的问题,主要协调地区间用水关系,长远考虑可持续发展的需求;二级区划主要协调用水部门之间的关系。

1.一级区划

一级水功能区划分为保护区、保留区、缓冲区、开发利用区。

1)保护区

保护区是指对水资源保护、自然生态及珍稀濒危物种的保护有重要意义的水域。保护区分为源头水保护区、自然保护区、生态用水保护区和调水水源保护区 4 类。

2)保留区

保留区是指目前开发利用程度不高,为今后开发利用和保护水资源而预留的水域。

3)缓冲区

缓冲区是指为协调省(区)际间用水关系,或在开发利用区与保护区相衔接时,为满足保护区水质要求而划定的水域。缓冲区分为边界缓冲区和功能缓冲区。

4)开发利用区

开发利用区主要指满足城镇生活、工农业生产、渔业或游乐等需水要求的水域。

2.二级区划

二级水功能区划是对一级区的开发利用区进一步划分,分为饮用水水源区、工业用水区、农业用水区、渔业用水区、景观娱乐用水区、过渡区、排污控制区。

(七)区划程序和方法

1.区划的程序

区划工作大致分为资料收集、资料分析评价、功能区划分、征求有关方面意见和提出区划成果报上级部门审批5个阶段。

2.区划的方法

1)一级区划

根据资料分析,首先划分出源头水保护区、自然保护区、生态用水保护区和调水水源保护区;再将跨省(区)河流的省界河段、省际边界河流附近水域划分为缓冲区;然后依据社会经济发展、水资源开发利用程度、水环境状况,用地表水取水量、灌溉面积、供水人口和现状水质等指标进行衡量,以资源分布情况为参考因素,划分出保留区和开发利用区。

对水资源开发利用程度较低、水质较好的水域划为保留区,水资源开发利用程度较高(现状或规划)或者水质较差的水域划为开发利用区;在水质差异较大的开发利用区和保护区相连的水域划出功能性缓冲区。

(1)保护区。

保护区分为四种类型:①源头水保护区。将流域综合利用规划中划分的源头河段、历史习惯规定的源头河段、河流上游的第一个水文站或第一个城镇以上未受人类开发利用影响的河段,划为源头水保护区。若上述三种情况不能满足,可视具体条件划定。②自然保护区。将与河流、湖泊、水库关系密切的国家级和省级自然保护区的用水水域,划为自然保护区。③生态用水保护区。对具有典型生态保护意义的水域,可划为生态用水保护区。④调水水源保护区。将跨流域、跨省(区)及经国家批准的省(区)内大型调水工程水源地,划为调水水源保护区。

(2)保留区。

将目前水资源开发利用程度较低且现状水质较好的水域划为保留区。

(3)开发利用区。

将目前或规划中水资源开发利用程度比较高,即取(排)水口较集中,取(排)水量较大的水域,划为开发利用区。

根据黄河流域(片)实际,衡量开发利用程度,选用取水量、灌溉面积、供水人口、水质状况等指标测算,每一单项指标确定一个限额,在区划水域内任一单项指标达到限额及其以上者可视为开发利用程度较高。

(4)缓冲区。

将河流、湖泊跨省(区)边界的水域,用水矛盾突出的地区之间的水域,或者开发利用区与保护区紧密相连的水域,划为缓冲区。

2)二级区划

在一级区划的开发利用区中,根据社会经济布局和规划、用水需求、排污情况划分出饮用、工业、农业、渔业、景观娱乐、排污控制和过渡区。

(1)饮用水水源区。

将城市生活用水取水口分布较集中,或在规划水平年内城市发展需设置取水口的水域划分为饮用水水源区。

（2）工业用水区。

将现有工矿企业生产用水的集中取水点，或规划水平年内需设置工矿企业生产用水取水点的水域划为工业用水区。

（3）农业用水区。

将已有农业灌溉区用水集中取水点或根据规划水平年内农业灌溉的发展，需要设置专业灌溉集中取水点的水域划为农业用水区。

（4）渔业用水区。

将主要经济鱼类的产卵、索饵、洄游通道及人工放养的水域划为渔业用水区。

（5）景观娱乐用水区。

将度假、娱乐、运动场、风景名胜区、城区景观涉及的水域划为景观娱乐用水区。

（6）过渡区。

在下游功能区用水水质要求高于上游功能区水质要求情况下，在其间划出一段作为过渡。上下游功能区的水质水量要求差异大时，过渡区的范围适当大一些；要求差异较小时，其范围可小一些。

（7）排污控制区。

将排污口较集中的水域划为排污控制区。对排污控制区的设置应从严掌握，其分区范围不宜划得过大。

3）功能重叠的处理

（1）一致性（或可兼容）功能重叠的处理。

当同一水域内各功能之间不互相干扰，有时还有助于发挥综合效益时，则多功能同时并存。同一水域兼有多类功能时，依最高功能确定水质保护标准。

（2）不一致功能重叠的处理。

当同一水域内功能之间存在矛盾且不能兼容时，依据区划原则确定主导功能，舍弃与之不能兼容的功能

4）水功能区断面的确定

（1）边界断面的确定。

水域功能确定后，明确功能区的起始断面和终止断面。在一般情况下，起始断面和终止断面设在有明显标志或地理位置明确的地方。

（2）水质代表断面。

在能反映功能区水质的位置设置水质代表断面。在一般情况下，水质代表断面设在取样条件较好、代表性较强的位置，饮用水水源区水质代表断面设在取水口上游且取样条件较好的位置。

5）功能区命名

一级水功能区命名采用"河名+地名（县级以上地名或大中型水利工程名称）+功能区类型"的形象化复合名称。对跨省（区）的缓冲区，前面的地名采用有关省（区）的简称命名，省（区）的排序按上游在前下游在后，或左岸在前右岸在后的方法排序。

二级区划的功能区命名基本组成与一级区划相似。对于功能重叠区则以主导功能命名，并增加第二主导功能表示该水域的重叠功能，即采用"河名+地名+第一主导功能+第

二主导功能"的命名方法。

（八）区划成果

1.黄河流域

1）一级区划

黄河流域水功能一级区划涉及黄河流域 9 省（区），12 个水系。对 271 条河流和 3 个湖泊的重点水域进行了一级区划，基本上全面、客观地反映了黄河流域水资源开发利用与保护的现状。

黄河流域共划分了 488 个一级水功能区，区划总河长 3.546 4 万 km。其中黄河干流 5 464 km，占区划总河长的 15.4%；支流共 270 条，合计长 3.0 万 km，占区划总河长的 84.6%。区划湖泊 3 个，总面积 456.2 km²。

2）二级区划

在一级区划成果的基础上，结合黄河流域各省（区）的实际，根据取水用途、工业布局、排污状况、风景名胜及主要城市河段等情况，对 197 个开发利用区进行了二级区划，共划分了 465 个二级功能区。

3）黄河干流水功能区划

根据黄河干流水资源开发利用实际和功能需求，按照水资源保护要求，将黄河干流 5 464 km 的河长，划分为 18 个一级功能区。其中 2 个保护区，分别是玛多源头水保护区、万家寨调水水源保护区；4 个缓冲区，分别是青甘缓冲区、甘宁缓冲区、宁蒙缓冲区及托克托缓冲区；2 个保留区，分别是青甘川保留区和河口保留区；10 个开发利用区，分别为青海开发利用区、甘肃开发利用区等。

2.西北诸河

1）一级区划

西北诸河水功能一级区划共划分了 21 个水系，120 条河流，6 个湖泊。划分了 204 个一级水功能区，其中河流、水库 198 个，占总数的 97.1%，总河长 2.37 万 km；湖泊 6 个，占总数的 2.9%，总面积 7 170 km²。

2）二级区划

根据西北诸河水资源开发利用和区域经济社会发展需求，在一级区划成果的基础上，对比较重要的 44 个开发利用区进行了二级区划，共划分了 74 个二级功能区。

3.中国水功能区划中黄河流域（片）部分

按照水利部的统一部署和黄河流域片水功能区划管理需要，从黄河流域和西北诸河区内选择出重要江河水功能区，纳入《中国水功能区划（试行）》，在征求全国各省（区、直辖市）人民政府及各部委意见后，经过 3 次校核修订。汇入《中国水功能区划》及重要江河水功能区划中的黄河流域（片）水功能区划成果如下。

1）黄河流域

黄河流域纳入全国区划的河流 45 条，湖泊（水库）2 个，区划河长 14 074.2 km，区划湖库面积 448 km²。

（1）一级区划。

黄河流域纳入全国区划的水功能一级区有 118 个，区划河长 14 074.2 km，其中保护区河长 2 043.8 km,占总河长的 14.5%;缓冲区 1 616.0 km,占总河长的 11.5%;开发利用区 7 964.7 km,占总河长的 56.6%;保留区 2 449.7 km,占总河长的 17.4%。区划湖库面积 448 km²,全部为保护区。

(2)二级区划。

黄河流域共划分二级区 181 个,区划总河长 7 964.7 km。

2)西北诸河

西北诸河区纳入全国区划的河流 23 条,湖泊水库 6 个,区划河长 9 738.7 km,区划湖库面积 9 420 km²。

(1)一级区划。

西北诸河区纳入全国区划的水功能一级区 63 个,区划河长 9 738.7 km。其中保护区 5 324.9 km,占总河长的 54.7%;开发利用区 3 858.5 km,占总河长的 39.6%;保留区 555.3 km,占总河长的 5.7%;没有缓冲区。区划湖库面积 9 420 km²,其中保护区面积 7 586 km²,占总面积的 80.3%;开发利用区面积 1 852 km² 占总面积的 19.7%。

(2)二级区划。

西北诸河共划分水功能二级区 49 个(含湖泊 7 个),区划河长 3 858.5 km。各水系均主要是农业用水,河长占水功能二级区总河长的 96.5%。

各水系二级区划河长的排序:塔里木河居首位,其他依次为中亚西亚内陆河区、阿尔泰山南麓诸河、河西内陆河、天山北麓诸河、昆仑山北麓小河、柴达木盆地。

二、水资源保护规划

水资源保护规划是水资源保护工作的基础,其目的在于保护水质,合理地利用水资源,通过规划提出各种治理措施与途径,使水质不受污染,从而保证满足水体的主要功能对水质的要求。流域水资源保护规划的内容包括:评价流域水污染现状,分析水污染特点,探索水资源开发利用和保护与宏观经济活动、社会发展的相互关系,根据国家方针政策和规划目标拟定流域在一定时期内保护水资源的方针、任务、对策、措施,提出主要治污工程布局、实施步骤和对区域水资源保护的管理意见等。批复实施的规划成果,也是编制有关项目建议书、可行性研究报告和初步设计的重要基础。

随着经济社会的迅速发展,黄河流域水污染日益严重,所构成的水危机已成为实施流域可持续发展战略的制约因素。因此,依据社会经济发展规划和水资源综合利用规划,研究和科学合理地编制水资源保护规划,对保证水资源的永续利用和实现经济社会的可持续发展,为经济社会发展的宏观决策、水资源统一管理与合理利用提供科学依据,具有重要意义。

黄河水资源保护机构成立以来,先后完成了 3 次黄河干流和重要支流水污染防治或水资源保护规划编制工作,对流域水污染防治及水资源保护起到了重要指导作用。其间还曾编制区域重要地表水水源地保护规划。

规划任务是:在客观认识和评价流域内一些主要河流(河段)的水质现状、纳污状况的基础上,根据流域水资源开发利用和各地经济、社会发展规划,预测规划水平年河流水质可能发生的变化,提出水资源保护和水污染综合防治对策与措施。规划目的是:控制和改善全流域的水环境状况,保护城市饮用水水源地,合理利用黄河水资源,维护生态平衡,保障流域人民身体健康。

力求干支流和上下游统筹兼顾,相互协调。按各河段的水体功能和纳污能力,确定水质目标,合理利用水环境容量,立足于污染物总量控制,制订污染物削减方案。在坚持"谁污染,谁治理,谁开发,谁保护"原则和"预防为主,防治结合,综合防治"方针的前提下,考虑各河段自然环境状况和经济技术条件,拟定水污染综合防治对策,同时进行效益分析和方案比较,力争做到经济、社会和水环境协调发展。

三、规划任务和目标

(一) 规划任务

黄河流域各区域(河段)的水污染防治问题有两种情况:一是水质已经受到了一定程度的污染,破坏了水体功能要求,影响了当地工农业生产及人民身体健康,这些区域(河段)水污染防治规划的主要任务是:根据各河段的水体功能要求,提出污染物削减任务及综合防治规划措施,力求以最小的代价换取水体功能的恢复。二是水质尚清洁,满足或基本满足水体功能要求,其主要任务是通过总体的规划布局,以及运用政策、法规、标准、条例等管理措施,限制污染物排放,维持良好的水质状态。规划的重点是第一种情况。

(二) 水体功能

黄河流域主要用水部门为农业,工业、城镇生活和农村人畜用水比重较小,河流水体的最低功能应满足农田灌溉用水的要求。在工业和城镇生活用水中,地下水约 20 亿 m^3,地表水仅 14 亿 m^3。黄河干流及主要支流的上游和水库河段,多是工业和城镇生活的水源地段,黄河干流生活饮用水取水口主要有:兰州市西固区取水口,白银市四龙口取水口,包头市昆都仑区取水口及东城区取水口,人民胜利渠和郑州市邙山、花园口取水口等;重点支流上的集中供水取水口主要有:渭水西宁市西川河取水口和汾河太原市汾河水库等。流域内与地表水补给关系密切且已受到污染危害的主要城市水源地有:渭河咸阳市秦都区水源地和西安洋河水源地、汾河太原市上兰村水源地等。

保护黄河珍贵的渔业资源,首先应维护和改善干流韩城至潼关河段鱼类的生长、繁殖和栖息场所,以及东平湖的淡水渔业生产基地的水质。其他河段的渔业用水要求,在生活饮用水的基础上兼顾。

黄河是中华民族的摇篮,也是我国古代文化的发祥地。历代都城和名胜古迹很多都分布在干流及主要支流的沿岸。保护水资源,还应考虑满足这些名胜古迹以及观光旅游的要求。另外,随着城市化的发展和人民生活水平的提高,主要大中城市河段沿岸将成为游览、娱乐场所。

(三) 综合防治工程措施

1. 工矿企业的污染防治

工矿企业污染防治的主要任务是:通过节水和废水资源化减少万元产值工业废水外排量,严格控制重金属、氧化物和放射性废水,积极治理有机废水,减少污染物外排总量,提高工业废水处理率和达标率。其重要工程和管理措施有:积极开发和采用无废或少废、不用水或少用水,节约能源的新工艺、新技术和生产设备,采用低毒或无毒原料代替有毒原料;加强对用水的科学管理,建立和健全用水考核制度,逐步实行按单位产品用水、定额计划用水;通过工业生产过程中的物料运行变化规律,制订控制污染物外排的措施;对含有重金属、有机毒物和难以降解的有害污染物的废水进行厂内治理,达标排放;新建、改建、扩建项目严格执行环境保护"三同时"制度,进行环境影响评价,编制环境影响报告书(表)。

2.城市污水集中治理

在严格控制工矿企业重金属类及有机毒物排放的情况下,对易生化降解的污染物,采用集中治理措施。城市污水集中治理的工程措施主要包括污水处理厂、氧化塘和土地处理(包括农灌利用)三种类型。

3.经济可行性

根据经济建设、环境建设同步发展的方针,各城市在制定城市建设总体规划时,通常包括城市污水集中治理措施。这些治理措施一般以二级污水处理厂为主,各分规划在拟订集中治理方案时,一般将以二级污水处理厂为主的方案作为第一方案。

第二节　监督管理

一、水政监察队伍建设

水政监察是指水行政执法机关依法对公民、法人或其他组织遵守、执行水法规的情况进行监督检查,对违反水法规的行为实施行政处罚、采取其他行政措施等行政执法活动。

黄河流域水资源保护局应按照水利部水政监察规范化建设的"八化"(执法队伍专职化、执法管理目标化、执法行为合法化、执法文书标准化、学习培训制度化、执法统计规范化、执法装备系列化、检查监督经常化)要求,以及黄委水政监察制度和管理办法的要求,进行队伍调整并开展相关工作。

二、入河排污口管理

入河排污口管理是水资源保护监督管理工作的重要内容之一。《中华人民共和国河道管理条例》和新《水法》,为入河排污口管理工作提供了法律依据。

(一)入河排污口调查

1.调查范围和重点

1)调查范围

调查范围包括龙羊峡水库(回水末端)以下的黄河干流及其主要支流或污染较重的支流流域。

从行政区划来看,调查的范围包括青海、甘肃、宁夏、内蒙古、山西、陕西、河南、山东8省(区)的188个市、县(包括旗、大型工业区,下同),对大中城市和经济较发达的市、县均进行了调查。

2)调查重点

调查重点为黄河干流及流经大中城市污染较重的河流、主要支流入黄口河段。

重点调查的有黄河干流及湟水、大黑河、汾河、涑水河、渭河、沁河、伊洛河等支流。在流域内调查的 188 个市、县中,重点调查市、县 53 个,包括西宁、兰州、银川、包头、呼和浩特、宝鸡、咸阳、西安、太原、洛阳等 10 个大中城市,以及 30 个中小城市,黄河干流沿岸及经济较发达的市、县 13 个。

2.任务分工

各省(区)水利厅承担其本省(区)所辖黄河流域内主要支流等水域的排污口调查,并按水系和行政区划提交辖区内排污口调查报告;黄河流域水资源保护局所属的各水质监测中心(站)承担其所辖测区内直接排入黄河干流的排污口及入黄支流口调查,并提交所辖测区内的排污口(支流口)调查报告。

3.调查内容

调查的主要内容为入河排污口调查、水环境质量调查及水污染危害调查。

入河排污口调查主要内容为入河排污口位置、排放形式、排污类型、废污水量、主要污染物入河量和排放规律等。

水环境质量调查主要内容为黄河干流水质、主要支流水质及重要水源地水质等。

4.调查方法

入河排污口废污水量及污染物量调查采用实测法,具体方法为:实地同步测定各河入排污口废污水流量、各污染物浓度,进而计算废污水及污染物入河量。

(二) 黄河干流纳污量调查

随着黄河流域社会经济的迅速发展,排入黄河的废污水和污染物量不断增大。进行新的滚动性黄河干流纳污量调查十分必要。

1.调查的主要内容

调查的主要内容为:入黄排污口调查、入黄农灌排水沟调查、入黄支流口调查、水污染事故调查。调查的重点是入黄排污口和入黄支流口。

(1)入黄排污口调查的主要内容为入黄排污口数量、位置及排放特性,包括排污类型、排放方式、排放规律、废污水入黄量、主要污染物浓度及入黄量等。

(2)入黄农灌排水沟调查,主要调查农灌排水沟入黄水量、主要污染物浓度及入黄量。重点调查含有工业废水、生活污水及其混合污水的农灌排水沟污染物浓度及入黄量。

(3)入黄支流口调查,重点是同步监测各主要支流入黄口的水量和水质,摸清各支流向黄河输入的污染物种类和数量。

(4)水污染事故调查,主要调查 1993 年以来发生的较大水污染事故,包括事故发生的时间、地点、肇事单位(个人)、原因、损失及处理结果等。

2.调查方法

调查以实地监测为主,在规定的时间同步监测水量、水质。调查入黄排污口的排污天数,根据用水量、排污系数对监测结果进行综合分析;对入黄农灌排水沟,根据农灌期和非农灌期对入黄水量和污染物浓度进行分析;入黄支流口根据常年监测的水量、水质资料,对调查期的监测结果进行校核。

三、入河排污口登记

(一)工作背景

入河排污口登记工作是开展入河排污口监督管理的基础。履行水法赋予的入河排污口的监督管理职责,必须了解入河排污口情况,规范入河排污口排污行为。通过对入河排污口进行登记,掌握入河排污口的基本情况,如入河排污口的数量、位置、排污量、水质状况及排污单位等,从而实现对入河排污口的有效监督管理,开展黄河入河排污口登记工作是十分必要的。入河排污口登记工作是实现流域水资源保护机构职能转变的主要内容之一。

(二)登记重点

入河排污口是指向河道排放污水而设置的入口或者自然的汇流入口,包括冲沟、明渠、涵洞、暗沟和管道,以及在汛期排污入河的干涸沟壑等,河道内(包括水库)水产养殖按照排污口管理。

(三)登记内容

1.排污单位基本情况

排污单位基本情况包括排污单位名称、位置、主要产品及产量、主要原辅材料消耗量、主要产污环节、水污染事件等。

2.排污单位取用水情况

排污单位取用水情况包括排污单位直接取用的水源、取水许可证编号、年审批取水量、取水方式、审批机关、用途、年实际取水量、年用水量、新鲜水量、循环用水量、万元产值用水量等。

3.排污单位污水治理及排放情况

排污单位污水治理及排放情况包括排污单位污水排放总量、万元产值排水量、污水处理量、处理率、达标量、达标率、污水处理规模、年运行费、处理工艺流程示意图、主要污染物排放浓度、排放量等。

4.排污口基本情况

排污口基本情况包括排污口名称、排污口位置、排污口设置时间、排放去向、污水计量设施安装情况、污水性质、排放方式、入河方式、主要污染物浓度、排放量等。

5.入河排污口审查

入河排污口审查包括排污单位名称、排污口编号、排污口位置、排入的功能区名称、划定的水质目标、授权登记管理机关意见、排污口监督管理机关审查意见等。

四、水量调度和引黄济津水资源保护

(一)加强领导,明确责任

为加强黄河水量调度和引黄济津调水期间水资源保护工作,在每次调水开始前,黄河流域水资源保护局均召开专题会议,精心组织、周密安排,部署水量调度和引黄济津期的监督管理和水质监测工作。

在引黄济津调水期间,黄河流域水资源保护局成立"引黄济津水质监测及水污染事件调查处理工作领导小组"，以加强引黄济津调水期间的水资源保护工作。根据职责分工，成立了水质监测、水污染应急调查处理、水质预警预报3个工作组。

（二）加强水质监测，通报水污染状况

黄河流域水资源保护局采用自动监测、定期监测、巡查监督等多种手段，并与沿程水文站、水质监测站建立了联合监视制度，一旦发现水色、排污量异常，及时报告，调查人员紧急行动，现场取样监测，及时掌握并通报水量调度和引黄济津期水质动态。

第三节 水生态监测

一、生态学、生态系统和生态水文学的概念

生态学是研究有机体及其周围环境相互关系的科学。

为了生存和繁衍，每一种生物都要从周围的环境中吸取空气、水分、阳光、热量和营养物质；生物生长、繁育和活动过程中又不断向周围的环境释放和排泄各种物质，死亡后的残体也复归环境。对任何一种生物来说，周围的环境也包括其他生物。例如，绿色植物利用微生物活动从土壤中释放出来的氮、磷、钾等营养元素，食草动物以绿色植物为食物，肉食性动物又以食草动物为食物，各种动植物的残体则既是昆虫等小动物的食物，又是微生物的营养来源，微生物活动的结果又释放出植物生长所需的营养物质。经过长期的自然演化，每个区域的生物和环境之间、生物与生物之间，都形成了一种相对稳定的结构，具有相应功能，这就是人们常说的生态系统。

一个健康的生态系统是稳定的和可持续的。在时间上能够维持它的组织结构和自治，也能够维持对胁迫的恢复力。健康的生态系统能够维持它们的复杂性，同时能满足人类的需求。生态水文学是现代水文科学与生态科学综合的一门科学，它以生态过程和生态格局的水文学机制为研究核心，以植物与水分关系为基础理论，将尺度问题贯穿于整个研究之中，研究对象涉及旱地、湿地、森林、草地、山地、湖泊、河流等。

生态水文学研究重点是：研究陆地表层系统生态格局与生态过程变化的水文学机制，揭示陆生环境和水生环境植物与水的相互作用关系，回答与水循环过程相关的生态环境变化的成因与调控。利用生态水文学原理可以积极地保护和改善自然景观，正确指导生态环境脆弱地区的生态环境建设与水资源管理。

二、水生态问题及采取的措施

（一）对水生态保护工作重要性的认识

水生态是指水循环系统中的生态状况。

由于经济社会发展，当前我国水生态问题越来越严重，如湖泊污染及面积减少、湿地退化、河道断流、水体污染加剧、地下水位持续下降、入海水量减少等。

近年来，湖泊生态功能退化问题十分严重，据统计，平均每年消失20个天然湖泊，富营养化发生的频次越来越高，富营养化发生湖区面积越来越大，无论是南方还是北方都有富营养化发生的现象。

湿地面积不断萎缩,在海河流域,资料显示,20 世纪 50 年代,包括白洋淀、七里海、千顷洼等 12 个大面积湿地在海河平原广泛分布。由于水资源过度开发,20 世纪 60 年代初到 70 年代末,海河流域的湿地逐步进入萎缩时期,12 个主要湿地面积由 20 世纪 50 年代的 3 801 km² 下降至 21 世纪初的 538 km²。

此外,由于森林植被破坏严重,许多地区土地荒漠化日趋严重,全国水土流失面积达 367 万 km²,其中水蚀面积达 179 万 km²。

综上所述,随着经济社会的发展,水生态问题越来越突出,因此水生态保护将越来越重要。

(二)对水生态问题采取的措施

针对我国水生态问题日趋严重等问题,水利部党组在系统总结我国长期治水实践,特别是新中国成立以来水利发展与改革的经验和教训的基础上,与时俱进地提出并逐步形成了可持续发展的治水思路。实践表明,可持续发展治水思路是科学发展观在水利工作中的具体体现,是有效解决我国水资源问题、保护生态环境、保障经济社会可持续发展的必然选择和成功之路。

促进人与自然和谐是生态文明建设的基本要求,也是可持续发展治水思路的核心理念,须尊重自然、尊重科学,既要满足人类的合理需求,也要满足维护河湖健康的基本要求,更加注重给洪水以出路,更加注重节水型社会建设,更加注重发挥大自然的自我修复能力,更加注重水资源开发、配置、调度中的生态问题,加强需水管理,加强水资源保护,推进文明建设,促进经济社会与资源环境的协调发展。

三、水生态监测现状及下一步工作设想

(一)加强水生态监测工作重要性的认识

水生态监测是指为了了解、分析、评价水生态而进行的监测工作。

对于河流来说,监测内容包括:①河流的生物质量要素;②河流中支持生物质量要素的水文形态质量要素;③河流中支持生物质量要素的化学与物理化学质量要素。

河流的生物质量要素,主要指浮生植物的组成与数量、底栖无脊椎动物的组成与数量,以及鱼类的构成、数量与年龄结构。水文形态质量要素,主要指:①水文状况,又包含水量与动力学特征、与地下水体的联系;②河流的连续性;③形态情况,又包括河流的深度与宽度的变化、河床结构与底层、河岸地带的结构。化学与物理化学质量要素,主要包含:①总体情况,指热状况、氧化状况、盐度状况、酸化状况和营养状态等情况;②特定污染物,指由排入水体中的所有重点物质和由大量排入水体中的其他物质造成的污染。

生态可持续管理的最大挑战是:以不会引起生态系统退化或丧失多样性方式,满足人类需要而制订并实施需水和调水计划。追求二者间平衡,必然意味着从河流中获取的取水量是有限度的,河流自然流动模式的变化度也是有限的。这些限度取决于生态系统对水的需求,并强调:要管理河流流量,维护生态完整性。生态可持续的水资源管理要按以下 6 个步骤进行:①评价河流生态系统流量要求;②测定人类活动对水文情势的影响;③评估人类同生态需求之间的对立性;④共同寻求解决矛盾的方法;⑤进行水资源管理实践;⑥制订并实施适应性管理计划。可以看出这些工作的基础就是水生态监测。

(二)水生态监测现状

传统的水文监测的许多项目都是水生态监测所需要开展的项目,如水位、流量、水质、水深、泥沙、河道断面、地形测量等。近年来,水文系统根据经济社会发展的需求及水利部加强生态保护的要求,加强了水生态监测等工作。水文部门不仅要发现机遇,更重要的是能够抓住机遇,迎接挑战,促进发展,坚定不移地走大水文发展之路,必须根植水利,依托水利,面向全社会做好服务。

最近几年,水文系统根据水利部加强水生态监测的工作部署,开展了黄河调水调沙、黑河和塔里木河水资源调度、湿地补水等监测,加强了地下水、水质和水土保持监测等,为水生态保护和修复提供了及时的监测信息,做出了突出的贡献。但是,对于水生态监测工作而言还仅仅是起步,要全面开展还有很多工作要做。

水生态监测与传统的水文水资源监测在监测目标、范围、项目、方式和频次等方面都有不同,具体有以下几点不同:①在监测目标上,水生态监测的目标是了解、分析、评价水体等的生态状况和功能,而水文水资源监测的目标是满足防洪减灾及水资源管理等方面的需要;②在监测范围上,水文水资源监测的重点在水体,而水生态监测的项目包括水体及陆地上的植被等;③在监测项目上,水生态监测包含了水文水资源监测的项目,包括河流水文形态、生物、化学与物理化学质量要素;④在监测方式和频次上,新增的专门针对水生态监测的项目也与传统的水文水资源监测有所不同。

(三)水生态监测工作设想

水生态监测是水生态保护和修复的基础和前期工作,要超前谋划,提前实施。今后开展水生态监测应按照下述步骤逐步进行:①立足现状,要在现有水文水资源监测的基础上,因地制宜,逐步开展水生态监测工作;②选择试点,要选择重点流域和地区开展试点,如选择长江、黄河、珠江等流域,以及江西、辽宁、重庆、北京等地区作为试点开展水生态监测;③总结完善,要在试点监测经验的基础上,不断总结经验,提出水生态监测的指导意见,再进一步扩大试点范围;④制定标准,在继续总结试点监测经验的基础上,制定相应的技术标准,以便全国推广;⑤培训人才,水生态监测工作涉及许多学科,需要很多新的知识,因此必须加大人才培训及引进工作,还要加强多学科的合作;⑥加强研究,要在监测的基础上,进一步加强水生态的分析研究工作,及时为水生态保护和修复工作提供技术支撑。

四、总结

随着经济社会的发展,人民生活水平的提高,人们越来越关心生态环境,希望能生活在良好的生态环境中,但人与自然的冲突加大,近年来生态环境问题愈来愈突出。

当前水生态问题日趋严重,水利部加强了水生态保护和修复工作,水文系统也相应加强了水生态监测工作,但这仅仅是水生态监测工作的起步。水生态监测是水生态保护和修复的基础和前期工作,要超前谋划,提前实施,水文系统必须发挥监测站网及长期以来积累的水文资料的优势,立足现状,因地制宜,借鉴国外开展有关工作的经验,选择试点。不断总结经验,加强研究,逐步推动水生态监测工作的开展,为水生态保护和修复工作提供更及时准确的信息。

第九章
黄河水资源统一管理

　　黄河水资源管理是一个复杂的系统,黄河水资源以流域为单元进行补给循环的自然属性,丰枯变化大的河川径流特性,以及黄河水资源供需矛盾突出、地区间和部门间用水矛盾尖锐,决定了必须对黄河水资源实行以流域为单元的统一管理。本章主要介绍水资源监测调查、规划管理、供水管理、初始水权建设、水权转换管理,以及水量调度等水资源统一管理内容。

第一节　黄河水资源管理与调度体制现状及存在问题

一、体制现状

　　黄河水资源实行流域管理与行政区域管理相结合、统一管理与分级管理相结合的管理体制。这一体制的特点是强调流域的整体性,以流域为单元实施水资源的统一规划、统一分配、统一调度、统一管理,同时发挥行政区域作用,区域资源管理服从流域水资源统一管理。

　　经过多年实践,黄河流域机构与行政区域逐步建立起一套较为完整的水资源管理与调度组织体系。2006年《取水许可和水资源费征收管理条例》和《黄河水量调度条例》相继颁布实施,进一步明确了流域机构、地方水行政主管部门和水库主管部门或者单位等的事权划分,黄河水资源管理与调度体制进一步健全。

　　黄河水资源管理与调度经过多年实践,已经形成了较为完整的覆盖流域各省(区)骨干水利枢纽管理单位的组织管理体系,如图9-1所示。在七大江河中,黄委是唯一担负全河水资源统一管理、水量统一调度、直接管理下游河道及引水工程等任务的流域机构,实行了流域与区域结合,分级管理,分级负责的工作方式。

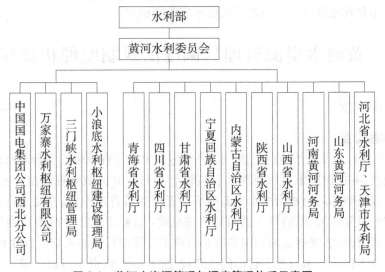

图9-1　黄河水资源管理与调度管理体系示意图

　　目前涉及黄河水资源管理与调度的主要机构有水利部、流域内各省(区)地方人民政府水行政主管部门、水库主管部门或单位、黄河水利委员会及其所属管理机构。各机构职责分工如下。

水利部负责全国水资源的统一管理和监督工作,负责组织、协调、监督、指导黄河水资源管理和水量调度工作。

黄河水利委员会负责所管辖范围内法律、行政法规规定的和水利部授予的水资源管理和监督职责,负责黄河水量调度的组织实施和监督检查工作。黄河水利委员会所属管理机构负责所辖范围内黄河水资源监督管理工作,并负责所辖范围内黄河水量调度的实施和监督检查工作。黄河水利委员会专门设置了水资源管理与调度部门,为水资源管理与调度局,黄河水利委员会二级单位——河南、山东黄河河务局相应地设立了水资源管理与调度处。

县级以上地方人民政府水行政主管部门负责本行政区域内水资源的统一管理和监督工作,负责所辖范围内黄河水量调度的实施和监督检查工作。各省政府水行政主管部门即各省(区)水利厅均设置了水资源管理处,专门负责水资源管理与调度工作。

水库主管部门或单位负责实施所辖水库的水量调度,并按照水量调度指令做好发电计划的安排。

二、存在问题

目前,黄河水资源管理与调度从体制总体上说相对较完善,尤其是省(区)级以上,都有专职部门,但是基层水调队伍还不完善。例如,黄河水利委员会河南、山东黄河河务局下属的许多地市级和县级河务局没有设置水资源管理与调度科,将水资源管理与调度职能要么放在防汛部门,要么放在供水部门,这种情况山东黄河河务局尤为突出,基层水资源管理力量薄弱,影响了水资源管理与调度工作的顺利开展。对于地方水行政主管部门,地市级以下也存在水资源管理与调度队伍不完善的情况。

第二节　黄河水资源管理与调度法规制度现状及存在问题

一、法规制度

(一)国家层面

2002年10月1日开始施行的新《水法》规定国家对水资源依法实行取水许可制度和有偿使用制度;并提出国家对水资源实行流域管理与行政区域管理相结合的管理体制。国务院水行政主管部门负责全国水资源的统一管理和监督工作,国务院水行政主管部门在国家确定的重要江河、湖泊设立的流域管理机构(简称流域管理机构),在所管辖的范围内行使法律、行政法规规定的和国务院水行政主管部门授予的水资源管理和监督职责,县级以上地方人民政府水行政主管部门按照规定的权限,负责本行政区域内水资源的统一管理和监督工作。新《水法》还对水资源规划、水资源开发利用、水资源保护及水资源配置和节约利用做出了规定。

国务院颁布于1993年9月1日开始施行的《取水许可制度实施办法》,对取水许可申请做了明确要求。

为了缓解黄河流域水资源供需矛盾和黄河下游断流形势,根据《水法》的有关规定和国务院的要求,国家计委、水利部会同有关部门、地方制定了《黄河可供水量年度分配及干流水量调度方案》和《黄河水量调度管理办法》,于1998年12月颁布实施,规定了黄河水量调度的范围、原则、方案编制要求及有关各方职责。

2006年4月15日开始施行的《取水许可和水资源费征收管理条例》,规定了取水的申请和受理程序、取水许可的审查决定、水资源费的征收和使用管理以及监督管理和法律责任等。

国务院颁布于2006年8月1日开始施行的《黄河水量调度条例》,规定了黄河水量调度的目的、原则、范围、水量分配方案的制订程序和原则、水量调度有关各方的责任、应急水量调度的分类以及应采取的措施、水量调度的监督检查和水量调度方案的法律地位等。

(二)水利部层面

水利部颁布了《取水许可管理办法》《水量分配暂行办法》《入河排污口监督管理办法》《建设项目水资源论证管理办法》等规章,确立了水行政主管部门实施水资源统一管理的职能,建立了水资源开发、利用、节约、保护和管理的制度框架体系。

为促进水资源优化配置和可持续利用,保障建设项目的合理用水要求,2002年,水利部和国家计委颁布了《建设项目水资源论证管理办法》(水利部、国家计委令第15号),确立了建设项目水资源论证制度。规定对于直接从江河、湖泊或地下取水并需申请取水许可证的新建、改建、扩建的建设项目,业主单位应当按照本办法的规定进行建设项目水资源论证,编制建设项目水资源论证报告书。建设项目水资源论证报告书的审查意见是审批取水许可申请的技术依据。同时对建设项目水资源论证报告书的主要内容、审查等做了明确规定。

为加强入河排污口的监督管理,保护水资源、保障防洪和工程设施安全、促进水资源的可持续利用,2004年水利部出台了《入河排污口监督管理办法》,对入河排污口设置的审批分别从申请、审查到决定等各个环节做出了规定,包括排污口设置的审批部门、提出申请的阶段、对申请文件的要求、论证报告的内容、论证单位资质要求、受理程序、审查程序、审查重点、审查决定内容和特殊情况下排污量的调整等,还规定了对已设排污口实行登记制度、饮用水水源保护区内已设排污口的管理制度以及监督检查制度等。

目前,我国在水资源管理上已经全面实施了取水许可制度,基本上实现了在取用水环节对社会用水的管理。但是,由于长期以来缺乏对行政区域用水总量的管理和监控,导致一些行政区域之间对水资源进行竞争性开发利用,并由此造成了用水秩序混乱、用水浪费、地下水超采、区域间水事矛盾以及河道断流和水环境恶化等一系列问题。根据《取水许可和水资源费征收管理条例》有关规定,制定了《水量分配暂行办法》,规范了跨省、自治区、直辖市的水量分配和省、自治区、直辖市以下其他跨行政区域的水量分配程序,包括水量分配方案制订及调整的程序、水量分配的原则、水量分配方案的内容、水量监测要求等。

为加强取水许可管理,根据新《水法》和《取水许可和水资源费征收管理条例》,2008年4月9日水利部颁布实施了《取水许可管理办法》,进一步规范了取水许可的申请和受理、取水许可审查和决定、取水许可证的发放和公告、取水许可的监督管理等程序。该办法紧密结合水资源管理工作实际,与相关的水管理制度做了很好的衔接,具有很强的可操作性。

(三)黄河水利委员会层面

根据国家和水利部有关法律法规,黄河水利委员会先后出台了《黄河取水许可实施细则》《黄河取水许可总量控制管理办法》《黄河用水统计规定》《黄河流域建设项目水资源论证管理暂行办法》等规章制度。这些规章制度对黄河取水许可的管理方式、管理范围、审批权限和程序、取水许可申请、监督管理、总量控制原则、用水统计上报程序、建设项目水资源论证审查方式程序等进行了规定。

为优化配置黄河水资源,引导黄河水资源向高效益、高效率方向转移,以黄河水资源的可持续利用支撑经济社会的可持续发展,从2003年4月起,黄河水利委员会在宁夏、内蒙古两自治区开展了黄河水权转换试点工作,相继制定了《黄河水权转换管理实施办法(试行)》和《黄河水权转换节水工程核验办法(试行)》等规范性文件,初步建成了包括黄河水权明晰制度、技术评估与审查制度、市场交易与行政审批制度、水权转换的组织实施与监督管理制度、水权转换价格及补偿制度等在内的黄河水权转换管理体系。

这些规章制度的实施,为有效开展黄河水资源管理工作提供了重要依据。

二、存在问题

近年来随着立法进程的加快,宏观上关于水资源管理与调度的有关法律法规和制度已基本完备,但是在执行过程中尚存在以下问题:

(1)节水管理制度不健全。农业用水是黄河的用水大户,由于管理粗放、种植结构不合理、灌区工程配套差,灌溉水利用系数仅为0.4左右。大中城市工业用水重复利用率只有40%~60%,黄河供水区2000年万元GDP用水量674 m³,相当于淮河、海河、辽河流域的1.5~2.0倍,黄河流域用水效率仍然偏低。目前,流域机构在节水建设方面的职责尚不明确,加之没有强制性节水规范,节水管理机制也不健全,一定程度上影响了节水效率。

(2)部分法律法规配套制度不完善。明晰初始水权是建设节水型社会的首要管理制度。黄河可供水量分配方案可以看作是黄河流域的初始水权分配方案,只分配到了省(区)一级,需要进一步细化到市级和县级、干支流。2007年水利部就提出"争取用两年时间初步建立覆盖流域、省、市、县各级的取水许可总量控制指标体系",但部分省(区)对此项工作重视不够,工作进展缓慢。《取水许可和水资源费征收管理条例》《水量分配暂行办法》等法律规章出台后,流域机构和地方配套制度尚不完善或不健全。

黄河流域水权转换工作只在内蒙古、宁夏进行了试点,其他缺水省(区)尚未开展,需进一步推广。另外,水权转换节水效果的计量、监测、监督设施和评估机制还不十分完善,水权转让的初级市场尚未起步。

(3)流域管理与区域管理相结合的机制不健全。新《水法》明确规定水资源管理实行流域管理与区域管理相结合的机制。虽然许多法律法规都明确了流域机构和地方水行政主管部门的责任划分,但是,在水量与水质、供水与退水、节水与保护等关键环节,仍存在水资源管理职能交叉、关系不顺、可操作性差等问题,尤其是实施支流水量调度管理后,流域机构与地方政府结合的面进一步扩大,如何建立有效的分工合作机制,量化确定各方事权,如何进一步提高地方政府水行政主管部门配合流域机构做好水资源管理工作的积极性等是当前需要着力解决的问题。

(4)存在法律法规执行不到位的现象。虽然目前水资源管理与调度的法律法规基本完备,但是经常出现法律法规执行不到位的现象,表现出流域机构履行职责能力较弱。

一是表现在取水许可统计上报制度未全面落实,越权发证现象依然存在。目前,部分省(区)取水许可审批发证情况上报工作执行不到位,仍未按规定及时上报流域机构,报送的省(区)实际引黄用水资料和取水许可审批发证资料也存在严重失真现象。同时地方越权审查建设项目水资源论证报告书、越权发证等现象依然存在,严重影响了黄河取水许可管理工作的有序开展。

二是随着煤炭价格的上涨,火电成本提高,各电力公司为节省成本,加大水电发电量,导致电调服从水调的原则难以执行,影响了有限水资源的统筹调配。

三是部分时段水调指令执行打折扣。在用水高峰期,水资源供需矛盾突出,部分省(区)仍存在超计划用水的现象。

(5)公众参与机制不健全。黄河水资源管理与调度涉及各省(区)农业用水管理部门、工业用水管理部门、城乡生活用水管理部门、环保部门、枢纽管理单位、电力部门等。目前,缺少一个利益相关者共同参与的平台和参与机制。黄河水利委员会组织召开水量调度会议时,参加单位主要有地方水利厅和河南、山东黄河河务局(主管农业用水)以及水利枢纽管理单位,其他地方管理部门均没有参加,在一定程度上影响水量调度方案的全面执行。

第三节　水资源监测与调查

一、监测机构

黄河水利委员会水文局隶属于水利部黄河水利委员会,在业务上同时接受水利部水文司、水利部信息中心指导,是黄河流域(片)水文行业的业务主管部门,指导流域内水文工作。担负黄河流域水文站网规划、水文气象情报预报,所辖干、支流河段和水库、滨海区水文测验,水量监测和预报、水质监测业务,流域水文资料整编、汇编和审定,所辖范围内水文规划、水文现代化建设,水文、水资源调查评价及水资源、泥沙公报编制,水文系统水政监察等职责,为黄河保护治理和流域经济社会发展提供基础支撑。

黄委水文局按照流域特征和业务特点,按三级管理四级机构设置,共有27个单位和部门。局机关设有13个职能部门,水文局纪检监察机构为黄委党组直接管理。同时下设5个局直事业单位(含黄河流域水质监测中心)和3个局直企业。二级机构共有6个,分别是上游、宁蒙、中游、三门峡、河南、山东水文水资源局,6个水文水资源局共下辖17个勘测局(队)。

截至2023年,黄河流域共有各类水文站网16 000余处,其中黄委所属水文站145处(基本站118处,渠道站18处,新建省界专用站7处,水沙因子实验站2处);水位站93

处;雨量站 900 处;蒸发站 38 处;泥沙站 118 处;水库河道淤积测验断面 824 处;河口滨海区淤积测验断面面积约 1.4 万 km^2,共设潮位站 19 处,基本测验断面 36 处,加密测验断面 130 处。水环境监测中心 5 个,新设立黄河流域水质监测中心和河南水质监测中心(处于建设阶段),负责全流域的雨、水、沙、河道、水库、滨海等水文要素测报工作。

二、主要职责

黄河水利委员会水文局担负着黄河流域水文站网规划、水文气象情报预报、干支流河道与水库及滨海区水文测验、水质监测、水资源调查评价以及水文基本规律研究等工作,在黄河治理与开发、防汛与抗旱、水资源管理与保护及生态环境建设中发挥着重要的基础作用。其主要职责是:

(1)按新《水法》等有关法律法规赋予流域机构的职责,组织制定流域性的水文站网规划。

(2)负责部属水文站网的建设与管理,流域内水文站网的调整与审批,协助水利部水文司负责流域内水文行业管理。

(3)组织拟定全流域水文管理的政策、法规和水文发展规划及有关水文业务技术规范标准。

(4)负责黄河水文水资源调查评价及水资源、泥沙公报编制发布。

(5)向流域内政府和国家防总提供防灾减灾决策的有关水文方面的技术支持,组织指导流域水文测验、情报和预报工作。

(6)负责流域水文测验、资料整编、水文气象情报预报和水文信息发布,全面收集流域水文水资源基本数据,负责流域水文资料审定。

(7)研究黄河水沙变化规律,为黄河治理、开发、防汛抗旱、水资源调度管理等提供水文资料数据和分析成果。

三、水资源监测站网体系与测验方式

(一)站网体系

水文站网是在一定地区按一定原则由适当数量的各类水文测站构成的水文资料收集系统。

黄河流域水文测站共分为 4 类,即基本站、实验站、辅助站和专用站。由基本站组成的基本水文站网,按观测项目可划分为流量站网、水位站网、泥沙站网、雨量站网、水面蒸发站网、水质站网和地下水观测井网。黄河流域基本水文站网的任务是按照国家颁发的水文测验规程,在统一规划的地点系统地收集和积累水资料。

新中国成立前,黄河流域的水文站网有一定发展但十分缓慢,甚至停顿不前。新中国成立后,经历了发展、整顿、巩固、调整等几个阶段,省界断面从无到有,测验断面从疏到密,还为水质监测、地下水监测、水量调度、水库调蓄、水生态监测增设了水文站点和观测项目。

1.新中国成立前

受科学技术水平限制及战争影响,水文站网建设速度缓慢。在 20 世纪 20 年代,全河仅有 2 处水文站,30 年代有 20 多处,40 年代有 40 多处。

2.新中国成立后

新中国成立后,随着治黄事业发展需要和水文科技发展,黄河水文站网建设获得巨大发展并发生质的变化。

1)1956 年全河站网规划

1956 年 1 月 23 日,中共中央政治局提出《全国农业发展纲要(草案)》,其中提出"从 1956 年开始,按照各地情况,在 7 年或 12 年内基本建成水文的和气象的站台网"。为贯彻中央要求,1956 年 2 月,水利部在北京召开全国水文工作会,要求 1958 年前,建成水文基本站网,以改变布站的被动现象。随后,黄委根据水利部关于水文基本站网规划的原则和要求,开展站网规划工作。规划分基本站、实验站和专用站,采取收集流域内有关资料、分析计算、划分水文分区等方法提出规划意见,形成规划成果。1957 年 12 月,水利部批准黄委水文基本站网规划。主要包括批准基本流量站 160 处、基本水位站 37 处、基本泥沙站 160 处、基本蒸发站 76 处、基本雨量站 275 处。到 1960 年,1956 年的规划基本实施完成,黄委新建基本流量站 68 处,总数达到 185 处。

经历次站网调整和分析认为:1956 年进行的全流域水文站网规划,基本满足了治黄和流域经济社会发展需要。

2)站网规划调整

1961 年、1963—1965 年、1977—1979 年、1983 年又进行了四次较大的站网调整和补充,在黄河防汛抗旱、水利工程设计、流域国民经济建设中发挥了重要作用。同时,为站网调整而进行的站网分析和研究工作,完善了规划方法,提高了站网规划成果的准确性。

3.进入 21 世纪后

进入 21 世纪后,由于治黄目标任务和流域经济社会发展变化,黄河水文站网先后于 2001 年、2010 年、2018 年进行过三次规划,有力支撑了黄河水文站网补充优化和调整。

2019 年,黄河流域生态保护和高质量发展上升为重大国家战略,站位"建设造福人民的幸福河"的高度,目前,正在进行新一轮的站网规划,以满足"水资源、水生态、水环境、水灾害"四水同治的需求,为黄河保护治理做好基础支撑。

(二)测验方式

目前,流量测验方式主要有 4 种:自动化或半自动化重铅鱼测流缆道、半自动化吊箱测验缆道、机动或非机动测船、电波流速仪或浮标法。此外,条件较好的个别重要站使用声学多普勒流速仪(ADCP)开展流量测验。水位观测基本采用由黄委水文局自行研制的 HW-1000 系列非接触式超声波水位计,并配合基本水尺观测。雨量监测基本采用自记或固态存储方式。

(三)存在的主要问题

黄河流域水文站网发展至今已有 90 多年,站网建设基本走上了按一定的规划原则、全面而有计划的发展道路。随着黄河流域经济社会的发展,人类活动必然影响着水文情势的变化。因此,黄河防洪、水资源管理与调度等方面对水文资料的需求也发生了变化,新的形势对水文站网提出了"高层次、高质量服务"的新要求。随着形势的发展,新的问题也将不断出现,主要有以下几个方面。

（1）站网结构亟待优化。由于目前的站网密度偏稀且分布不合理，代表性差，特别是水资源监测站网不完善、管理体制不统一，难以适应新的治黄形势。

（2）受水利工程影响的测站水沙还原分析误差大。为了控制洪水造成的灾害，同时提高水资源的利用率，在流域内修建了大量的坝库工程，拦蓄了洪水泥沙，使坝库下游水文站实测的水沙过程在数量和时程分配上发生了很大的改变。目前，水文站观测资料只能反映来水来沙的实况，难以准确定量分析人类活动的影响程度，也难以达到还原计算的目的。

（3）测验手段落后。目前，黄河水文在测报技术、手段、方法等方面科技含量较低，信息化程度不高，尤其在黄委对水资源实行统一管理以来，低水测验设施、水资源测报技术手段等与水资源统一管理的要求不相适应。

四、目前状况

人民治黄70多年来，黄河水文围绕黄河保护治理中心任务，为流域防汛抗旱和水资源管理提供了卓有成效的技术支撑，特别是在流域内灾害性洪水频发、水资源供需矛盾十分突出的情况下，广大干部职工发扬"艰苦奋斗、无私奉献、严细求实、团结开拓"的黄河水文精神，积极开展水文水资源监测预报，建立健全应急测报和调度指挥工作机制，加强水质监测和污染控制，为流域水资源保护提供高效服务，不断拓展服务领域，圆满完成调水调沙、小北干流放淤试验、冲刷降低潼关高程试验、水土保持监测等专项水文水资源测报任务，以科学的态度和务实的作风，为黄河保护治理事业做出了应有的贡献。

近年来，在水利部、黄委高度重视和直接领导下，黄河水文工作以习近平新时代中国特色社会主义思想为指引，全力提升水文测报能力，特别是2016年黄委党组启动新一轮水文测报能力提升工作以来，黄委水文局紧紧围绕水文测报技术、管理、服务"三个能力"协同提升总体要求，统筹谋划、分步实施、整体推进，黄河水文测报能力跃上新台阶。

一是水文自动化监测水平大幅提高。水位、雨量、蒸发、气象观测基本实现自动采集、传输。118处国家基本水文站、7处省界专用站实现水位自动监测；900处雨量站实现降水量自动监测。承担蒸发、气象观测任务的水文站均配置全自动蒸发观测设备、气象6要素自动监测仪器。走航式ADCP在42站投产应用，实现干流站全覆盖。流量、泥沙在线监测取得新突破，水平ADCP在小川等13站应用；RG-30雷达在线测流系统在青铜峡、潼关等54站应用；自主研发的同位素、光电、振动式测沙仪先后在潼关、花园口等6站开展比测试验。

二是水文预测预报能力持续加强。在气象预报方面，开发了黄河流域中尺度降水、气温数值预报模型，中短期气象预报预见期延长至10~15 d；建设了中国气象局卫星地面接收站、黄河流域天气雷达产品应用服务系统、气象卫星地面应用系统等，短时和临近天气预报预警能力得到加强。在洪水预报方面，进一步完善"黄河洪水预报系统"，预报站点从29站增至72站，预报方案由41套增至93套，洪水预报范围由中下游向上游和支流延伸。径流预报方面，建成黄河流域中长期径流预报系统，开展黄河主要站(区)月、旬尺度径流预报和年度天然来水量预报，为实施最严格水资源管理提供有力技术支持。在冰凌预报方面，开发了基于水文学和热力学的冰凌预报数学模型，实现宁蒙及下游河段首凌、首封日期、开河日期及最大凌峰流量的预测预报，为黄河防凌调度提供技术支撑。

三是现代化测报管理模式初步构建。建成由站网管理、水情服务、预报会商、视频监控等功能组成的"黄河水文综合信息管理平台",兰州、花园口、泺口等 16 个干流站初步建成防汛前线指挥部。以勘测局为测控中心,通过提升所辖测站自动化监测能力,推行"巡驻结合"水文测报管理模式改革,在宁蒙、中游 2 个测区及西宁等 5 个勘测局试行。

四是水文信息化建设成效明显。建成黄河流域水情中心及 15 个水情分中心,形成了移动通信、计算机网络、卫星相结合的水情报汛网,构建了报汛站、水情分中心、流域水情中心的三级报汛体系,实现雨水情自动传输与处理。2012—2022 年,全河报汛站点由 930 处增至 3 411 处,汛期雨水情信息量由 44 万份增至近 1 700 万份,到报率始终保持在 99% 以上。开发了"黄河水情信息查询与会商系统",成为黄委应用最广泛的信息服务系统。

五是水文服务社会能力日益增强。主动服务地方防汛抗旱,服务对象从市级防办延伸到县级防办。积极融入地方水利事业,助力地方经济社会发展,提供水资源评价、勘察设计等技术服务,完成龙羊峡、小浪底等水库群情报预报、南水北调中线流量率定等任务,服务内容从防汛、防凌向水资源调度、水环境保护、水生态修复等方面拓展。

第四节 规划管理

规划管理分规划的组织编制、规划的审批、规划实施的监督管理三个环节。黄委作为流域管理机构,在规划中的主要职责是负责流域水资源综合规划、重要跨省(区)支流规划和专业规划的组织编制、技术协调、规划的报批、规划实施的监督管理和规划的修订。

一、以往规划管理中存在的主要问题

由于黄河的特殊性及其在国民经济发展中的重要地位,国家历来重视黄河治理开发规划的编制工作。但在规划管理中也存在着一些问题,主要是以下几点。

第一,重规划编制,轻监督管理。监督管理的薄弱和缺位,造成规划与具体实施的脱节,规划的实际效果受到削弱,违反规划的现象时有发生,严重干扰了流域水资源开发利用和管理保护的秩序,如一些地方和部门违反规划兴建水电站、灌区和供水工程。

第二,规划的指导思想和内容不能适应水资源开发利用形势变化,规划的指导作用受到影响。"重开发、轻管护"是以往规划中普遍存在的问题,规划建设的不少水源工程和新的灌区,缺少水资源管理与保护的内容,造成水资源开发利用过度,不少供水工程和灌区设计规模偏大,水源难以保证,上下游及不同部门间争水现象严重。

第三,没有形成完整的规划体系,一些专业规划和支流规划缺位。

第四,流域规划与区域规划、部门规划间的关系没有完全理顺,在一些地方和部门将区域规划、部门规划凌驾于流域规划之上,造成规划实施的混乱。

二、转变规划编制的指导思想,加强规划对水资源开发利用和管护的指导作用

规划的过程就是水资源管理决策的过程,规划的成果是水资源管理决策的结果。不同阶段的规划成果反映了不同阶段黄河水资源开发利用面临的任务、人们对黄河水资源

的认识水平以及解决这些问题的指导思想。从 1955 年国家批准第一个《黄河综合利用规划》到 20 世纪 70 年代,规划的主要指导思想是为满足国民经济发展对黄河水资源的需求,寻求解决供水水源的途径,规划了大量的水资源开发利用工程;20 世纪 80 年代黄河水资源供需矛盾日渐凸显,规划中开始注意控制黄河水资源开发利用的规模,在对黄河可供水量研究的基础上按照以供定需的原则,合理安排工程规模,《黄河治理开发规划》的修订与《黄河流域水中长期供求计划》的编制就是这一指导思想下的产物;1999 年开展的黄河重大问题研究和《黄河近期重点治理开发规划》的编制,重点从水资源的开发利用转向水资源的合理配置、高效利用和有效管理与保护方面,提出了"开源节流保护并举,节流为主,保护为本,强化管理"的黄河水资源开发利用与管理保护的基本思路,既为今后黄河水资源管理和保护工作指明方向,也明确了今后规划编制的指导思想和原则。

三、强化规划编制工作,初步建立了较为完整的规划体系

自 20 世纪 90 年代以来,针对黄河水资源开发利用面临的新问题和新形势,黄委加强了流域水资源规划编制工作,特别是开展了一些对黄河水资源配置、节约和保护产生重大影响的规划编制工作,初步形成了较为完整的黄河水资源规划体系。

在综合规划方面,完成了《黄河治理开发规划》的修订、《黄河近期重点治理开发规划》的编制等。《黄河流域水资源综合规划》是近期开展的重要专业规划之一,规划将在对黄河流域水资源及其开发利用、水质状况进行调查评价的基础上对 2030 年前的黄河水资源开发利用、节约、配置和保护做出总体安排。

在专业规划编制方面,完成了《黄河流域水中长期供求计划》《黄河流域缺水城市供水水源规划》《南水北调西线工程规划》《黄河流域水资源保护规划》《黄河流域及西北内陆河水功能区划》《南水北调西线一期工程受水区规划》等的编制工作。

在支流规划编制方面也取得了显著成绩,已完成了《大通河水资源利用规划报告》《沁河流域水资源利用规划报告》《渭河流域综合治理规划》等的编制工作。

四、规范规划的编制,加强规划实施的管理

1988 年,新中国第一部《水法》颁布,首次确立了水资源规划的法律地位。2002 年修订后的新《水法》中,规划的法律地位又进一步得到加强,并细化了不同规划的编制和审批程序及权限,流域规划管理得到加强,规划的实施也明显好转,包括:

(1)严格了规划的编制、审批和修订程序,保证了规划编制的有序进行。

(2)加强了规划之间的协调,减少了规划之间的矛盾。

(3)加强了规划编制工作,陆续开展了一系列具有重大影响的规划编制。

(4)加强了规划实施的监督管理,建立了较为完善的项目审批制度,确保了新建项目的规划依据,树立了规划的权威。

第五节　水权转换管理

水权转换属于特定条件下水权的二次分配,目前我国尚没有完善的法律制度规定。

为积极探索经济手段在黄河水资源管理中的作用,支持地方经济社会的可持续发展,黄委自 2003 年积极开展了水权转换试点工作,积累了一定的管理经验,制订并出台了全国首个水权转换管理办法,为国家水权转换制度的建立和在全国的开展提供了有益经验。

一、开展黄河水权转换的必要性

(一)引黄用水需求的迅速增加,致使部分省(区)新增引黄建设项目面临无用水指标的局面

根据黄河取水许可审批情况和近几年实际引黄耗水量统计资料,部分省(区),如宁夏、内蒙古、山东已无地表水余留水量指标,河南省已无干流地表水余留水量指标。从近几年实际引黄耗水量看,青海、甘肃、宁夏、内蒙古、山东已经超过年度分水指标。在南水北调工程生效前,黄河水资源总量不会增加,这些省(区)新增引黄建设项目面临着无用水指标的局面,项目难以立项。水资源短缺已经成为引黄地区经济社会发展的主要制约因素。如何解决无余留水量指标省(区)新增引黄建设项目的用水需求,成为黄河水资源宏观配置管理中需要研究解决的问题。

(二)用水结构不合理

由于历史的原因,农业仍为引黄用水大户,现状农业用水约占全部引黄用水的 80%,宁夏、内蒙古两自治区更高,达 97% 左右。据调查,现状引黄灌区灌溉水利用系数只有 0.3~0.4,节水灌区仅占引黄灌区的 20%,造成农业用水效率低下。农业用水占用大量宝贵的黄河水资源,与沿黄地区工业化和城市化进程的发展极不协调,不从根本上优化和引导引黄用水结构的调整,引黄地区经济社会的持续高速发展将受到严重制约。

(三)经济社会发展宏观布局的调整需要进行水权的再分配

随着国家西部大开发战略、西电东送战略的实施以及各省(区)根据各自发展条件所进行的经济社会发展宏观布局的调整,客观上要求在总量控制的前提下,省(区)内部水权在地区配置上需要进行适当的调整,以满足经济社会发展的需要。如宁夏、内蒙古两自治区为充分发挥本地区的资源优势,规划了自治区能源基地的建设。宁夏沿黄地区规划建设工业项目集中在宁东能源重化工基地。2020 年,宁东煤田形成了年产 7 460 万 t 原煤的大型矿区,建成总装机容量 1 500 万 kW 的大型坑口火电厂和生产 690 万 t 煤炭间接液化煤基二甲醚、甲醇等化工产品的能源重化工基地,总需水量 4.208 亿 m³,近期需水约 1.8 亿 m³。内蒙古规划的能源项目大多集中在鄂尔多斯市,根据内蒙古报送的《鄂尔多斯市南岸灌区水权转让可行性研究报告》,该市将兴建 16 个大型工业项目,拟用水量 2.22 亿 m³。在水资源宏观配置格局已经基本形成的情况下,要适应经济社会发展整体布局的调整,水权的再分配问题也必将提上议事日程。

(四)在现有水权制度框架体系下,难以很好地解决水权再分配所面临的问题

在现有的水权制度框架下,解决水权的二次分配问题只有采取如下两种方式。一是通过行政方式,核减或调整现有用水户的分配水权,以满足新增用水户的需求。采用这一方式的弊端在于无法保证现有用水户的合法权益,不能激励用水户采取节约用水的措施,在具体实施中也将遇到很大的阻力。二是突破已有的分水指标,即在各省(区)分配的黄河可供水量指标外,再额外增加新的水量指标,其后果必然是挤占黄河河道内生态环境用水,严重危及黄河健康生命,不符合国家对水资源管理的目标。

二、创新与变革——黄河水权转换制度的建立

水权转换的基本思路是在不增加用水的前提下,通过水权的合理转移,提高水资源的利用效率和效益,实现水资源可持续利用与经济社会可持续发展的双赢。既然在现有的水权制度下不能解决水权的二次分配问题,而又有客观需要,根据水利部治水新思路,黄委自2002年以来开始了水权转换制度的研究工作,制定了《黄河水权转换管理实施办法(试行)》和《黄河水权转换节水工程核验办法(试行)》。制度建设的内容包括以下几点:

(1)明确水权转换的范围。鉴于黄河水权转换仍处于起步阶段,相应的监管措施仍需要完善,明确黄河取水权转换暂限定在同一省(区)内部。

(2)规定水权转换的前提条件。开展水权转换的省(区)应制订初始水权分配方案和水权转换总体规划,确保水权明晰和转换工作有序地开展。

(3)确立水权转换的原则。包括总量控制、水权明晰、统一调度、可持续利用、政府监管和市场调节相结合。

(4)界定出让主体及可转换的水量。明确水权转换出让方必须是依法获得黄河取水权并在一定期限内拥有节余水量或者通过工程节水措施拥有节余水量的取水人。这一措施确保了水权转换的合法性及可转换水量的长期稳定性。

(5)规定水权转换的期限与费用。兼顾水权转换双方的利益和黄河水资源供求形势的变化,明确水权转换期限不超过25年。水权转换总费用包括水权转换成本和合理收益,具体分为节水工程建设费用、节水工程和量水设施的运行维护费用、更新改造费用及对水权出让方必要的补偿等。

(6)建立水权转换的技术评估制度。要求进行水权转换必须进行可行性研究,编制水权转换可研报告和建设项目水资源论证报告书,并通过严格的技术审查,从技术上保证水权转换的可行性。

(7)明确水权转换的组织实施和监督管理职责。水权转让涉及政府、企业、农民用水户、水管单位等多个主体,影响面广,必须加强政府在水权转让工作中的宏观调控作用。明确流域管理机构、省(区)人民政府、水行政主管部门、水权转换双方在水权转换实施过程中的职责。

(8)规定暂停省(区)水权转换项目审批的限制条件。如省(区、市)实际引黄耗水量连续两年超过年度分水指标或未达到同期规划节水目标的、不严格执行黄河水量调度指令的、越权审批或未经批准擅自进行黄河水权转换的等。

(9)规定节水效果的后评估制度。要求水权转换节水项目从可研、初设阶段就必须提出方案,在设计施工过程中要重视监测系统的建设,从水权的分级计量、地下水变化、节水效果和生态环境等方面进行系统全面的监测,长期跟踪出让方水量的变化情况,为后评估提供可靠的基础数据。

通过上述制度建设和制定相应的管理办法,确保了黄河水权转换在起步阶段就步入规范化管理,黄河水权转换的核心制度已初步形成。

三、黄河水权转换试点工作进展情况

黄委首批正式批复了宁夏、内蒙古两自治区水权转换试点项目共有 5 个,其中内蒙古 2 个,分别为内蒙古达拉特发电厂四期扩建工程、鄂尔多斯电力冶金有限公司电厂一期工程;宁夏 3 个,分别为宁夏大坝电厂三期扩建工程、宁东马莲台电厂工程、宁夏灵武电厂一期工程。5 个试点项目共新增黄河取水量 8 383 万 m^3,对应出让水权的灌区涉及内蒙古黄河南岸灌区、宁夏青铜峡河东灌区和河西灌区,3 个灌区年节约水量 9 833 万 m^3。黄河水权转换试点项目基本情况见表 9-1。

表 9-1 黄河水权转换试点项目基本情况

建设项目	装机容量/MW	新增年取水量/万 m^3	对应的节水措施	工程总投资/万元	年节约水量/万 m^3
达拉特发电厂四期扩建工程	4×600	2 043	衬砌南岸灌区总干渠 55 km(22+000~77+000)	8 640.89	2 275
鄂尔多斯电力冶金有限公司电厂一期工程	4×330	1 880	衬砌南岸灌区总干渠 42 km(77+000~119+000)	8 847.38	2 173
宁夏大坝电厂三期扩建工程	2×600	1 500	衬砌青铜峡河东灌区汉渠干渠 32 km(4+078~36+078)和灵武市的 8 条支斗渠共 17.8 km	4 932.7	1 800
宁东马莲台电厂工程	4×300	1 850	衬砌青铜峡河西灌区惠农区干渠 25 km(84+660~109+660)、平罗县和惠农区的 13 条支斗渠共 32.2 km	5 760.9	2 145
宁夏灵武电厂一期工程	2×600	1 110	衬砌河西灌区唐徕渠干渠 13.82 km,支斗渠 245.65 km,增加开采地下水 112 万 m^3	4 464	1 440
合计	7 320	8 383	衬砌干渠 167.82 km,支斗渠 295.65 km	32 645.87	9 833

在黄委指导下,两自治区开展了节水工程建设工作,并成立了水权转换领导和协调机构,制定了水权转换实施办法及水权转换资金使用管理办法。领导和协调组织的成立及相关管理办法的制定确保了两自治区水权转换工作的顺利开展。

四、开展黄河水权转换工作的意义

一是探索出了一条干旱缺水地区解决经济发展用水的新途径。水资源短缺是这些地区经济社会发展的主要制约因素,但由于行业用水的不均衡性,工业和城市发展新增用水需求有可能通过水权有偿转换的方式获得,从而解决了制约经济社会快速发展的瓶颈。

二是找到一条实现黄河水资源可持续利用与促进地方经济社会可持续发展双赢的道路。黄河水权转换是在不增加用水的情况下,满足新建项目的用水需求,既可实现黄河水资源管理目标,又促进了地方经济社会的发展。

三是大规模、跨行业的水权转让,提高了水资源的利用效率和效益,优化了用水结构,实现了区域水资源的优化配置,并为推动区域水市场的形成创造了条件。黄河水权转换一方面通过对农业灌溉工程进行节水改造,节约农业用水;另一方面在项目审查时要求新建工业项目采用零排放的新技术,以提高工业用水效率,同时采取农业有偿出让水权,达到了促进节约用水的目的。在强化节水的同时,运用市场规则,通过水权交易,大规模、跨行业调整引黄用水结构,引导黄河水资源有序地由水资源利用效率与效益较低的农业用水向水资源利用效率与效益较高的工业用水转移,实现了同一区域内不同行业之间水资源的优化配置,并为将来建立正式的水市场创造了条件。

四是建立了符合市场规律的节水激励机制。通过节余水权的有偿转让,促进了农业节水工作的开展,拓宽了农业节水资金新渠道,改变了过去主要依靠国家投入和农民投劳的农业节水投入模式。

五是为国家水权转换制度的建立和具体实施提供了一定的可供借鉴的实践经验。这些经验包括:初始水权的明晰及省(区)初始水权分配方案的形式;所建立的水权转换制度及水权转换行为的规范方式,包括水权转换的范围、出让方主体及可转换水量的界定、水权转换期限及费用、水权转换的程序、水权转换的限制条件、水权转换的技术评估等;提供了水权转换实施的组织经验,包括发挥政府在水资源优化配置中的宏观调控作用,水权转换的监督管理,节水工程建设及水权转换资金的管理等。

第六节　供水管理与水量调度

一、供水管理

黄河供水管理包括广义和狭义两个层面。广义层面,黄河流域水资源的管理与调度均属黄河供水管理的范畴。本节所述,乃狭义的黄河供水管理,主要包括供水工程管理、供水计划管理、水费计收管理等内容。目前,由于受地域和传统管理体制的限制,黄委供水管理的重点仅在黄河下游河段。

(一)供水管理的组织结构及职责

根据国务院《水利工程管理体制改革实施意见》,黄委供水体制改革已于2006年6月底全部完成。目前,黄委黄河下游引黄供水管理体系由黄委供水局、山东黄河河务局供水局、河南供水局,以及山东、河南下设的供水分局,引黄水闸管理所三级组织机构构成。黄委供水局担负着引黄供水生产、成本费用核算和供水工程的统一管理等工作。

河南、山东两省的供水分局是河南、山东黄河河务局供水局的分支机构,隶属于所在市黄河河务局管理,为准公益性事业单位。主要职责包括:负责辖区内引黄供水的生产和管理;执行水行政主管部门的水量调度指令;根据省局供水局授权,与用户签订引黄供水协议书,及时完成辖区内引黄供水订单的汇总上报,负责辖区内引黄供水计量、水费计收;

负责辖区内引黄供水工程管理、供水工程日常维修养护计划与更新改造计划的编报和实施;负责本分局及所属水闸管所人员管理;负责本分局成本核算、预算的编报和实施;按照防汛责任制要求,做好辖区内引黄供水工程范围内的防汛工作等。

水闸管所直接对相应供水分局负责,并接受供水分局的领导和管理。

(二)供水工程管理

黄河下游供水涉及河南、山东、河北及天津,干流共有地表水取水口 92 个。取水口许可取水量 97.59 亿 m³,设计取水流量 3 611 m³/s。其中,河南段有地表水取水口 31 个,设计取水流量 1 461 m³/s;山东段有地表水取水口 61 个,设计取水流量 2 150 m³/s。

黄河下游引黄涵闸均为 1974 年以后竣工,最多有 16 孔,最少为 1 孔,绝大多数为涵洞式涵闸,启闭机有螺杆式、卷扬式和移动式 3 种。长期以来,黄河下游引黄涵闸一直沿用传统的管理和监测方法,每天测报一次,测验精度差,管理难度大。2002 年以来,黄河下游开展了大规模的引黄涵闸远程监控系统建设。该系统的建设利用了现代化的传感器技术、电子技术、计算机网络技术,大大提高了引黄涵闸管理的自动化水平,供水工程也实现了从传统管理向现代化管理的转变。

目前,黄河下游的所有取水口均归黄委供水部门直接管理。闸管所是黄河下游引黄取水口的基层管理单位,负责辖区内引黄供水的生产和管理,执行水行政主管部门的水量调度指令,负责辖区内引黄供水工程的运行观测、维修养护等日常管理工作。

(三)水费计收管理

水费的征收管理是黄河供水管理的重要内容。目前,黄河的水价制定和征收工作主要按照 2022 年 12 月国家发展和改革委员会印发的《水利工程供水价格管理办法》执行。

目前,水费的征收管理在组织上一般分三层,即水行政主管部门、水管单位、乡村组织。水费的收取方式有直接收取和间接收取两种,直接收取水费比较简单,就是由供水经营者直接对用户收取水费;间接收取水费是供水经营者委托第三方向用水户收取水费。为保证供水的公平,供水经营者与用水户要按照国家有关法律、法规和水价政策签订供用水合同,甲、乙双方承担相应的法律责任。

水费的使用和支出。水管单位从事开展供水生产经营过程中实际消耗的人员工资、原材料及其他直接支出和费用,直接计入供水生产成本;供水生产经营过程中发生的费用,包括销售费用、管理费用、财务费用计入当期损益;水费支出还包括职工福利费支出、应缴纳的税金支出、水资源费支出、净利润的再分配支出等。

二、水量调度

1998 年 12 月,国家计委、水利部联合颁布实施了《黄河可供水量年度分配及干流水量调度方案》和《黄河水量调度管理办法》,授权黄委统一管理和调度黄河水量。经过数年的调度与实践,目前黄河水量调度工作已经建立起较为完善的水量调度管理运行机制,合理运用技术、经济、工程、行政、法律等手段,使黄河水资源管理和调度的水平得到较大提高,特别是近年来水量调度信息化的建设更是进一步提升了黄河水量调度工作的科技含量,取得了显著效果并受到社会各界的广泛关注。总体来说,目前的黄河水量调度实施全流域水量统一调度、必要时实施局部河段水量调度和应急水量调度等。

(一)全流域水量统一调度

按照 1998 年国家计委、水利部联合颁布的《黄河水量调度管理办法》和中华人民共和国第 472 号国务院令《黄河水量调度条例》规定,国家对黄河水量实行统一调度,黄委负责黄河水量调度的组织实施和监督检查工作。黄河水量调度从地域的角度包括流域内的青海、四川、甘肃、宁夏、内蒙古、山西、陕西、河南、山东 9 省(区),以及国务院批准的流域外引用黄河水量的天津、河北两省(市)。从资源的角度包括黄河干支流河道水量及水库蓄水,并考虑地下水资源利用。

全流域水量统一调度的工作内容主要包括:调度年份黄河水量的分配,月、旬水量调度方案的制订,实时水量调度及监督管理等工作。

(二)局部河段水量调度

由于黄河供水区域较大,各河段用水需求和水文特性各不相同,因此在遵循全流域水量统一调度原则的基础上,在特定时间需要进行局部河段的水量调度。局部河段的水量调度主要是针对该河段的用水特点或特殊的水情状况,根据实际需要对黄河干流的局部河段或支流实施相对独立的水量调度。如在有引黄济津或引黄济青等任务时,为保证渠首的引水条件,可以对相关河段上游实施局部的水量调度,以保证引水。在宁蒙灌区或黄河下游灌区的用水高峰期,当用水矛盾突出时,也可以实施局部河段的水量调度。

局部河段的水量调度工作主要包括:水量调度方案编制、实时水量调度及协调、监督检查等。

(三)应急水量调度

应急水量调度是指在黄河流域或某河段或黄河供水范围内的某区域出现严重旱情,城镇及农村生活和重要工矿企业用水出现极度紧张的缺水状况,或出现水库运行故障、重大水污染事故等情况可能造成供水危机,黄河断流时,黄委根据需要进行的水量应急调度。

按照规定,在实施应急水量调度前黄委应当商 11 省(区、市)人民政府以及水库主管部门或者单位,制订紧急情况下的水量调度预案,并经国务院水行政主管部门审查,报国务院或者国务院授权的部门批准。在获得授权后,黄委可组织实施紧急情况下的水量调度预案,并及时调整取水及水库出口流量控制指标,必要时可以对黄河流域有关省、自治区主要取水口实施直接调度。应急水量调度还包含为满足生态环境需要进行的短期水量调度工作。

1.流域抗旱制度与机制

为适应黄河流域抗旱工作需要,增强干旱风险意识,落实抗旱减灾措施,完善应急管理机制,提高抗旱工作的计划性、主动性和应变能力,减轻旱灾影响和损失,保障流域经济发展和社会稳定,根据黄河流域的旱灾特点和流域机构的抗旱职责,编制了《黄河流域抗旱预案(试行)》。该预案建立了黄河流域抗旱组织指挥体系,明确各方职责;建立黄河流域旱情信息监测、处理、上报和发布机制,掌握旱情及发展动态;建立黄河流域旱情紧急情况和黄河水量调度突发事件的判别标准和应对措施,确保黄河不断流,保障黄河流域供水安全;建立黄委及省(区)、枢纽管理单位防旱对策,加强制度建设,规范流域抗旱工作的程序、机制。

流域抗旱预案的干旱预警指标及等级划分,主要参考以下两种方法:一是流域发生干旱,干支流来水减少,不能满足流域正常用水需求或有可能发生断流,可采用某一控制断面的流量为指标划分预警等级;二是可采用流域时段预测可供水量与同期流域正常用水量(包括生态用水)的差值(或百分比)为指标划分预警等级。流域抗旱预案要考虑江河湖库遭受污染等突发事件情况下的应急调度措施。

根据黄河流域特点,黄河流域旱情紧急和突发事件分为以下三大类:一是省(区)发生区域干旱和城市供水危机;二是可供水量不满足正常需求;三是干支流关键断面预测或已发生预警流量。根据事件的严重程度和影响范围,对各类事件进行预警分级。

《黄河流域抗旱预案(试行)》重点解决流域旱情紧急情况下的应对问题,主要包括应对流域或局部发生的严重干旱、省际或者重要控制断面流量降至预警流量、水库运行故障、重大水污染事故等应急情况。

2.黄河水量调度突发事件应急管理机制

原《黄河水量调度突发事件应急处置规定》于2003年5月22日印发实施以来,在有效应对黄河水量调度突发事件,维护黄河水量调度秩序等方面发挥了重要的作用,初步建立起了水量调度应急管理机制。

2008年对该规定进行了修订主要是顺应黄河水量调度新形势的需要,紧密结合水量调度的生产实际,对原规定中与新颁布的法规、规范性文件不相符的部分以及在实际工作中不易操作的部分进行了全面修订:一是依据《黄河水量调度条例》,将规定的适用范围从干流延伸至支流,并在应急处置措施上与《黄河流域抗旱预案(试行)》不同预警等级响应措施相对应。二是根据近年突发事件出现的规律和趋势,对突发事件分类进行了调整。增加了支流小流量突发事件,以及近年调度中频繁出现的因保障电网安全等公共利益的需要,紧急调整水库泄流或河道引退水指标的突发事件。删除了原规定中引水口门、枢纽突然遭受人为干扰、发生机械故障的突发事件,以及已有专门规定的重大水污染突发事件。三是充分体现《黄河水量调度条例》确立的分级管理分级负责的原则,有区别地规定了干、支流出现突发事件时有关各方的职责,其中支流出现突发事件将主要由地方水行政主管部门负责处置。四是根据实际需要,优化和调整了断面水文测验的频次和要求,对支流测验频次规定了一定的幅度,既考虑与《黄河流域抗旱预案(试行)》的衔接,又有一定的灵活性。

《黄河水量调度突发事件应急处置规定》的修订,不仅解决了原规定与现有法律法规和规定不协调的问题,而且进一步完善了黄河水量调度制度建设,使2003年初步建立起的黄河水量调度应急机制更加完备。它既是对《黄河水量调度条例》规定的应急调度的进一步完善,也是《黄河流域抗旱预案(试行)》的配套制度规定,对进一步规范黄河水量调度具有重要意义。

经过修订的《黄河水量调度突发事件应急处置规定》的正式发布实施,标志着《黄河水量调度制度条例》配套制度建设已全面完成。

第十章

相关法律法规及技术标准

第一节 相关法律

一、《中华人民共和国水法》

(1988 年 1 月 21 日第六届全国人民代表大会常务委员会第二十四次会议通过,2002 年 8 月 29 日第九届全国人民代表大会常务委员会第二十九次会议修订;根据 2009 年 8 月 27 日第十一届全国人民代表大会常务委员会第十次会议《关于修改部分法律的决定》第一次修正;根据 2016 年 7 月 2 日第十二届全国人民代表大会常务委员会第二十一次会议《关于修改〈中华人民共和国节约能源法〉等六部法律的决定》第二次修正)

第一章 总 则

第一条 为了合理开发、利用、节约和保护水资源,防治水害,实现水资源的可持续利用,适应国民经济和社会发展的需要,制定本法。

第二条 在中华人民共和国领域内开发、利用、节约、保护、管理水资源,防治水害,适用本法。

本法所称水资源,包括地表水和地下水。

第三条 水资源属于国家所有。水资源的所有权由国务院代表国家行使。农村集体经济组织的水塘和由农村集体经济组织修建管理的水库中的水,归各该农村集体经济组织使用。

第四条 开发、利用、节约、保护水资源和防治水害,应当全面规划、统筹兼顾、标本兼治、综合利用、讲求效益,发挥水资源的多种功能,协调好生活、生产经营和生态环境用水。

第五条 县级以上人民政府应当加强水利基础设施建设,并将其纳入本级国民经济和社会发展计划。

第六条 国家鼓励单位和个人依法开发、利用水资源,并保护其合法权益。开发、利用水资源的单位和个人有依法保护水资源的义务。

第七条 国家对水资源依法实行取水许可制度和有偿使用制度。但是,农村集体经济组织及其成员使用本集体经济组织的水塘、水库中的水的除外。国务院水行政主管部门负责全国取水许可制度和水资源有偿使用制度的组织实施。

第八条 国家厉行节约用水,大力推行节约用水措施,推广节约用水新技术、新工艺,发展节水型工业、农业和服务业,建立节水型社会。

各级人民政府应当采取措施,加强对节约用水的管理,建立节约用水技术开发推广体系,培育和发展节约用水产业。

单位和个人有节约用水的义务。

第九条 国家保护水资源,采取有效措施,保护植被,植树种草,涵养水源,防治水土流失和水体污染,改善生态环境。

第十条 国家鼓励和支持开发、利用、节约、保护、管理水资源和防治水害的先进科学技术的研究、推广和应用。

第十一条 在开发、利用、节约、保护、管理水资源和防治水害等方面成绩显著的单位和个人,由人民政府给予奖励。

第十二条 国家对水资源实行流域管理与行政区域管理相结合的管理体制。

国务院水行政主管部门负责全国水资源的统一管理和监督工作。

国务院水行政主管部门在国家确定的重要江河、湖泊设立的流域管理机构(以下简称流域管理机构),在所管辖的范围内行使法律、行政法规规定的和国务院水行政主管部门授予的水资源管理和监督职责。

县级以上地方人民政府水行政主管部门按照规定的权限,负责本行政区域内水资源的统一管理和监督工作。

第十三条 国务院有关部门按照职责分工,负责水资源开发、利用、节约和保护的有关工作。

县级以上地方人民政府有关部门按照职责分工,负责本行政区域内水资源开发、利用、节约和保护的有关工作。

第二章 水资源规划

第十四条 国家制定全国水资源战略规划。

开发、利用、节约、保护水资源和防治水害,应当按照流域、区域统一制定规划。规划分为流域规划和区域规划。流域规划包括流域综合规划和流域专业规划;区域规划包括区域综合规划和区域专业规划。

前款所称综合规划,是指根据经济社会发展需要和水资源开发利用现状编制的开发、利用、节约、保护水资源和防治水害的总体部署。前款所称专业规划,是指防洪、治涝、灌溉、航运、供水、水力发电、竹木流放、渔业、水资源保护、水土保持、防沙治沙、节约用水等规划。

第十五条 流域范围内的区域规划应当服从流域规划,专业规划应当服从综合规划。

流域综合规划和区域综合规划以及与土地利用关系密切的专业规划,应当与国民经济和社会发展规划以及土地利用总体规划、城市总体规划和环境保护规划相协调,兼顾各地区、各行业的需要。

第十六条 制定规划,必须进行水资源综合科学考察和调查评价。水资源综合科学考察和调查评价,由县级以上人民政府水行政主管部门会同同级有关部门组织进行。

县级以上人民政府应当加强水文、水资源信息系统建设。县级以上人民政府水行政主管部门和流域管理机构应当加强对水资源的动态监测。

基本水文资料应当按照国家有关规定予以公开。

第十七条 国家确定的重要江河、湖泊的流域综合规划,由国务院水行政主管部门会同国务院有关部门和有关省、自治区、直辖市人民政府编制,报国务院批准。跨省、自治区、直辖市的其他江河、湖泊的流域综合规划和区域综合规划,由有关流域管理机构会同江河、湖泊所在地的省、自治区、直辖市人民政府水行政主管部门和有关部门编制,分别经有关省、自治区、直辖市人民政府审查提出意见后,报国务院水行政主管部门审核;国务院水行政主管部门征求国务院有关部门意见后,报国务院或者其授权的部门批准。

前款规定以外的其他江河、湖泊的流域综合规划和区域综合规划,由县级以上地方人民政府水行政主管部门会同同级有关部门和有关地方人民政府编制,报本级人民政府或者其授权的部门批准,并报上一级水行政主管部门备案。

专业规划由县级以上人民政府有关部门编制,征求同级其他有关部门意见后,报本级人民政府批准。其中,防洪规划、水土保持规划的编制、批准,依照防洪法、水土保持法的有关规定执行。

第十八条 规划一经批准,必须严格执行。

经批准的规划需要修改时,必须按照规划编制程序经原批准机关批准。

第十九条 建设水工程,必须符合流域综合规划。在国家确定的重要江河、湖泊和跨省、自治区、直辖市的江河、湖泊上建设水工程,未取得有关流域管理机构签署的符合流域综合规划要求的规划同意书的,建设单位不得开工建设;在其他江河、湖泊上建设水工程,未取得县级以上地方人民政府水行政主管部门按照管理权限签署的符合流域综合规划要求的规划同意书的,建设单位不得开工建设。水工程建设涉及防洪的,依照防洪法的有关规定执行;涉及其他地区和行业的,建设单位应当事先征求有关地区和部门的意见。

第三章 水资源开发利用

第二十条 开发、利用水资源,应当坚持兴利与除害相结合,兼顾上下游、左右岸和有关地区之间的利益,充分发挥水资源的综合效益,并服从防洪的总体安排。

第二十一条 开发、利用水资源,应当首先满足城乡居民生活用水,并兼顾农业、工业、生态环境用水以及航运等需要。

在干旱和半干旱地区开发、利用水资源,应当充分考虑生态环境用水需要。

第二十二条 跨流域调水,应当进行全面规划和科学论证,统筹兼顾调出和调入流域的用水需要,防止对生态环境造成破坏。

第二十三条 地方各级人民政府应当结合本地区水资源的实际情况,按照地表水与地下水统一调度开发、开源与节流相结合、节流优先和污水处理再利用的原则,合理组织开发、综合利用水资源。

国民经济和社会发展规划以及城市总体规划的编制、重大建设项目的布局,应当与当地水资源条件和防洪要求相适应,并进行科学论证;在水资源不足的地区,应当对城市规模和建设耗水量大的工业、农业和服务业项目加以限制。

第二十四条 在水资源短缺的地区,国家鼓励对雨水和微咸水的收集、开发、利用和对海水的利用、淡化。

第二十五条 地方各级人民政府应当加强对灌溉、排涝、水土保持工作的领导,促进农业生产发展;在容易发生盐碱化和渍害的地区,应当采取措施,控制和降低地下水的水位。

农村集体经济组织或者其成员依法在本集体经济组织所有的集体土地或者承包土地上投资兴建水工程设施的,按照谁投资建设谁管理和谁受益的原则,对水工程设施及其蓄水进行管理和合理使用。

农村集体经济组织修建水库应当经县级以上地方人民政府水行政主管部门批准。

第二十六条 国家鼓励开发、利用水能资源。在水能丰富的河流,应当有计划地进行多目标梯级开发。

建设水力发电站,应当保护生态环境,兼顾防洪、供水、灌溉、航运、竹木流放和渔业等方面的需要。

第二十七条 国家鼓励开发、利用水运资源。在水生生物洄游通道、通航或者竹木流放的河流上修建永久性拦河闸坝,建设单位应当同时修建过鱼、过船、过木设施,或者经国务院授权的部门批准采取其他补救措施,并妥善安排施工和蓄水期间的水生生物保护、航运和竹木流放,所需费用由建设单位承担。

在不通航的河流或者人工水道上修建闸坝后可以通航的,闸坝建设单位应当同时修建过船设施或者预留过船设施位置。

第二十八条 任何单位和个人引水、截(蓄)水、排水,不得损害公共利益和他人的合法权益。

第二十九条 国家对水工程建设移民实行开发性移民的方针,按照前期补偿、补助与后期扶持相结合的原则,妥善安排移民的生产和生活,保护移民的合法权益。

移民安置应当与工程建设同步进行。建设单位应当根据安置地区的环境容量和可持续发展的原则,因地制宜,编制移民安置规划,经依法批准后,由有关地方人民政府组织实施。所需移民经费列入工程建设投资计划。

第四章 水资源、水域和水工程的保护

第三十条 县级以上人民政府水行政主管部门、流域管理机构以及其他有关部门在制定水资源开发、利用规划和调度水资源时,应当注意维持江河的合理流量和湖泊、水库以及地下水的合理水位,维护水体的自然净化能力。

第三十一条 从事水资源开发、利用、节约、保护和防治水害等水事活动,应当遵守经批准的规划;因违反规划造成江河和湖泊水域使用功能降低、地下水超采、地面沉降、水体污染的,应当承担治理责任。

开采矿藏或者建设地下工程,因疏干排水导致地下水水位下降、水源枯竭或者地面塌陷,采矿单位或者建设单位应当采取补救措施;对他人生活和生产造成损失的,依法给予补偿。

第三十二条 国务院水行政主管部门会同国务院环境保护行政主管部门、有关部门和有关省、自治区、直辖市人民政府,按照流域综合规划、水资源保护规划和经济社会发展要求,拟定国家确定的重要江河、湖泊的水功能区划,报国务院批准。跨省、自治区、直辖市的其他江河、湖泊的水功能区划,由有关流域管理机构会同江河、湖泊所在地的省、自治区、直辖市人民政府水行政主管部门、环境保护行政主管部门和其他有关部门拟定,分别经有关省、自治区、直辖市人民政府审查提出意见后,由国务院水行政主管部门会同国务院环境保护行政主管部门审核,报国务院或者其授权的部门批准。

前款规定以外的其他江河、湖泊的水功能区划,由县级以上地方人民政府水行政主管部门会同同级人民政府环境保护行政主管部门和有关部门拟定,报同级人民政府或者其授权的部门批准,并报上一级水行政主管部门和环境保护行政主管部门备案。

县级以上人民政府水行政主管部门或者流域管理机构应当按照水功能区对水质的要求和水体的自然净化能力,核定该水域的纳污能力,向环境保护行政主管部门提出该水域的限制排污总量意见。

县级以上地方人民政府水行政主管部门和流域管理机构应当对水功能区的水质状况进行监测,发现重点污染物排放总量超过控制指标的,或者水功能区的水质未达到水域使用功能对水质的要求的,应当及时报告有关人民政府采取治理措施,并向环境保护行政主管部门通报。

第三十三条 国家建立饮用水水源保护区制度。省、自治区、直辖市人民政府应当划定饮用水水源保护区,并采取措施,防止水源枯竭和水体污染,保证城乡居民饮用水安全。

第三十四条 禁止在饮用水水源保护区内设置排污口。

在江河、湖泊新建、改建或者扩大排污口,应当经过有管辖权的水行政主管部门或者流域管理机构同意,由环境保护行政主管部门负责对该建设项目的环境影响报告书进行审批。

第三十五条 从事工程建设,占用农业灌溉水源、灌排工程设施,或者对原有灌溉用水、供水水源有不利影响的,建设单位应当采取相应的补救措施;造成损失的,依法给予补偿。

第三十六条 在地下水超采地区,县级以上地方人民政府应当采取措施,严格控制开采地下水。在地下水严重超采地区,经省、自治区、直辖市人民政府批准,可以划定地下水禁止开采或者限制开采区。在沿海地区开采地下水,应当经过科学论证,并采取措施,防止地面沉降和海水入侵。

第三十七条 禁止在江河、湖泊、水库、运河、渠道内弃置、堆放阻碍行洪的物体和种植阻碍行洪的林木及高秆作物。

禁止在河道管理范围内建设妨碍行洪的建筑物、构筑物以及从事影响河势稳定、危害河岸堤防安全和其他妨碍河道行洪的活动。

第三十八条 在河道管理范围内建设桥梁、码头和其他拦河、跨河、临河建筑物、构筑物,铺设跨河管道、电缆,应当符合国家规定的防洪标准和其他有关的技术要求,工程建设方案应当依照防洪法的有关规定报经有关水行政主管部门审查同意。

因建设前款工程设施,需要扩建、改建、拆除或者损坏原有水工程设施的,建设单位应当负担扩建、改建的费用和损失补偿。但是,原有工程设施属于违法工程的除外。

第三十九条 国家实行河道采砂许可制度。河道采砂许可制度实施办法,由国务院规定。

在河道管理范围内采砂,影响河势稳定或者危及堤防安全的,有关县级以上人民政府水行政主管部门应当划定禁采区和规定禁采期,并予以公告。

第四十条 禁止围湖造地。已经围垦的,应当按照国家规定的防洪标准有计划地退地还湖。

禁止围垦河道。确需围垦的,应当经过科学论证,经省、自治区、直辖市人民政府水行政主管部门或者国务院水行政主管部门同意后,报本级人民政府批准。

第四十一条 单位和个人有保护水工程的义务,不得侵占、毁坏堤防、护岸、防汛、水文监测、水文地质监测等工程设施。

第四十二条 县级以上地方人民政府应当采取措施,保障本行政区域内水工程,特别是水坝和堤防的安全,限期消除险情。水行政主管部门应当加强对水工程安全的监督管理。

第四十三条 国家对水工程实施保护。国家所有的水工程应当按照国务院的规定划定工程管理和保护范围。

国务院水行政主管部门或者流域管理机构管理的水工程,由主管部门或者流域管理机构商有关省、自治区、直辖市人民政府划定工程管理和保护范围。

前款规定以外的其他水工程,应当按照省、自治区、直辖市人民政府的规定,划定工程保护范围和保护职责。

在水工程保护范围内,禁止从事影响水工程运行和危害水工程安全的爆破、打井、采石、取土等活动。

第五章 水资源配置和节约使用

第四十四条 国务院发展计划主管部门和国务院水行政主管部门负责全国水资源的宏观调配。全国的和跨省、自治区、直辖市的水中长期供求规划,由国务院水行政主管部门会同有关部门制订,经国务院发展计划主管部门审查批准后执行。地方的水中长期供求规划,由县级以上地方人民政府水行政主管部门会同同级有关部门依据上一级水中长期供求规划和本地区的实际情况制订,经本级人民政府发展计划主管部门审查批准后执行。

水中长期供求规划应当依据水的供求现状、国民经济和社会发展规划、流域规划、区域规划,按照水资源供需协调、综合平衡、保护生态、厉行节约、合理开源的原则制定。

第四十五条 调蓄径流和分配水量,应当依据流域规划和水中长期供求规划,以流域为单元制定水量分配方案。

跨省、自治区、直辖市的水量分配方案和旱情紧急情况下的水量调度预案,由流域管理机构商有关省、自治区、直辖市人民政府制订,报国务院或者其授权的部门批准后执行。其他跨行政区域的水量分配方案和旱情紧急情况下的水量调度预案,由共同的上一级人民政府水行政主管部门商有关地方人民政府制订,报本级人民政府批准后执行。

水量分配方案和旱情紧急情况下的水量调度预案经批准后,有关地方人民政府必须执行。

在不同行政区域之间的边界河流上建设水资源开发、利用项目,应当符合该流域经批准的水量分配方案,由有关县级以上地方人民政府报共同的上一级人民政府水行政主管部门或者有关流域管理机构批准。

第四十六条 县级以上地方人民政府水行政主管部门或者流域管理机构应当根据批准的水量分配方案和年度预测来水量,制定年度水量分配方案和调度计划,实施水量统一调度;有关地方人民政府必须服从。

国家确定的重要江河、湖泊的年度水量分配方案,应当纳入国家的国民经济和社会发展年度计划。

第四十七条 国家对用水实行总量控制和定额管理相结合的制度。

省、自治区、直辖市人民政府有关行业主管部门应当制订本行政区域内行业用水定额，报同级水行政主管部门和质量监督检验行政主管部门审核同意后，由省、自治区、直辖市人民政府公布，并报国务院水行政主管部门和国务院质量监督检验行政主管部门备案。

县级以上地方人民政府发展计划主管部门会同同级水行政主管部门，根据用水定额、经济技术条件以及水量分配方案确定的可供本行政区域使用的水量，制定年度用水计划，对本行政区域内的年度用水实行总量控制。

第四十八条 直接从江河、湖泊或者地下取用水资源的单位和个人，应当按照国家取水许可制度和水资源有偿使用制度的规定，向水行政主管部门或者流域管理机构申请领取取水许可证，并缴纳水资源费，取得取水权。但是，家庭生活和零星散养、圈养畜禽饮用等少量取水的除外。

实施取水许可制度和征收管理水资源费的具体办法，由国务院规定。

第四十九条 用水应当计量，并按照批准的用水计划用水。

用水实行计量收费和超定额累进加价制度。

第五十条 各级人民政府应当推行节水灌溉方式和节水技术，对农业蓄水、输水工程采取必要的防渗漏措施，提高农业用水效率。

第五十一条 工业用水应当采用先进技术、工艺和设备，增加循环用水次数，提高水的重复利用率。

国家逐步淘汰落后的、耗水量高的工艺、设备和产品，具体名录由国务院经济综合主管部门会同国务院水行政主管部门和有关部门制定并公布。生产者、销售者或者生产经营中的使用者应当在规定的时间内停止生产、销售或者使用列入名录的工艺、设备和产品。

第五十二条 城市人民政府应当因地制宜采取有效措施，推广节水型生活用水器具，降低城市供水管网漏失率，提高生活用水效率；加强城市污水集中处理，鼓励使用再生水，提高污水再生利用率。

第五十三条 新建、扩建、改建建设项目，应当制订节水措施方案，配套建设节水设施。节水设施应当与主体工程同时设计、同时施工、同时投产。

供水企业和自建供水设施的单位应当加强供水设施的维护管理，减少水的漏失。

第五十四条 各级人民政府应当积极采取措施，改善城乡居民的饮用水条件。

第五十五条 使用水工程供应的水，应当按照国家规定向供水单位缴纳水费。供水价格应当按照补偿成本、合理收益、优质优价、公平负担的原则确定。具体办法由省级以上人民政府价格主管部门会同同级水行政主管部门或者其他供水行政主管部门依据职权制定。

第六章 水事纠纷处理与执法监督检查

第五十六条 不同行政区域之间发生水事纠纷的，应当协商处理；协商不成的，由上一级人民政府裁决，有关各方必须遵照执行。在水事纠纷解决前，未经各方达成协议或者共同的上一级人民政府批准，在行政区域交界线两侧一定范围内，任何一方不得修建排水、阻水、取水和截(蓄)水工程,不得单方面改变水的现状。

第五十七条 单位之间、个人之间、单位与个人之间发生的水事纠纷,应当协商解决;当事人不愿协商或者协商不成的,可以申请县级以上地方人民政府或者其授权的部门调解,也可以直接向人民法院提起民事诉讼。县级以上地方人民政府或者其授权的部门调解不成的,当事人可以向人民法院提起民事诉讼。

在水事纠纷解决前,当事人不得单方面改变现状。

第五十八条 县级以上人民政府或者其授权的部门在处理水事纠纷时,有权采取临时处置措施,有关各方或者当事人必须服从。

第五十九条 县级以上人民政府水行政主管部门和流域管理机构应当对违反本法的行为加强监督检查并依法进行查处。

水政监督检查人员应当忠于职守,秉公执法。

第六十条 县级以上人民政府水行政主管部门、流域管理机构及其水政监督检查人员履行本法规定的监督检查职责时,有权采取下列措施:

(一)要求被检查单位提供有关文件、证照、资料;

(二)要求被检查单位就执行本法的有关问题作出说明;

(三)进入被检查单位的生产场所进行调查;

(四)责令被检查单位停止违反本法的行为,履行法定义务。

第六十一条 有关单位或者个人对水政监督检查人员的监督检查工作应当给予配合,不得拒绝或者阻碍水政监督检查人员依法执行职务。

第六十二条 水政监督检查人员在履行监督检查职责时,应当向被检查单位或者个人出示执法证件。

第六十三条 县级以上人民政府或者上级水行政主管部门发现本级或者下级水行政主管部门在监督检查工作中有违法或者失职行为的,应当责令其限期改正。

第七章 法律责任

第六十四条 水行政主管部门或者其他有关部门以及水工程管理单位及其工作人员,利用职务上的便利收取他人财物、其他好处或者玩忽职守,对不符合法定条件的单位或者个人核发许可证、签署审查同意意见,不按照水量分配方案分配水量,不按照国家有关规定收取水资源费,不履行监督职责,或者发现违法行为不予查处,造成严重后果,构成犯罪的,对负有责任的主管人员和其他直接责任人员依照刑法的有关规定追究刑事责任;尚不够刑事处罚的,依法给予行政处分。

第六十五条 在河道管理范围内建设妨碍行洪的建筑物、构筑物,或者从事影响河势稳定、危害河岸堤防安全和其他妨碍河道行洪的活动的,由县级以上人民政府水行政主管部门或者流域管理机构依据职权,责令停止违法行为,限期拆除违法建筑物、构筑物,恢复原状;逾期不拆除、不恢复原状的,强行拆除,所需费用由违法单位或者个人负担,并处一万元以上十万元以下的罚款。

未经水行政主管部门或者流域管理机构同意,擅自修建水工程,或者建设桥梁、码头和其他拦河、跨河、临河建筑物、构筑物,铺设跨河管道、电缆,且防洪法未作规定的,由县级以上人民政府水行政主管部门或者流域管理机构依据职权,责令停止违法行为,限期补办有关手续;逾期不补办或者补办未被批准的,责令限期拆除违法建筑物、构筑物;逾期不拆除的,强行拆除,所需费用由违法单位或者个人负担,并处一万元以上十万元以下的罚款。

虽经水行政主管部门或者流域管理机构同意,但未按照要求修建前款所列工程设施的,由县级以上人民政府水行政主管部门或者流域管理机构依据职权,责令限期改正,按照情节轻重,处一万元以上十万元以下的罚款。

第六十六条 有下列行为之一,且防洪法未作规定的,由县级以上人民政府水行政主管部门或者流域管理机构依据职权,责令停止违法行为,限期清除障碍或者采取其他补救措施,处一万元以上五万元以下的罚款:

(一)在江河、湖泊、水库、运河、渠道内弃置、堆放阻碍行洪的物体和种植阻碍行洪的林木及高秆作物的;

(二)围湖造地或者未经批准围垦河道的。

第六十七条 在饮用水水源保护区内设置排污口的,由县级以上地方人民政府责令限期拆除、恢复原状;逾期不拆除、不恢复原状的,强行拆除、恢复原状,并处五万元以上十万元以下的罚款。

未经水行政主管部门或者流域管理机构审查同意,擅自在江河、湖泊新建、改建或者扩大排污口的,由县级以上人民政府水行政主管部门或者流域管理机构依据职权,责令停止违法行为,限期恢复原状,处五万元以上十万元以下的罚款。

第六十八条 生产、销售或者在生产经营中使用国家明令淘汰的落后的、耗水量高的工艺、设备和产品的,由县级以上地方人民政府经济综合主管部门责令停止生产、销售或者使用,处二万元以上十万元以下的罚款。

第六十九条 有下列行为之一的,由县级以上人民政府水行政主管部门或者流域管理机构依据职权,责令停止违法行为,限期采取补救措施,处二万元以上十万元以下的罚款;情节严重的,吊销其取水许可证:

(一)未经批准擅自取水的;

(二)未依照批准的取水许可规定条件取水的。

第七十条 拒不缴纳、拖延缴纳或者拖欠水资源费的,由县级以上人民政府水行政主管部门或者流域管理机构依据职权,责令限期缴纳;逾期不缴纳的,从滞纳之日起按日加收滞纳部分2‰的滞纳金,并处应缴或者补缴水资源费一倍以上五倍以下的罚款。

第七十一条 建设项目的节水设施没有建成或者没有达到国家规定的要求,擅自投入使用的,由县级以上人民政府有关部门或者流域管理机构依据职权,责令停止使用,限期改正,处五万元以上十万元以下的罚款。

第七十二条 有下列行为之一,构成犯罪的,依照刑法的有关规定追究刑事责任;尚不够刑事处罚,且防洪法未作规定的,由县级以上地方人民政府水行政主管部门或者流域管理机构依据职权,责令停止违法行为,采取补救措施,处一万元以上五万元以下的罚款;违反治安管理处罚法的,由公安机关依法给予治安管理处罚;给他人造成损失的,依法承担赔偿责任:

（一）侵占、毁坏水工程及堤防、护岸等有关设施，毁坏防汛、水文监测、水文地质监测设施的；

（二）在水工程保护范围内，从事影响水工程运行和危害水工程安全的爆破、打井、采石、取土等活动的。

第七十三条 侵占、盗窃或者抢夺防汛物资，防洪排涝、农田水利、水文监测和测量以及其他水工程设备和器材，贪污或者挪用国家救灾、抢险、防汛、移民安置和补偿及其他水利建设款物，构成犯罪的，依照刑法的有关规定追究刑事责任。

第七十四条 在水事纠纷发生及其处理过程中煽动闹事、结伙斗殴、抢夺或者损坏公私财物、非法限制他人人身自由，构成犯罪的，依照刑法的有关规定追究刑事责任；尚不够刑事处罚的，由公安机关依法给予治安管理处罚。

第七十五条 不同行政区域之间发生水事纠纷，有下列行为之一的，对负有责任的主管人员和其他直接责任人员依法给予行政处分：

（一）拒不执行水量分配方案和水量调度预案的；

（二）拒不服从水量统一调度的；

（三）拒不执行上一级人民政府的裁决的；

（四）在水事纠纷解决前，未经各方达成协议或者上一级人民政府批准，单方面违反本法规定改变水的现状的。

第七十六条 引水、截（蓄）水、排水，损害公共利益或者他人合法权益的，依法承担民事责任。

第七十七条 对违反本法第三十九条有关河道采砂许可制度规定的行政处罚，由国务院规定。

第八章 附 则

第七十八条 中华人民共和国缔结或者参加的与国际或者国境边界河流、湖泊有关的国际条约、协定与中华人民共和国法律有不同规定的，适用国际条约、协定的规定。但是，中华人民共和国声明保留的条款除外。

第七十九条 本法所称水工程，是指在江河、湖泊和地下水源上开发、利用、控制、调配和保护水资源的各类工程。

第八十条 海水的开发、利用、保护和管理，依照有关法律的规定执行。

第八十一条 从事防洪活动，依照防洪法的规定执行。

水污染防治，依照水污染防治法的规定执行。

第八十二条 本法自 2002 年 10 月 1 日起施行。

二、《中华人民共和国防洪法》

（1997 年 8 月 29 日第八届全国人民代表大会常务委员会第二十七次会议通过，1997年 8 月 29 日中华人民共和国主席令第 88 号公布，自 1998 年 1 月 1 日起施行；根据 2009年 8 月 27 日第十一届全国人民代表大会常务委员会第十次会议《关于修改部分法律的决定》第一次修正；根据 2015 年 4 月 24 日第十二届全国人民代表大会常务委员会第十四次会议《关于修改〈中华人民共和国港口法〉等七部法律的决定》第二次修正;根据2016年7月2日第十二届全国人民代表大会常务委员会第二十一次会议《关于修改〈中华人民共和国节约能源法〉等六部法律的决定》第三次修正)

第一章 总 则

第一条 为了防治洪水,防御、减轻洪涝灾害,维护人民的生命和财产安全,保障社会主义现代化建设顺利进行,制定本法。

第二条 防洪工作实行全面规划、统筹兼顾、预防为主、综合治理、局部利益服从全局利益的原则。

第三条 防洪工程设施建设,应当纳入国民经济和社会发展计划。

防洪费用按照政府投入同受益者合理承担相结合的原则筹集。

第四条 开发利用和保护水资源,应当服从防洪总体安排,实行兴利与除害相结合的原则。

江河、湖泊治理以及防洪工程设施建设,应当符合流域综合规划,与流域水资源的综合开发相结合。

本法所称综合规划是指开发利用水资源和防治水害的综合规划。

第五条 防洪工作按照流域或者区域实行统一规划、分级实施和流域管理与行政区域管理相结合的制度。

第六条 任何单位和个人都有保护防洪工程设施和依法参加防汛抗洪的义务。

第七条 各级人民政府应当加强对防洪工作的统一领导,组织有关部门、单位,动员社会力量,依靠科技进步,有计划地进行江河、湖泊治理,采取措施加强防洪工程设施建设,巩固、提高防洪能力。

各级人民政府应当组织有关部门、单位,动员社会力量,做好防汛抗洪和洪涝灾害后的恢复与救济工作。

各级人民政府应当对蓄滞洪区予以扶持;蓄滞洪后,应当依照国家规定予以补偿或者救助。

第八条 国务院水行政主管部门在国务院的领导下,负责全国防洪的组织、协调、监督、指导等日常工作。国务院水行政主管部门在国家确定的重要江河、湖泊设立的流域管理机构,在所管辖的范围内行使法律、行政法规规定和国务院水行政主管部门授权的防洪协调和监督管理职责。

国务院建设行政主管部门和其他有关部门在国务院的领导下,按照各自的职责,负责有关的防洪工作。

县级以上地方人民政府水行政主管部门在本级人民政府的领导下,负责本行政区域内防洪的组织、协调、监督、指导等日常工作。县级以上地方人民政府建设行政主管部门和其他有关部门在本级人民政府的领导下,按照各自的职责,负责有关的防洪工作。

第二章 防洪规划

第九条 防洪规划是指为防治某一流域、河段或者区域的洪涝灾害而制定的总体部署,包括国家确定的重要江河、湖泊的流域防洪规划,其他江河、河段、湖泊的防洪规划以及区域防洪规划。

防洪规划应当服从所在流域、区域的综合规划;区域防洪规划应当服从所在流域的流域防洪规划。

防洪规划是江河、湖泊治理和防洪工程设施建设的基本依据。

第十条 国家确定的重要江河、湖泊的防洪规划,由国务院水行政主管部门依据该江河、湖泊的流域综合规划,会同有关部门和有关省、自治区、直辖市人民政府编制,报国务院批准。

其他江河、河段、湖泊的防洪规划或者区域防洪规划,由县级以上地方人民政府水行政主管部门分别依据流域综合规划、区域综合规划,会同有关部门和有关地区编制,报本级人民政府批准,并报上一级人民政府水行政主管部门备案;跨省、自治区、直辖市的江河、河段、湖泊的防洪规划由有关流域管理机构会同江河、河段、湖泊所在地的省、自治区、直辖市人民政府水行政主管部门、有关主管部门拟定,分别经有关省、自治区、直辖市人民政府审查提出意见后,报国务院水行政主管部门批准。

城市防洪规划,由城市人民政府组织水行政主管部门、建设行政主管部门和其他有关部门依据流域防洪规划、上一级人民政府区域防洪规划编制,按照国务院规定的审批程序批准后纳入城市总体规划。

修改防洪规划,应当报经原批准机关批准。

第十一条 编制防洪规划,应当遵循确保重点、兼顾一般,以及防汛和抗旱相结合、工程措施和非工程措施相结合的原则,充分考虑洪涝规律和上下游、左右岸的关系以及国民经济对防洪的要求,并与国土规划和土地利用总体规划相协调。

防洪规划应当确定防护对象、治理目标和任务、防洪措施和实施方案,划定洪泛区、蓄滞洪区和防洪保护区的范围,规定蓄滞洪区的使用原则。

第十二条 受风暴潮威胁的沿海地区的县级以上地方人民政府,应当把防御风暴潮纳入本地区的防洪规划,加强海堤(海塘)、挡潮闸和沿海防护林等防御风暴潮工程体系建设,监督建筑物、构筑物的设计和施工符合防御风暴潮的需要。

第十三条 山洪可能诱发山体滑坡、崩塌和泥石流的地区以及其他山洪多发地区的县级以上地方人民政府,应当组织负责地质矿产管理工作的部门、水行政主管部门和其他有关部门对山体滑坡、崩塌和泥石流隐患进行全面调查,划定重点防治区,采取防治措施。

城市、村镇和其他居民点以及工厂、矿山、铁路和公路干线的布局,应当避开山洪威胁;已经建在受山洪威胁的地方的,应当采取防御措施。

第十四条 平原、洼地、水网圩区、山谷、盆地等易涝地区的有关地方人民政府,应当制定除涝治涝规划,组织有关部门、单位采取相应的治理措施,完善排水系统,发展耐涝农作物种类和品种,开展洪涝、干旱、盐碱综合治理。

城市人民政府应当加强对城区排涝管网、泵站的建设和管理。

第十五条 国务院水行政主管部门应当会同有关部门和省、自治区、直辖市人民政府制定长江、黄河、珠江、辽河、淮河、海河入海河口的整治规划。

在前款入海河口围海造地,应当符合河口整治规划。

第十六条 防洪规划确定的河道整治计划用地和规划建设的堤防用地范围内的土地,经土地管理部门和水行政主管部门会同有关地区核定,报经县级以上人民政府按照国务院规定的权限批准后,可以划定为规划保留区;该规划保留区范围内的土地涉及其他项目用地的,有关土地管理部门和水行政主管部门核定时,应当征求有关部门的意见。

规划保留区依照前款规定划定后,应当公告。

前款规划保留区内不得建设与防洪无关的工矿工程设施;在特殊情况下,国家工矿建设项目确需占用前款规划保留区内的土地的,应当按照国家规定的基本建设程序报请批准,并征求有关水行政主管部门的意见。

防洪规划确定的扩大或者开辟的人工排洪道用地范围内的土地,经省级以上人民政府土地管理部门和水行政主管部门会同有关部门、有关地区核定,报省级以上人民政府按照国务院规定的权限批准后,可以划定为规划保留区,适用前款规定。

第十七条 在江河、湖泊上建设防洪工程和其他水工程、水电站等,应当符合防洪规划的要求;水库应当按照防洪规划的要求留足防洪库容。

前款规定的防洪工程和其他水工程、水电站未取得有关水行政主管部门签署的符合防洪规划要求的规划同意书的,建设单位不得开工建设。

第三章 治理与防护

第十八条 防治江河洪水,应当蓄泄兼施,充分发挥河道行洪能力和水库、洼淀、湖泊调蓄洪水的功能,加强河道防护,因地制宜地采取定期清淤疏浚等措施,保持行洪畅通。

防治江河洪水,应当保护、扩大流域林草植被,涵养水源,加强流域水土保持综合治理。

第十九条 整治河道和修建控制引导河水流向、保护堤岸等工程,应当兼顾上下游、左右岸的关系,按照规划治导线实施,不得任意改变河水流向。

国家确定的重要江河的规划治导线由流域管理机构拟定,报国务院水行政主管部门批准。

其他江河、河段的规划治导线由县级以上地方人民政府水行政主管部门拟定,报本级人民政府批准;跨省、自治区、直辖市的江河、河段和省、自治区、直辖市之间的省界河道的规划治导线由有关流域管理机构组织江河、河段所在地的省、自治区、直辖市人民政府水行政主管部门拟定,经有关省、自治区、直辖市人民政府审查提出意见后,报国务院水行政主管部门批准。

第二十条 整治河道、湖泊,涉及航道的,应当兼顾航运需要,并事先征求交通主管部门的意见。整治航道,应当符合江河、湖泊防洪安全要求,并事先征求水行政主管部门的意见。

在竹木流放的河流和渔业水域整治河道的,应当兼顾竹木水运和渔业发展的需要,并事先征求林业、渔业行政主管部门的意见。在河道中流放竹木,不得影响行洪和防洪工程设施的安全。

第二十一条 河道、湖泊管理实行按水系统一管理和分级管理相结合的原则,加强防护,确保畅通。

国家确定的重要江河、湖泊的主要河段,跨省、自治区、直辖市的重要河段、湖泊,省、自治区、直辖市之间的省界河道、湖泊以及国(边)界河道、湖泊,由流域管理机构和江河、湖泊所在地的省、自治区、直辖市人民政府水行政主管部门按照国务院水行政主管部门的划定依法实施管理。其他河道、湖泊,由县级以上地方人民政府水行政主管部门按照国务院水行政主管部门或者国务院水行政主管部门授权的机构的划定依法实施管理。

有堤防的河道、湖泊,其管理范围为两岸堤防之间的水域、沙洲、滩地、行洪区和堤防及护堤地;无堤防的河道、湖泊,其管理范围为历史最高洪水位或者设计洪水位之间的水域、沙洲、滩地和行洪区。

流域管理机构直接管理的河道、湖泊管理范围,由流域管理机构会同有关县级以上地方人民政府依照前款规定界定;其他河道、湖泊管理范围,由有关县级以上地方人民政府依照前款规定界定。

第二十二条 河道、湖泊管理范围内的土地和岸线的利用,应当符合行洪、输水的要求。

禁止在河道、湖泊管理范围内建设妨碍行洪的建筑物、构筑物,倾倒垃圾、渣土,从事影响河势稳定、危害河岸堤防安全和其他妨碍河道行洪的活动。

禁止在行洪河道内种植阻碍行洪的林木和高秆作物。

在船舶航行可能危及堤岸安全的河段,应当限定航速。限定航速的标志,由交通主管部门与水行政主管部门商定后设置。

第二十三条 禁止围湖造地。已经围垦的,应当按照国家规定的防洪标准进行治理,有计划地退地还湖。

禁止围垦河道。确需围垦的,应当进行科学论证,经水行政主管部门确认不妨碍行洪、输水后,报省级以上人民政府批准。

第二十四条 对居住在行洪河道内的居民,当地人民政府应当有计划地组织外迁。

第二十五条 护堤护岸的林木,由河道、湖泊管理机构组织营造和管理。护堤护岸林木,不得任意砍伐。采伐护堤护岸林木的,应当依法办理采伐许可手续,并完成规定的更新补种任务。

第二十六条 对壅水、阻水严重的桥梁、引道、码头和其他跨河工程设施,根据防洪标准,有关水行政主管部门可以报请县级以上人民政府按照国务院规定的权限责令建设单位限期改建或者拆除。

第二十七条 建设跨河、穿河、穿堤、临河的桥梁、码头、道路、渡口、管道、缆线、取水、排水等工程设施,应当符合防洪标准、岸线规划、航运要求和其他技术要求,不得危害堤防安全、影响河势稳定、妨碍行洪畅通;其工程建设方案未经有关水行政主管部门根据前述防洪要求审查同意的,建设单位不得开工建设。

前款工程设施需要占用河道、湖泊管理范围内土地,跨越河道、湖泊空间或者穿越河床的,建设单位应当经有关水行政主管部门对该工程设施建设的位置和界限审查批准后,方可依法办理开工手续;安排施工时,应当按照水行政主管部门审查批准的位置和界限进行。

第二十八条 对于河道、湖泊管理范围内依照本法规定建设的工程设施,水行政主管部门有权依法检查;水行政主管部门检查时,被检查者应当如实提供有关的情况和资料。

前款规定的工程设施竣工验收时,应当有水行政主管部门参加。

第四章 防洪区和防洪工程设施的管理

第二十九条 防洪区是指洪水泛滥可能淹及的地区,分为洪泛区、蓄滞洪区和防洪保护区。

洪泛区是指尚无工程设施保护的洪水泛滥所及的地区。

蓄滞洪区是指包括分洪口在内的河堤背水面以外临时贮存洪水的低洼地区及湖泊等。

防洪保护区是指在防洪标准内受防洪工程设施保护的地区。

洪泛区、蓄滞洪区和防洪保护区的范围,在防洪规划或者防御洪水方案中划定,并报请省级以上人民政府按照国务院规定的权限批准后予以公告。

第三十条 各级人民政府应当按照防洪规划对防洪区内的土地利用实行分区管理。

第三十一条 地方各级人民政府应当加强对防洪区安全建设工作的领导,组织有关部门、单位对防洪区内的单位和居民进行防洪教育,普及防洪知识,提高水患意识;按照防洪规划和防御洪水方案建立并完善防洪体系和水文、气象、通信、预警以及洪涝灾害监测系统,提高防御洪水能力;组织防洪区内的单位和居民积极参加防洪工作,因地制宜地采取防洪避洪措施。

第三十二条 洪泛区、蓄滞洪区所在地的省、自治区、直辖市人民政府应当组织有关地区和部门,按照防洪规划的要求,制定洪泛区、蓄滞洪区安全建设计划,控制蓄滞洪区人口增长,对居住在经常使用的蓄滞洪区的居民,有计划地组织外迁,并采取其他必要的安全保护措施。

因蓄滞洪区而直接受益的地区和单位,应当对蓄滞洪区承担国家规定的补偿、救助义务。国务院和有关的省、自治区、直辖市人民政府应当建立对蓄滞洪区的扶持和补偿、救助制度。

国务院和有关的省、自治区、直辖市人民政府可以制定洪泛区、蓄滞洪区安全建设管理办法以及对蓄滞洪区的扶持和补偿、救助办法。

第三十三条 在洪泛区、蓄滞洪区内建设非防洪建设项目,应当就洪水对建设项目可能产生的影响和建设项目对防洪可能产生的影响作出评价,编制洪水影响评价报告,提出防御措施。洪水影响评价报告未经有关水行政主管部门审查批准的,建设单位不得开工建设。

在蓄滞洪区内建设的油田、铁路、公路、矿山、电厂、电信设施和管道,其洪水影响评价报告应当包括建设单位自行安排的防洪避洪方案。建设项目投入生产或者使用时,其防洪工程设施应当经水行政主管部门验收。

在蓄滞洪区内建造房屋应当采用平顶式结构。

第三十四条 大中城市,重要的铁路、公路干线,大型骨干企业,应当列为防洪重点,确保安全。

受洪水威胁的城市、经济开发区、工矿区和国家重要的农业生产基地等,应当重点保护,建设必要的防洪工程设施。

城市建设不得擅自填堵原有河道沟汊、贮水湖塘洼淀和废除原有防洪围堤。确需填堵或者废除的,应当经城市人民政府批准。

第三十五条 属于国家所有的防洪工程设施,应当按照经批准的设计,在竣工验收前由县级以上人民政府按照国家规定,划定管理和保护范围。

属于集体所有的防洪工程设施,应当按照省、自治区、直辖市人民政府的规定,划定保护范围。

在防洪工程设施保护范围内,禁止进行爆破、打井、采石、取土等危害防洪工程设施安全的活动。

第三十六条 各级人民政府应当组织有关部门加强对水库大坝的定期检查和监督管理。对未达到设计洪水标准、抗震设防要求或者有严重质量缺陷的险坝,大坝主管部门应当组织有关单位采取除险加固措施,限期消除危险或者重建,有关人民政府应当优先安排所需资金。对可能出现垮坝的水库,应当事先制定应急抢险和居民临时撤离方案。

各级人民政府和有关主管部门应当加强对尾矿坝的监督管理,采取措施,避免因洪水导致垮坝。

第三十七条 任何单位和个人不得破坏、侵占、毁损水库大坝、堤防、水闸、护岸、抽水站、排水渠系等防洪工程和水文、通信设施以及防汛备用的器材、物料等。

第五章 防汛抗洪

第三十八条 防汛抗洪工作实行各级人民政府行政首长负责制,统一指挥、分级分部门负责。

第三十九条 国务院设立国家防汛指挥机构,负责领导、组织全国的防汛抗洪工作,其办事机构设在国务院水行政主管部门。

在国家确定的重要江河、湖泊可以设立由有关省、自治区、直辖市人民政府和该江河、湖泊的流域管理机构负责人等组成的防汛指挥机构,指挥所管辖范围内的防汛抗洪工作,其办事机构设在流域管理机构。

有防汛抗洪任务的县级以上地方人民政府设立由有关部门、当地驻军、人民武装部负责人等组成的防汛指挥机构,在上级防汛指挥机构和本级人民政府的领导下,指挥本地区的防汛抗洪工作,其办事机构设在同级水行政主管部门;必要时,经城市人民政府决定,防汛指挥机构也可以在建设行政主管部门设城市市区办事机构,在防汛指挥机构的统一领导下,负责城市市区的防汛抗洪日常工作。

第四十条 有防汛抗洪任务的县级以上地方人民政府根据流域综合规划、防洪工程实际状况和国家规定的防洪标准,制定防御洪水方案(包括对特大洪水的处置措施)。

长江、黄河、淮河、海河的防御洪水方案,由国家防汛指挥机构制定,报国务院批准;跨省、自治区、直辖市的其他江河的防御洪水方案,由有关流域管理机构会同有关省、自治区、直辖市人民政府制定,报国务院或者国务院授权的有关部门批准。防御洪水方案经批准后,有关地方人民政府必须执行。

各级防汛指挥机构和承担防汛抗洪任务的部门和单位,必须根据防御洪水方案做好防汛抗洪准备工作。

第四十一条 省、自治区、直辖市人民政府防汛指挥机构根据当地的洪水规律,规定汛期起止日期。

当江河、湖泊的水情接近保证水位或者安全流量,水库水位接近设计洪水位,或者防洪工程设施发生重大险情时,有关县级以上人民政府防汛指挥机构可以宣布进入紧急防汛期。

第四十二条 对河道、湖泊范围内阻碍行洪的障碍物,按照谁设障、谁清除的原则,由防汛指挥机构责令限期清除;逾期不清除的,由防汛指挥机构组织强行清除,所需费用由设障者承担。

在紧急防汛期,国家防汛指挥机构或者其授权的流域、省、自治区、直辖市防汛指挥机构有权对壅水、阻水严重的桥梁、引道、码头和其他跨河工程设施作出紧急处置。

第四十三条 在汛期,气象、水文、海洋等有关部门应当按照各自的职责,及时向有关防汛指挥机构提供天气、水文等实时信息和风暴潮预报;电信部门应当优先提供防汛抗洪通信的服务;运输、电力、物资材料供应等有关部门应当优先为防汛抗洪服务。

中国人民解放军、中国人民武装警察部队和民兵应当执行国家赋予的抗洪抢险任务。

第四十四条 在汛期,水库、闸坝和其他水工程设施的运用,必须服从有关的防汛指挥机构的调度指挥和监督。

在汛期,水库不得擅自在汛期限制水位以上蓄水,其汛期限制水位以上的防洪库容的运用,必须服从防汛指挥机构的调度指挥和监督。

在凌汛期,有防凌汛任务的江河的上游水库的下泄水量必须征得有关的防汛指挥机构的同意,并接受其监督。

第四十五条 在紧急防汛期,防汛指挥机构根据防汛抗洪的需要,有权在其管辖范围内调用物资、设备、交通运输工具和人力,决定采取取土占地、砍伐林木、清除阻水障碍物和其他必要的紧急措施;必要时,公安、交通等有关部门按照防汛指挥机构的决定,依法实施陆地和水面交通管制。

依照前款规定调用的物资、设备、交通运输工具等,在汛期结束后应当及时归还;造成损坏或者无法归还的,按照国务院有关规定给予适当补偿或者作其他处理。取土占地、砍伐林木的,在汛期结束后依法向有关部门补办手续;有关地方人民政府对取土后的土地组织复垦,对砍伐的林木组织补种。

第四十六条 江河、湖泊水位或者流量达到国家规定的分洪标准,需要启用蓄滞洪区时,国务院,国家防汛指挥机构,流域防汛指挥机构,省、自治区、直辖市人民政府,省、自治区、直辖市防汛指挥机构,按照依法经批准的防御洪水方案中规定的启用条件和批准程序,决定启用蓄滞洪区。依法启用蓄滞洪区,任何单位和个人不得阻拦、拖延;遇到阻拦、拖延时,由有关县级以上地方人民政府强制实施。

第四十七条 发生洪涝灾害后,有关人民政府应当组织有关部门、单位做好灾区的生活供给、卫生防疫、救灾物资供应、治安管理、学校复课、恢复生产和重建家园等救灾工作以及所管辖地区的各项水毁工程设施修复工作。水毁防洪工程设施的修复,应当优先列入有关部门的年度建设计划。

国家鼓励、扶持开展洪水保险。

第六章　保障措施

第四十八条　各级人民政府应当采取措施,提高防洪投入的总体水平。

第四十九条　江河、湖泊的治理和防洪工程设施的建设和维护所需投资,按照事权和财权相统一的原则,分级负责,由中央和地方财政承担。城市防洪工程设施的建设和维护所需投资,由城市人民政府承担。

受洪水威胁地区的油田、管道、铁路、公路、矿山、电力、电信等企业、事业单位应当自筹资金,兴建必要的防洪自保工程。

第五十条　中央财政应当安排资金,用于国家确定的重要江河、湖泊的堤坝遭受特大洪涝灾害时的抗洪抢险和水毁防洪工程修复。省、自治区、直辖市人民政府应当在本级财政预算中安排资金,用于本行政区域内遭受特大洪涝灾害地区的抗洪抢险和水毁防洪工程修复。

第五十一条　国家设立水利建设基金,用于防洪工程和水利工程的维护和建设。具体办法由国务院规定。

受洪水威胁的省、自治区、直辖市为加强本行政区域内防洪工程设施建设,提高防御洪水能力,按照国务院的有关规定,可以规定在防洪保护区范围内征收河道工程修建维护管理费。

第五十二条　任何单位和个人不得截留、挪用防洪、救灾资金和物资。

各级人民政府审计机关应当加强对防洪、救灾资金使用情况的审计监督。

第七章　法律责任

第五十三条　违反本法第十七条规定,未经水行政主管部门签署规划同意书,擅自在江河、湖泊上建设防洪工程和其他水工程、水电站的,责令停止违法行为,补办规划同意书手续;违反规划同意书的要求,严重影响防洪的,责令限期拆除;违反规划同意书的要求,影响防洪但尚可采取补救措施的,责令限期采取补救措施,可以处一万元以上十万元以下的罚款。

第五十四条　违反本法第十九条规定,未按照规划治导线整治河道和修建控制引导河水流向、保护堤岸等工程,影响防洪的,责令停止违法行为,恢复原状或者采取其他补救措施,可以处一万元以上十万元以下的罚款。

第五十五条　违反本法第二十二条第二款、第三款规定,有下列行为之一的,责令停止违法行为,排除阻碍或者采取其他补救措施,可以处五万元以下的罚款:

(一)在河道、湖泊管理范围内建设妨碍行洪的建筑物、构筑物的;

(二)在河道、湖泊管理范围内倾倒垃圾、渣土,从事影响河势稳定、危害河岸堤防安全和其他妨碍河道行洪的活动的;

(三)在行洪河道内种植阻碍行洪的林木和高秆作物的。

第五十六条　违反本法第十五条第二款、第二十三条规定,围海造地、围湖造地、围垦河道的,责令停止违法行为,恢复原状或者采取其他补救措施,可以处五万元以下的罚款;

既不恢复原状也不采取其他补救措施的,代为恢复原状或者采取其他补救措施,所需费用由违法者承担。

第五十七条 违反本法第二十七条规定,未经水行政主管部门对其工程建设方案审查同意或者未按照有关水行政主管部门审查批准的位置、界限,在河道、湖泊管理范围内从事工程设施建设活动的,责令停止违法行为,补办审查同意或者审查批准手续;工程设施建设严重影响防洪的,责令限期拆除,逾期不拆除的,强行拆除,所需费用由建设单位承担;影响行洪但尚可采取补救措施的,责令限期采取补救措施,可以处一万元以上十万元以下的罚款。

第五十八条 违反本法第三十三条第一款规定,在洪泛区、蓄滞洪区内建设非防洪建设项目,未编制洪水影响评价报告或者洪水影响评价报告未经审查批准开工建设的,责令限期改正;逾期不改正的,处五万元以下的罚款。

违反本法第三十三条第二款规定,防洪工程设施未经验收,即将建设项目投入生产或者使用的,责令停止生产或者使用,限期验收防洪工程设施,可以处五万元以下的罚款。

第五十九条 违反本法第三十四条规定,因城市建设擅自填堵原有河道沟汊、贮水湖塘洼淀和废除原有防洪围堤的,城市人民政府应当责令停止违法行为,限期恢复原状或者采取其他补救措施。

第六十条 违反本法规定,破坏、侵占、毁损堤防、水闸、护岸、抽水站、排水渠系等防洪工程和水文、通信设施以及防汛备用的器材、物料的,责令停止违法行为,采取补救措施,可以处五万元以下的罚款;造成损坏的,依法承担民事责任;应当给予治安管理处罚的,依照治安管理处罚法的规定处罚;构成犯罪的,依法追究刑事责任。

第六十一条 阻碍、威胁防汛指挥机构、水行政主管部门或者流域管理机构的工作人员依法执行职务,构成犯罪的,依法追究刑事责任;尚不构成犯罪,应当给予治安管理处罚的,依照治安管理处罚法的规定处罚。

第六十二条 截留、挪用防洪、救灾资金和物资,构成犯罪的,依法追究刑事责任;尚不构成犯罪的,给予行政处分。

第六十三条 除本法第五十九条的规定外,本章规定的行政处罚和行政措施,由县级以上人民政府水行政主管部门决定,或者由流域管理机构按照国务院水行政主管部门规定的权限决定。但是,本法第六十条、第六十一条规定的治安管理处罚的决定机关,按照治安管理处罚法的规定执行。

第六十四条 国家工作人员,有下列行为之一,构成犯罪的,依法追究刑事责任;尚不构成犯罪的,给予行政处分:

(一)违反本法第十七条、第十九条、第二十二条第二款、第二十二条第三款、第二十七条或者第三十四条规定,严重影响防洪的;

(二)滥用职权,玩忽职守,徇私舞弊,致使防汛抗洪工作遭受重大损失的;

(三)拒不执行防御洪水方案、防汛抢险指令或者蓄滞洪方案、措施、汛期调度运用计划等防汛调度方案的;

(四)违反本法规定,导致或者加重毗邻地区或者其他单位洪灾损失的。

第八章　附　则

第六十五条　本法自 1998 年 1 月 1 日起施行。

三、《中华人民共和国水土保持法》

(1991 年 6 月 29 日第七届全国人民代表大会常务委员会第二十次会议通过;根据 2009 年 8 月 27 日第十一届全国人民代表大会常务委员会第十次会议《关于修改部分法律的决定》修正;2010 年 12 月 25 日第十一届全国人民代表大会常务委员会第十八次会议修订)

第一章　总　则

第一条　为了预防和治理水土流失,保护和合理利用水土资源,减轻水、旱、风沙灾害,改善生态环境,保障经济社会可持续发展,制定本法。

第二条　在中华人民共和国境内从事水土保持活动,应当遵守本法。

本法所称水土保持,是指对自然因素和人为活动造成水土流失所采取的预防和治理措施。

第三条　水土保持工作实行预防为主、保护优先、全面规划、综合治理、因地制宜、突出重点、科学管理、注重效益的方针。

第四条　县级以上人民政府应当加强对水土保持工作的统一领导,将水土保持工作纳入本级国民经济和社会发展规划,对水土保持规划确定的任务,安排专项资金,并组织实施。

国家在水土流失重点预防区和重点治理区,实行地方各级人民政府水土保持目标责任制和考核奖惩制度。

第五条　国务院水行政主管部门主管全国的水土保持工作。

国务院水行政主管部门在国家确定的重要江河、湖泊设立的流域管理机构(以下简称流域管理机构),在所管辖范围内依法承担水土保持监督管理职责。

县级以上地方人民政府水行政主管部门主管本行政区域的水土保持工作。

县级以上人民政府林业、农业、国土资源等有关部门按照各自职责,做好有关的水土流失预防和治理工作。

第六条　各级人民政府及其有关部门应当加强水土保持宣传和教育工作,普及水土保持科学知识,增强公众的水土保持意识。

第七条　国家鼓励和支持水土保持科学技术研究,提高水土保持科学技术水平,推广先进的水土保持技术,培养水土保持科学技术人才。

第八条　任何单位和个人都有保护水土资源、预防和治理水土流失的义务,并有权对破坏水土资源、造成水土流失的行为进行举报。

第九条　国家鼓励和支持社会力量参与水土保持工作。

对水土保持工作中成绩显著的单位和个人,由县级以上人民政府给予表彰和奖励。

第二章 规 划

第十条 水土保持规划应当在水土流失调查结果及水土流失重点预防区和重点治理区划定的基础上,遵循统筹协调、分类指导的原则编制。

第十一条 国务院水行政主管部门应当定期组织全国水土流失调查并公告调查结果。

省、自治区、直辖市人民政府水行政主管部门负责本行政区域的水土流失调查并公告调查结果,公告前应当将调查结果报国务院水行政主管部门备案。

第十二条 县级以上人民政府应当依据水土流失调查结果划定并公告水土流失重点预防区和重点治理区。

对水土流失潜在危险较大的区域,应当划定为水土流失重点预防区;对水土流失严重的区域,应当划定为水土流失重点治理区。

第十三条 水土保持规划的内容应当包括水土流失状况、水土流失类型区划分、水土流失防治目标、任务和措施等。

水土保持规划包括对流域或者区域预防和治理水土流失、保护和合理利用水土资源作出的整体部署,以及根据整体部署对水土保持专项工作或者特定区域预防和治理水土流失作出的专项部署。

水土保持规划应当与土地利用总体规划、水资源规划、城乡规划和环境保护规划等相协调。

编制水土保持规划,应当征求专家和公众的意见。

第十四条 县级以上人民政府水行政主管部门会同同级人民政府有关部门编制水土保持规划,报本级人民政府或者其授权的部门批准后,由水行政主管部门组织实施。

水土保持规划一经批准,应当严格执行;经批准的规划根据实际情况需要修改的,应当按照规划编制程序报原批准机关批准。

第十五条 有关基础设施建设、矿产资源开发、城镇建设、公共服务设施建设等方面的规划,在实施过程中可能造成水土流失的,规划的组织编制机关应当在规划中提出水土流失预防和治理的对策和措施,并在规划报请审批前征求本级人民政府水行政主管部门的意见。

第三章 预 防

第十六条 地方各级人民政府应当按照水土保持规划,采取封育保护、自然修复等措施,组织单位和个人植树种草,扩大林草覆盖面积,涵养水源,预防和减轻水土流失。

第十七条 地方各级人民政府应当加强对取土、挖砂、采石等活动的管理,预防和减轻水土流失。

禁止在崩塌、滑坡危险区和泥石流易发区从事取土、挖砂、采石等可能造成水土流失的活动。崩塌、滑坡危险区和泥石流易发区的范围,由县级以上地方人民政府划定并公告。崩塌、滑坡危险区和泥石流易发区的划定,应当与地质灾害防治规划确定的地质灾害易发区、重点防治区相衔接。

第十八条 水土流失严重、生态脆弱的地区,应当限制或者禁止可能造成水土流失的生产建设活动,严格保护植物、沙壳、结皮、地衣等。

在侵蚀沟的沟坡和沟岸、河流的两岸以及湖泊和水库的周边,土地所有权人、使用权人或者有关管理单位应当营造植物保护带。禁止开垦、开发植物保护带。

第十九条 水土保持设施的所有权人或者使用权人应当加强对水土保持设施的管理与维护,落实管护责任,保障其功能正常发挥。

第二十条 禁止在二十五度以上陡坡地开垦种植农作物。在二十五度以上陡坡地种植经济林的,应当科学选择树种,合理确定规模,采取水土保持措施,防止造成水土流失。

省、自治区、直辖市根据本行政区域的实际情况,可以规定小于二十五度的禁止开垦坡度。禁止开垦的陡坡地的范围由当地县级人民政府划定并公告。

第二十一条 禁止毁林、毁草开垦和采集发菜。禁止在水土流失重点预防区和重点治理区铲草皮、挖树蔸或者滥挖虫草、甘草、麻黄等。

第二十二条 林木采伐应当采用合理方式,严格控制皆伐;对水源涵养林、水土保持林、防风固沙林等防护林只能进行抚育和更新性质的采伐;对采伐区和集材道应当采取防止水土流失的措施,并在采伐后及时更新造林。

在林区采伐林木的,采伐方案中应当有水土保持措施。采伐方案经林业主管部门批准后,由林业主管部门和水行政主管部门监督实施。

第二十三条 在五度以上坡地植树造林、抚育幼林、种植中药材等,应当采取水土保持措施。

在禁止开垦坡度以下、五度以上的荒坡地开垦种植农作物,应当采取水土保持措施。具体办法由省、自治区、直辖市根据本行政区域的实际情况规定。

第二十四条 生产建设项目选址、选线应当避让水土流失重点预防区和重点治理区;无法避让的,应当提高防治标准,优化施工工艺,减少地表扰动和植被损坏范围,有效控制可能造成的水土流失。

第二十五条 在山区、丘陵区、风沙区以及水土保持规划确定的容易发生水土流失的其他区域开办可能造成水土流失的生产建设项目,生产建设单位应当编制水土保持方案,报县级以上人民政府水行政主管部门审批,并按照经批准的水土保持方案,采取水土流失预防和治理措施。没有能力编制水土保持方案的,应当委托具备相应技术条件的机构编制。

水土保持方案应当包括水土流失预防和治理的范围、目标、措施和投资等内容。

水土保持方案经批准后,生产建设项目的地点、规模发生重大变化的,应当补充或者修改水土保持方案并报原审批机关批准。水土保持方案实施过程中,水土保持措施需要作出重大变更的,应当经原审批机关批准。

生产建设项目水土保持方案的编制和审批办法,由国务院水行政主管部门制定。

第二十六条 依法应当编制水土保持方案的生产建设项目,生产建设单位未编制水土保持方案或者水土保持方案未经水行政主管部门批准的,生产建设项目不得开工建设。

第二十七条 依法应当编制水土保持方案的生产建设项目中的水土保持设施,应当与主体工程同时设计、同时施工、同时投产使用;生产建设项目竣工验收,应当验收水土保持设施;水土保持设施未经验收或者验收不合格的,生产建设项目不得投产使用。

第二十八条 依法应当编制水土保持方案的生产建设项目,其生产建设活动中排弃的砂、石、土、矸石、尾矿、废渣等应当综合利用;不能综合利用,确需废弃的,应当堆放在水土保持方案确定的专门存放地,并采取措施保证不产生新的危害。

第二十九条 县级以上人民政府水行政主管部门、流域管理机构,应当对生产建设项目水土保持方案的实施情况进行跟踪检查,发现问题及时处理。

第四章 治 理

第三十条 国家加强水土流失重点预防区和重点治理区的坡耕地改梯田、淤地坝等水土保持重点工程建设,加大生态修复力度。

县级以上人民政府水行政主管部门应当加强对水土保持重点工程的建设管理,建立和完善运行管护制度。

第三十一条 国家加强江河源头区、饮用水水源保护区和水源涵养区水土流失的预防和治理工作,多渠道筹集资金,将水土保持生态效益补偿纳入国家建立的生态效益补偿制度。

第三十二条 开办生产建设项目或者从事其他生产建设活动造成水土流失的,应当进行治理。

在山区、丘陵区、风沙区以及水土保持规划确定的容易发生水土流失的其他区域开办生产建设项目或者从事其他生产建设活动,损坏水土保持设施、地貌植被,不能恢复原有水土保持功能的,应当缴纳水土保持补偿费,专项用于水土流失预防和治理。专项水土流失预防和治理由水行政主管部门负责组织实施。水土保持补偿费的收取使用管理办法由国务院财政部门、国务院价格主管部门会同国务院水行政主管部门制定。

生产建设项目在建设过程中和生产过程中发生的水土保持费用,按照国家统一的财务会计制度处理。

第三十三条 国家鼓励单位和个人按照水土保持规划参与水土流失治理,并在资金、技术、税收等方面予以扶持。

第三十四条 国家鼓励和支持承包治理荒山、荒沟、荒丘、荒滩,防治水土流失,保护和改善生态环境,促进土地资源的合理开发和可持续利用,并依法保护土地承包合同当事人的合法权益。

承包治理荒山、荒沟、荒丘、荒滩和承包水土流失严重地区农村土地的,在依法签订的土地承包合同中应当包括预防和治理水土流失责任的内容。

第三十五条 在水力侵蚀地区,地方各级人民政府及其有关部门应当组织单位和个人,以天然沟壑及其两侧山坡地形成的小流域为单元,因地制宜地采取工程措施、植物措施和保护性耕作等措施,进行坡耕地和沟道水土流失综合治理。

在风力侵蚀地区,地方各级人民政府及其有关部门应当组织单位和个人,因地制宜地采取轮封轮牧、植树种草、设置人工沙障和网格林带等措施,建立防风固沙防护体系。

在重力侵蚀地区,地方各级人民政府及其有关部门应当组织单位和个人,采取监测、径流排导、削坡减载、支挡固坡、修建拦挡工程等措施,建立监测、预报、预警体系。

第三十六条　在饮用水水源保护区,地方各级人民政府及其有关部门应当组织单位和个人,采取预防保护、自然修复和综合治理措施,配套建设植物过滤带,积极推广沼气,开展清洁小流域建设,严格控制化肥和农药的使用,减少水土流失引起的面源污染,保护饮用水水源。

第三十七条　已在禁止开垦的陡坡地上开垦种植农作物的,应当按照国家有关规定退耕,植树种草;耕地短缺、退耕确有困难的,应当修建梯田或者采取其他水土保持措施。

在禁止开垦坡度以下的坡耕地上开垦种植农作物的,应当根据不同情况,采取修建梯田、坡面水系整治、蓄水保土耕作或者退耕等措施。

第三十八条　对生产建设活动所占用土地的地表土应当进行分层剥离、保存和利用,做到土石方挖填平衡,减少地表扰动范围;对废弃的砂、石、土、矸石、尾矿、废渣等存放地,应当采取拦挡、坡面防护、防洪排导等措施。生产建设活动结束后,应当及时在取土场、开挖面和存放地的裸露土地上植树种草、恢复植被,对闭库的尾矿库进行复垦。

在干旱缺水地区从事生产建设活动,应当采取防止风力侵蚀措施,设置降水蓄渗设施,充分利用降水资源。

第三十九条　国家鼓励和支持在山区、丘陵区、风沙区以及容易发生水土流失的其他区域,采取下列有利于水土保持的措施:

(一)免耕、等高耕作、轮耕轮作、草田轮作、间作套种等;

(二)封禁抚育、轮封轮牧、舍饲圈养;

(三)发展沼气、节柴灶,利用太阳能、风能和水能,以煤、电、气代替薪柴等;

(四)从生态脆弱地区向外移民;

(五)其他有利于水土保持的措施。

第五章　监测和监督

第四十条　县级以上人民政府水行政主管部门应当加强水土保持监测工作,发挥水土保持监测工作在政府决策、经济社会发展和社会公众服务中的作用。县级以上人民政府应当保障水土保持监测工作经费。

国务院水行政主管部门应当完善全国水土保持监测网络,对全国水土流失进行动态监测。

第四十一条　对可能造成严重水土流失的大中型生产建设项目,生产建设单位应当自行或者委托具备水土保持监测资质的机构,对生产建设活动造成的水土流失进行监测,并将监测情况定期上报当地水行政主管部门。

从事水土保持监测活动应当遵守国家有关技术标准、规范和规程,保证监测质量。

第四十二条　国务院水行政主管部门和省、自治区、直辖市人民政府水行政主管部门应当根据水土保持监测情况,定期对下列事项进行公告:

(一)水土流失类型、面积、强度、分布状况和变化趋势;

(二)水土流失造成的危害;

(三)水土流失预防和治理情况。

第四十三条　县级以上人民政府水行政主管部门负责对水土保持情况进行监督检

查。流域管理机构在其管辖范围内可以行使国务院水行政主管部门的监督检查职权。

第四十四条 水政监督检查人员依法履行监督检查职责时,有权采取下列措施:

(一)要求被检查单位或者个人提供有关文件、证照、资料;

(二)要求被检查单位或者个人就预防和治理水土流失的有关情况作出说明;

(三)进入现场进行调查、取证。

被检查单位或者个人拒不停止违法行为,造成严重水土流失的,报经水行政主管部门批准,可以查封、扣押实施违法行为的工具及施工机械、设备等。

第四十五条 水政监督检查人员依法履行监督检查职责时,应当出示执法证件。被检查单位或者个人对水土保持监督检查工作应当给予配合,如实报告情况,提供有关文件、证照、资料;不得拒绝或者阻碍水政监督检查人员依法执行公务。

第四十六条 不同行政区域之间发生水土流失纠纷应当协商解决;协商不成的,由共同的上一级人民政府裁决。

第六章 法律责任

第四十七条 水行政主管部门或者其他依照本法规定行使监督管理权的部门,不依法作出行政许可决定或者办理批准文件的,发现违法行为或者接到对违法行为的举报不予查处的,或者有其他未依照本法规定履行职责的行为的,对直接负责的主管人员和其他直接责任人员依法给予处分。

第四十八条 违反本法规定,在崩塌、滑坡危险区或者泥石流易发区从事取土、挖砂、采石等可能造成水土流失的活动的,由县级以上地方人民政府水行政主管部门责令停止违法行为,没收违法所得,对个人处一千元以上一万元以下的罚款,对单位处二万元以上二十万元以下的罚款。

第四十九条 违反本法规定,在禁止开垦坡度以上陡坡地开垦种植农作物,或者在禁止开垦、开发的植物保护带内开垦、开发的,由县级以上地方人民政府水行政主管部门责令停止违法行为,采取退耕、恢复植被等补救措施;按照开垦或者开发面积,可以对个人处每平方米二元以下的罚款、对单位处每平方米十元以下的罚款。

第五十条 违反本法规定,毁林、毁草开垦的,依照《中华人民共和国森林法》、《中华人民共和国草原法》的有关规定处罚。

第五十一条 违反本法规定,采集发菜,或者在水土流失重点预防区和重点治理区铲草皮、挖树兜、滥挖虫草、甘草、麻黄等的,由县级以上地方人民政府水行政主管部门责令停止违法行为,采取补救措施,没收违法所得,并处违法所得一倍以上五倍以下的罚款;没有违法所得的,可以处五万元以下的罚款。

在草原地区有前款规定违法行为的,依照《中华人民共和国草原法》的有关规定处罚。

第五十二条 在林区采伐林木不依法采取防止水土流失措施的,由县级以上地方人民政府林业主管部门、水行政主管部门责令限期改正,采取补救措施;造成水土流失的,由水行政主管部门按照造成水土流失的面积处每平方米二元以上十元以下的罚款。

第五十三条 违反本法规定,有下列行为之一的,由县级以上人民政府水行政主管部门责令停止违法行为,限期补办手续;逾期不补办手续的,处五万元以上五十万元以下的罚款;对生产建设单位直接负责的主管人员和其他直接责任人员依法给予处分:

(一)依法应当编制水土保持方案的生产建设项目,未编制水土保持方案或者编制的水土保持方案未经批准而开工建设的;

(二)生产建设项目的地点、规模发生重大变化,未补充、修改水土保持方案或者补充、修改的水土保持方案未经原审批机关批准的;

(三)水土保持方案实施过程中,未经原审批机关批准,对水土保持措施作出重大变更的。

第五十四条 违反本法规定,水土保持设施未经验收或者验收不合格将生产建设项目投产使用的,由县级以上人民政府水行政主管部门责令停止生产或者使用,直至验收合格,并处五万元以上五十万元以下的罚款。

第五十五条 违反本法规定,在水土保持方案确定的专门存放地以外的区域倾倒砂、石、土、矸石、尾矿、废渣等的,由县级以上地方人民政府水行政主管部门责令停止违法行为,限期清理,按照倾倒数量处每立方米十元以上二十元以下的罚款;逾期仍不清理的,县级以上地方人民政府水行政主管部门可以指定有清理能力的单位代为清理,所需费用由违法行为人承担。

第五十六条 违反本法规定,开办生产建设项目或者从事其他生产建设活动造成水土流失,不进行治理的,由县级以上人民政府水行政主管部门责令限期治理;逾期仍不治理的,县级以上人民政府水行政主管部门可以指定有治理能力的单位代为治理,所需费用由违法行为人承担。

第五十七条 违反本法规定,拒不缴纳水土保持补偿费的,由县级以上人民政府水行政主管部门责令限期缴纳;逾期不缴纳的,自滞纳之日起按日加收滞纳部分万分之五的滞纳金,可以处应缴水土保持补偿费三倍以下的罚款。

第五十八条 违反本法规定,造成水土流失危害的,依法承担民事责任;构成违反治安管理行为的,由公安机关依法给予治安管理处罚;构成犯罪的,依法追究刑事责任。

第七章 附 则

第五十九条 县级以上地方人民政府根据当地实际情况确定的负责水土保持工作的机构,行使本法规定的水行政主管部门水土保持工作的职责。

第六十条 本法自 2011 年 3 月 1 日起施行。

四、《中华人民共和国水污染防治法》

(1984 年 5 月 11 日第六届全国人民代表大会常务委员会第五次会议通过;根据 1996 年 5 月 15 日第八届全国人民代表大会常务委员会第十九次会议《关于修改〈中华人民共和国水污染防治法〉的决定》第一次修正;2008 年 2 月 28 日第十届全国人民代表大会常务委员会第三十二次会议修订;根据 2017 年 6 月 27 日第十二届全国人民代表大会常务委员会第二十八次会议《关于修改〈中华人民共和国水污染防治法〉的决定》第二次修正)

第一章 总 则

第一条 为了保护和改善环境,防治水污染,保护水生态,保障饮用水安全,维护公众健康,推进生态文明建设,促进经济社会可持续发展,制定本法。

第二条 本法适用于中华人民共和国领域内的江河、湖泊、运河、渠道、水库等地表水体以及地下水体的污染防治。

海洋污染防治适用《中华人民共和国海洋环境保护法》。

第三条 水污染防治应当坚持预防为主、防治结合、综合治理的原则,优先保护饮用水水源,严格控制工业污染、城镇生活污染,防治农业面源污染,积极推进生态治理工程建设,预防、控制和减少水环境污染和生态破坏。

第四条 县级以上人民政府应当将水环境保护工作纳入国民经济和社会发展规划。

地方各级人民政府对本行政区域的水环境质量负责,应当及时采取措施防治水污染。

第五条 省、市、县、乡建立河长制,分级分段组织领导本行政区域内江河、湖泊的水资源保护、水域岸线管理、水污染防治、水环境治理等工作。

第六条 国家实行水环境保护目标责任制和考核评价制度,将水环境保护目标完成情况作为对地方人民政府及其负责人考核评价的内容。

第七条 国家鼓励、支持水污染防治的科学技术研究和先进适用技术的推广应用,加强水环境保护的宣传教育。

第八条 国家通过财政转移支付等方式,建立健全对位于饮用水水源保护区区域和江河、湖泊、水库上游地区的水环境生态保护补偿机制。

第九条 县级以上人民政府环境保护主管部门对水污染防治实施统一监督管理。

交通主管部门的海事管理机构对船舶污染水域的防治实施监督管理。

县级以上人民政府水行政、国土资源、卫生、建设、农业、渔业等部门以及重要江河、湖泊的流域水资源保护机构,在各自的职责范围内,对有关水污染防治实施监督管理。

第十条 排放水污染物,不得超过国家或者地方规定的水污染物排放标准和重点水污染物排放总量控制指标。

第十一条 任何单位和个人都有义务保护水环境,并有权对污染损害水环境的行为进行检举。

县级以上人民政府及其有关主管部门对在水污染防治工作中做出显著成绩的单位和个人给予表彰和奖励。

第二章 水污染防治的标准和规划

第十二条 国务院环境保护主管部门制定国家水环境质量标准。

省、自治区、直辖市人民政府可以对国家水环境质量标准中未作规定的项目,制定地方标准,并报国务院环境保护主管部门备案。

第十三条 国务院环境保护主管部门会同国务院水行政主管部门和有关省、自治区、直辖市人民政府,可以根据国家确定的重要江河、湖泊流域水体的使用功能以及有关地区的经济、技术条件,确定该重要江河、湖泊流域的省界水体适用的水环境质量标准,报国务院批准后施行。

第十四条 国务院环境保护主管部门根据国家水环境质量标准和国家经济、技术条件,制定国家水污染物排放标准。

省、自治区、直辖市人民政府对国家水污染物排放标准中未作规定的项目,可以制定地方水污染物排放标准;对国家水污染物排放标准中已作规定的项目,可以制定严于国家水污染物排放标准的地方水污染物排放标准。地方水污染物排放标准须报国务院环境保护主管部门备案。

向已有地方水污染物排放标准的水体排放污染物的,应当执行地方水污染物排放标准。

第十五条 国务院环境保护主管部门和省、自治区、直辖市人民政府,应当根据水污染防治的要求和国家或者地方的经济、技术条件,适时修订水环境质量标准和水污染物排放标准。

第十六条 防治水污染应当按流域或者按区域进行统一规划。国家确定的重要江河、湖泊的流域水污染防治规划,由国务院环境保护主管部门会同国务院经济综合宏观调控、水行政等部门和有关省、自治区、直辖市人民政府编制,报国务院批准。

前款规定外的其他跨省、自治区、直辖市江河、湖泊的流域水污染防治规划,根据国家确定的重要江河、湖泊的流域水污染防治规划和本地实际情况,由有关省、自治区、直辖市人民政府环境保护主管部门会同同级水行政等部门和有关市、县人民政府编制,经有关省、自治区、直辖市人民政府审核,报国务院批准。

省、自治区、直辖市内跨县江河、湖泊的流域水污染防治规划,根据国家确定的重要江河、湖泊的流域水污染防治规划和本地实际情况,由省、自治区、直辖市人民政府环境保护主管部门会同同级水行政等部门编制,报省、自治区、直辖市人民政府批准,并报国务院备案。

经批准的水污染防治规划是防治水污染的基本依据,规划的修订须经原批准机关批准。

县级以上地方人民政府应当根据依法批准的江河、湖泊的流域水污染防治规划,组织制定本行政区域的水污染防治规划。

第十七条 有关市、县级人民政府应当按照水污染防治规划确定的水环境质量改善目标的要求,制定限期达标规划,采取措施按期达标。

有关市、县级人民政府应当将限期达标规划报上一级人民政府备案,并向社会公开。

第十八条 市、县级人民政府每年在向本级人民代表大会或者其常务委员会报告环境状况和环境保护目标完成情况时,应当报告水环境质量限期达标规划执行情况,并向社会公开。

第三章 水污染防治的监督管理

第十九条 新建、改建、扩建直接或者间接向水体排放污染物的建设项目和其他水上设施,应当依法进行环境影响评价。

建设单位在江河、湖泊新建、改建、扩建排污口的,应当取得水行政主管部门或者流域管理机构同意;涉及通航、渔业水域的,环境保护主管部门在审批环境影响评价文件时,应当征求交通、渔业主管部门的意见。

建设项目的水污染防治设施,应当与主体工程同时设计、同时施工、同时投入使用。水污染防治设施应当符合经批准或者备案的环境影响评价文件的要求。

第二十条 国家对重点水污染物排放实施总量控制制度。

重点水污染物排放总量控制指标,由国务院环境保护主管部门在征求国务院有关部门和各省、自治区、直辖市人民政府意见后,会同国务院经济综合宏观调控部门报国务院批准并下达实施。

省、自治区、直辖市人民政府应当按照国务院的规定削减和控制本行政区域的重点水污染物排放总量。具体办法由国务院环境保护主管部门会同国务院有关部门规定。

省、自治区、直辖市人民政府可以根据本行政区域水环境质量状况和水污染防治工作的需要,对国家重点水污染物之外的其他水污染物排放实行总量控制。

对超过重点水污染物排放总量控制指标或者未完成水环境质量改善目标的地区,省级以上人民政府环境保护主管部门应当会同有关部门约谈该地区人民政府的主要负责人,并暂停审批新增重点水污染物排放总量的建设项目的环境影响评价文件。约谈情况应当向社会公开。

第二十一条 直接或者间接向水体排放工业废水和医疗污水以及其他按照规定应当取得排污许可证方可排放废水、污水的企业事业单位和其他生产经营者,应当取得排污许可证;城镇污水集中处理设施的运营单位,也应当取得排污许可证。排污许可证应当明确排放水污染物的种类、浓度、总量和排放去向等要求。排污许可的具体办法由国务院规定。

禁止企业事业单位和其他生产经营者无排污许可证或者违反排污许可证的规定向水体排放前款规定的废水、污水。

第二十二条 向水体排放污染物的企业事业单位和其他生产经营者,应当按照法律、行政法规和国务院环境保护主管部门的规定设置排污口;在江河、湖泊设置排污口的,还应当遵守国务院水行政主管部门的规定。

第二十三条 实行排污许可管理的企业事业单位和其他生产经营者应当按照国家有关规定和监测规范,对所排放的水污染物自行监测,并保存原始监测记录。重点排污单位还应当安装水污染物排放自动监测设备,与环境保护主管部门的监控设备联网,并保证监测设备正常运行。具体办法由国务院环境保护主管部门规定。

应当安装水污染物排放自动监测设备的重点排污单位名录,由设区的市级以上地方人民政府环境保护主管部门根据本行政区域的环境容量、重点水污染物排放总量控制指标的要求以及排污单位排放水污染物的种类、数量和浓度等因素,商同级有关部门确定。

第二十四条 实行排污许可管理的企业事业单位和其他生产经营者应当对监测数据的真实性和准确性负责。

环境保护主管部门发现重点排污单位的水污染物排放自动监测设备传输数据异常,应当及时进行调查。

第二十五条 国家建立水环境质量监测和水污染物排放监测制度。国务院环境保护主管部门负责制定水环境监测规范,统一发布国家水环境状况信息,会同国务院水行政等部门组织监测网络,统一规划国家水环境质量监测站(点)的设置,建立监测数据共享机制,加强对水环境监测的管理。

第二十六条　国家确定的重要江河、湖泊流域的水资源保护工作机构负责监测其所在流域的省界水体的水环境质量状况,并将监测结果及时报国务院环境保护主管部门和国务院水行政主管部门;有经国务院批准成立的流域水资源保护领导机构的,应当将监测结果及时报告流域水资源保护领导机构。

第二十七条　国务院有关部门和县级以上地方人民政府开发、利用和调节、调度水资源时,应当统筹兼顾,维持江河的合理流量和湖泊、水库以及地下水体的合理水位,保障基本生态用水,维护水体的生态功能。

第二十八条　国务院环境保护主管部门应当会同国务院水行政等部门和有关省、自治区、直辖市人民政府,建立重要江河、湖泊的流域水环境保护联合协调机制,实行统一规划、统一标准、统一监测、统一的防治措施。

第二十九条　国务院环境保护主管部门和省、自治区、直辖市人民政府环境保护主管部门应当会同同级有关部门根据流域生态环境功能需要,明确流域生态环境保护要求,组织开展流域环境资源承载能力监测、评价,实施流域环境资源承载能力预警。

县级以上地方人民政府应当根据流域生态环境功能需要,组织开展江河、湖泊、湿地保护与修复,因地制宜建设人工湿地、水源涵养林、沿河沿湖植被缓冲带和隔离带等生态环境治理与保护工程,整治黑臭水体,提高流域环境资源承载能力。

从事开发建设活动,应当采取有效措施,维护流域生态环境功能,严守生态保护红线。

第三十条　环境保护主管部门和其他依照本法规定行使监督管理权的部门,有权对管辖范围内的排污单位进行现场检查,被检查的单位应当如实反映情况,提供必要的资料。检查机关有义务为被检查的单位保守在检查中获取的商业秘密。

第三十一条　跨行政区域的水污染纠纷,由有关地方人民政府协商解决,或者由其共同的上级人民政府协调解决。

第四章　水污染防治措施

第一节　一般规定

第三十二条　国务院环境保护主管部门应当会同国务院卫生主管部门,根据对公众健康和生态环境的危害和影响程度,公布有毒有害水污染物名录,实行风险管理。

排放前款规定名录中所列有毒有害水污染物的企业事业单位和其他生产经营者,应当对排污口和周边环境进行监测,评估环境风险,排查环境安全隐患,并公开有毒有害水污染物信息,采取有效措施防范环境风险。

第三十三条　禁止向水体排放油类、酸液、碱液或者剧毒废液。

禁止在水体清洗装贮过油类或者有毒污染物的车辆和容器。

第三十四条　禁止向水体排放、倾倒放射性固体废物或者含有高放射性和中放射性物质的废水。

向水体排放含低放射性物质的废水,应当符合国家有关放射性污染防治的规定和标准。

第三十五条 向水体排放含热废水,应当采取措施,保证水体的水温符合水环境质量标准。

第三十六条 含病原体的污水应当经过消毒处理;符合国家有关标准后,方可排放。

第三十七条 禁止向水体排放、倾倒工业废渣、城镇垃圾和其他废弃物。

禁止将含有汞、镉、砷、铬、铅、氰化物、黄磷等的可溶性剧毒废渣向水体排放、倾倒或者直接埋入地下。

存放可溶性剧毒废渣的场所,应当采取防水、防渗漏、防流失的措施。

第三十八条 禁止在江河、湖泊、运河、渠道、水库最高水位线以下的滩地和岸坡堆放、存贮固体废弃物和其他污染物。

第三十九条 禁止利用渗井、渗坑、裂隙、溶洞,私设暗管,篡改、伪造监测数据,或者不正常运行水污染防治设施等逃避监管的方式排放水污染物。

第四十条 化学品生产企业以及工业集聚区、矿山开采区、尾矿库、危险废物处置场、垃圾填埋场等的运营、管理单位,应当采取防渗漏等措施,并建设地下水水质监测井进行监测,防止地下水污染。

加油站等的地下油罐应当使用双层罐或者采取建造防渗池等其他有效措施,并进行防渗漏监测,防止地下水污染。

禁止利用无防渗漏措施的沟渠、坑塘等输送或者存贮含有毒污染物的废水、含病原体的污水和其他废弃物。

第四十一条 多层地下水的含水层水质差异大的,应当分层开采;对已受污染的潜水和承压水,不得混合开采。

第四十二条 兴建地下工程设施或者进行地下勘探、采矿等活动,应当采取防护性措施,防止地下水污染。

报废矿井、钻井或者取水井等,应当实施封井或者回填。

第四十三条 人工回灌补给地下水,不得恶化地下水质。

第二节 工业水污染防治

第四十四条 国务院有关部门和县级以上地方人民政府应当合理规划工业布局,要求造成水污染的企业进行技术改造,采取综合防治措施,提高水的重复利用率,减少废水和污染物排放量。

第四十五条 排放工业废水的企业应当采取有效措施,收集和处理产生的全部废水,防止污染环境。含有毒有害水污染物的工业废水应当分类收集和处理,不得稀释排放。

工业集聚区应当配套建设相应的污水集中处理设施,安装自动监测设备,与环境保护主管部门的监控设备联网,并保证监测设备正常运行。

向污水集中处理设施排放工业废水的,应当按照国家有关规定进行预处理,达到集中处理设施处理工艺要求后方可排放。

第四十六条 国家对严重污染水环境的落后工艺和设备实行淘汰制度。

国务院经济综合宏观调控部门会同国务院有关部门,公布限期禁止采用的严重污染水环境的工艺名录和限期禁止生产、销售、进口、使用的严重污染水环境的设备名录。

生产者、销售者、进口者或者使用者应当在规定的期限内停止生产、销售、进口或者使用列入前款规定的设备名录中的设备。工艺的采用者应当在规定的期限内停止采用列入前款规定的工艺名录中的工艺。

依照本条第二款、第三款规定被淘汰的设备,不得转让给他人使用。

第四十七条　国家禁止新建不符合国家产业政策的小型造纸、制革、印染、染料、炼焦、炼硫、炼砷、炼汞、炼油、电镀、农药、石棉、水泥、玻璃、钢铁、火电以及其他严重污染水环境的生产项目。

第四十八条　企业应当采用原材料利用效率高、污染物排放量少的清洁工艺,并加强管理,减少水污染物的产生。

第三节　城镇水污染防治

第四十九条　城镇污水应当集中处理。

县级以上地方人民政府应当通过财政预算和其他渠道筹集资金,统筹安排建设城镇污水集中处理设施及配套管网,提高本行政区域城镇污水的收集率和处理率。

国务院建设主管部门应当会同国务院经济综合宏观调控、环境保护主管部门,根据城乡规划和水污染防治规划,组织编制全国城镇污水处理设施建设规划。县级以上地方人民政府组织建设、经济综合宏观调控、环境保护、水行政等部门编制本行政区域的城镇污水处理设施建设规划。县级以上地方人民政府建设主管部门应当按照城镇污水处理设施建设规划,组织建设城镇污水集中处理设施及配套管网,并加强对城镇污水集中处理设施运营的监督管理。

城镇污水集中处理设施的运营单位按照国家规定向排污者提供污水处理的有偿服务,收取污水处理费用,保证污水集中处理设施的正常运行。收取的污水处理费用应当用于城镇污水集中处理设施的建设运行和污泥处理处置,不得挪作他用。

城镇污水集中处理设施的污水处理收费、管理以及使用的具体办法,由国务院规定。

第五十条　向城镇污水集中处理设施排放水污染物,应当符合国家或者地方规定的水污染物排放标准。

城镇污水集中处理设施的运营单位,应当对城镇污水集中处理设施的出水水质负责。

环境保护主管部门应当对城镇污水集中处理设施的出水水质和水量进行监督检查。

第五十一条　城镇污水集中处理设施的运营单位或者污泥处理处置单位应当安全处理处置污泥,保证处理处置后的污泥符合国家标准,并对污泥的去向等进行记录。

第四节　农业和农村水污染防治

第五十二条　国家支持农村污水、垃圾处理设施的建设,推进农村污水、垃圾集中处理。

地方各级人民政府应当统筹规划建设农村污水、垃圾处理设施,并保障其正常运行。

第五十三条　制定化肥、农药等产品的质量标准和使用标准,应当适应水环境保护要求。

第五十四条 使用农药,应当符合国家有关农药安全使用的规定和标准。

运输、存贮农药和处置过期失效农药,应当加强管理,防止造成水污染。

第五十五条 县级以上地方人民政府农业主管部门和其他有关部门,应当采取措施,指导农业生产者科学、合理地施用化肥和农药,推广测土配方施肥技术和高效低毒低残留农药,控制化肥和农药的过量使用,防止造成水污染。

第五十六条 国家支持畜禽养殖场、养殖小区建设畜禽粪便、废水的综合利用或者无害化处理设施。

畜禽养殖场、养殖小区应当保证其畜禽粪便、废水的综合利用或者无害化处理设施正常运转,保证污水达标排放,防止污染水环境。

畜禽散养密集区所在地县、乡级人民政府应当组织对畜禽粪便污水进行分户收集、集中处理利用。

第五十七条 从事水产养殖应当保护水域生态环境,科学确定养殖密度,合理投饵和使用药物,防止污染水环境。

第五十八条 农田灌溉用水应当符合相应的水质标准,防止污染土壤、地下水和农产品。

禁止向农田灌溉渠道排放工业废水或者医疗污水。向农田灌溉渠道排放城镇污水以及未综合利用的畜禽养殖废水、农产品加工废水的,应当保证其下游最近的灌溉取水点的水质符合农田灌溉水质标准。

第五节 船舶水污染防治

第五十九条 船舶排放含油污水、生活污水,应当符合船舶污染物排放标准。从事海洋航运的船舶进入内河和港口的,应当遵守内河的船舶污染物排放标准。

船舶的残油、废油应当回收,禁止排入水体。

禁止向水体倾倒船舶垃圾。

船舶装载运输油类或者有毒货物,应当采取防止溢流和渗漏的措施,防止货物落水造成水污染。

进入中华人民共和国内河的国际航线船舶排放压载水的,应当采用压载水处理装置或者采取其他等效措施,对压载水进行灭活等处理。禁止排放不符合规定的船舶压载水。

第六十条 船舶应当按照国家有关规定配置相应的防污设备和器材,并持有合法有效的防止水域环境污染的证书与文书。

船舶进行涉及污染物排放的作业,应当严格遵守操作规程,并在相应的记录簿上如实记载。

第六十一条 港口、码头、装卸站和船舶修造厂所在地市、县级人民政府应当统筹规划建设船舶污染物、废弃物的接收、转运及处理处置设施。

港口、码头、装卸站和船舶修造厂应当备有足够的船舶污染物、废弃物的接收设施。从事船舶污染物、废弃物接收作业,或者从事装载油类、污染危害性货物船舱清洗作业的单位,应当具备与其运营规模相适应的接收处理能力。

第六十二条　船舶及有关作业单位从事有污染风险的作业活动,应当按照有关法律法规和标准,采取有效措施,防止造成水污染。海事管理机构、渔业主管部门应当加强对船舶及有关作业活动的监督管理。

船舶进行散装液体污染危害性货物的过驳作业,应当编制作业方案,采取有效的安全和污染防治措施,并报作业地海事管理机构批准。

禁止采取冲滩方式进行船舶拆解作业。

第五章　饮用水水源和其他特殊水体保护

第六十三条　国家建立饮用水水源保护区制度。饮用水水源保护区分为一级保护区和二级保护区;必要时,可以在饮用水水源保护区外围划定一定的区域作为准保护区。

饮用水水源保护区的划定,由有关市、县人民政府提出划定方案,报省、自治区、直辖市人民政府批准;跨市、县饮用水水源保护区的划定,由有关市、县人民政府协商提出划定方案,报省、自治区、直辖市人民政府批准;协商不成的,由省、自治区、直辖市人民政府环境保护主管部门会同同级水行政、国土资源、卫生、建设等部门提出划定方案,征求同级有关部门的意见后,报省、自治区、直辖市人民政府批准。

跨省、自治区、直辖市的饮用水水源保护区,由有关省、自治区、直辖市人民政府商有关流域管理机构划定;协商不成的,由国务院环境保护主管部门会同同级水行政、国土资源、卫生、建设等部门提出划定方案,征求国务院有关部门的意见后,报国务院批准。

国务院和省、自治区、直辖市人民政府可以根据保护饮用水水源的实际需要,调整饮用水水源保护区的范围,确保饮用水安全。有关地方人民政府应当在饮用水水源保护区的边界设立明确的地理界标和明显的警示标志。

第六十四条　在饮用水水源保护区内,禁止设置排污口。

第六十五条　禁止在饮用水水源一级保护区内新建、改建、扩建与供水设施和保护水源无关的建设项目;已建成的与供水设施和保护水源无关的建设项目,由县级以上人民政府责令拆除或者关闭。

禁止在饮用水水源一级保护区内从事网箱养殖、旅游、游泳、垂钓或者其他可能污染饮用水水体的活动。

第六十六条　禁止在饮用水水源二级保护区内新建、改建、扩建排放污染物的建设项目;已建成的排放污染物的建设项目,由县级以上人民政府责令拆除或者关闭。

在饮用水水源二级保护区内从事网箱养殖、旅游等活动的,应当按照规定采取措施,防止污染饮用水水体。

第六十七条　禁止在饮用水水源准保护区内新建、扩建对水体污染严重的建设项目;改建建设项目,不得增加排污量。

第六十八条　县级以上地方人民政府应当根据保护饮用水水源的实际需要,在准保护区内采取工程措施或者建造湿地、水源涵养林等生态保护措施,防止水污染物直接排入饮用水水体,确保饮用水安全。

第六十九条　县级以上地方人民政府应当组织环境保护等部门,对饮用水水源保护区、地下水型饮用水水源的补给区及供水单位周边区域的环境状况和污染风险进行调查评估,筛查可能存在的污染风险因素,并采取相应的风险防范措施。

饮用水水源受到污染可能威胁供水安全的,环境保护主管部门应当责令有关企业事业单位和其他生产经营者采取停止排放水污染物等措施,并通报饮用水供水单位和供水、卫生、水行政等部门;跨行政区域的,还应当通报相关地方人民政府。

第七十条 单一水源供水城市的人民政府应当建设应急水源或者备用水源,有条件的地区可以开展区域联网供水。

县级以上地方人民政府应当合理安排、布局农村饮用水水源,有条件的地区可以采取城镇供水管网延伸或者建设跨村、跨乡镇联片集中供水工程等方式,发展规模集中供水。

第七十一条 饮用水供水单位应当做好取水口和出水口的水质检测工作。发现取水口水质不符合饮用水水源水质标准或者出水口水质不符合饮用水卫生标准的,应当及时采取相应措施,并向所在地市、县级人民政府供水主管部门报告。供水主管部门接到报告后,应当通报环境保护、卫生、水行政等部门。

饮用水供水单位应当对供水水质负责,确保供水设施安全可靠运行,保证供水水质符合国家有关标准。

第七十二条 县级以上地方人民政府应当组织有关部门监测、评估本行政区域内饮用水水源、供水单位供水和用户水龙头出水的水质等饮用水安全状况。

县级以上地方人民政府有关部门应当至少每季度向社会公开一次饮用水安全状况信息。

第七十三条 国务院和省、自治区、直辖市人民政府根据水环境保护的需要,可以规定在饮用水水源保护区内,采取禁止或者限制使用含磷洗涤剂、化肥、农药以及限制种植养殖等措施。

第七十四条 县级以上人民政府可以对风景名胜区水体、重要渔业水体和其他具有特殊经济文化价值的水体划定保护区,并采取措施,保证保护区的水质符合规定用途的水环境质量标准。

第七十五条 在风景名胜区水体、重要渔业水体和其他具有特殊经济文化价值的水体的保护区内,不得新建排污口。在保护区附近新建排污口,应当保证保护区水体不受污染。

第六章 水污染事故处置

第七十六条 各级人民政府及其有关部门,可能发生水污染事故的企业事业单位,应当依照《中华人民共和国突发事件应对法》的规定,做好突发水污染事故的应急准备、应急处置和事后恢复等工作。

第七十七条 可能发生水污染事故的企业事业单位,应当制定有关水污染事故的应急方案,做好应急准备,并定期进行演练。

生产、储存危险化学品的企业事业单位,应当采取措施,防止在处理安全生产事故过程中产生的可能严重污染水体的消防废水、废液直接排入水体。

第七十八条 企业事业单位发生事故或者其他突发性事件,造成或者可能造成水污染事故的,应当立即启动本单位的应急方案,采取隔离等应急措施,防止水污染物进入水体,并向事故发生地的县级以上地方人民政府或者环境保护主管部门报告。环境保护主管部门接到报告后,应当及时向本级人民政府报告,并抄送有关部门。

造成渔业污染事故或者渔业船舶造成水污染事故的,应当向事故发生地的渔业主管部门报告,接受调查处理。其他船舶造成水污染事故的,应当向事故发生地的海事管理机构报告,接受调查处理;给渔业造成损害的,海事管理机构应当通知渔业主管部门参与调查处理。

第七十九条 市、县级人民政府应当组织编制饮用水安全突发事件应急预案。

饮用水供水单位应当根据所在地饮用水安全突发事件应急预案,制定相应的突发事件应急方案,报所在地市、县级人民政府备案,并定期进行演练。

饮用水水源发生水污染事故,或者发生其他可能影响饮用水安全的突发性事件,饮用水供水单位应当采取应急处理措施,向所在地市、县级人民政府报告,并向社会公开。有关人民政府应当根据情况及时启动应急预案,采取有效措施,保障供水安全。

第七章 法律责任

第八十条 环境保护主管部门或者其他依照本法规定行使监督管理权的部门,不依法作出行政许可或者办理批准文件的,发现违法行为或者接到对违法行为的举报后不予查处的,或者有其他未依照本法规定履行职责的行为的,对直接负责的主管人员和其他直接责任人员依法给予处分。

第八十一条 以拖延、围堵、滞留执法人员等方式拒绝、阻挠环境保护主管部门或者其他依照本法规定行使监督管理权的部门的监督检查,或者在接受监督检查时弄虚作假的,由县级以上人民政府环境保护主管部门或者其他依照本法规定行使监督管理权的部门责令改正,处二万元以上二十万元以下的罚款。

第八十二条 违反本法规定,有下列行为之一的,由县级以上人民政府环境保护主管部门责令限期改正,处二万元以上二十万元以下的罚款;逾期不改正的,责令停产整治:

(一)未按照规定对所排放的水污染物自行监测,或者未保存原始监测记录的;

(二)未按照规定安装水污染物排放自动监测设备,未按照规定与环境保护主管部门的监控设备联网,或者未保证监测设备正常运行的;

(三)未按照规定对有毒有害水污染物的排污口和周边环境进行监测,或者未公开有毒有害水污染物信息的。

第八十三条 违反本法规定,有下列行为之一的,由县级以上人民政府环境保护主管部门责令改正或者责令限制生产、停产整治,并处十万元以上一百万元以下的罚款;情节严重的,报经有批准权的人民政府批准,责令停业、关闭:

(一)未依法取得排污许可证排放水污染物的;

(二)超过水污染物排放标准或者超过重点水污染物排放总量控制指标排放水污染物的;

(三)利用渗井、渗坑、裂隙、溶洞,私设暗管,篡改、伪造监测数据,或者不正常运行水污染防治设施等逃避监管的方式排放水污染物的;

(四)未按照规定进行预处理,向污水集中处理设施排放不符合处理工艺要求的工业废水的。

第八十四条 在饮用水水源保护区内设置排污口的,由县级以上地方人民政府责令限期拆除,处十万元以上五十万元以下的罚款;逾期不拆除的,强制拆除,所需费用由违法者承担,处五十万元以上一百万元以下的罚款,并可以责令停产整治。

除前款规定外,违反法律、行政法规和国务院环境保护主管部门的规定设置排污口的,由县级以上地方人民政府环境保护主管部门责令限期拆除,处二万元以上十万元以下的罚款;逾期不拆除的,强制拆除,所需费用由违法者承担,处十万元以上五十万元以下的罚款;情节严重的,可以责令停产整治。

未经水行政主管部门或者流域管理机构同意,在江河、湖泊新建、改建、扩建排污口的,由县级以上人民政府水行政主管部门或者流域管理机构依据职权,依照前款规定采取措施、给予处罚。

第八十五条 有下列行为之一的,由县级以上地方人民政府环境保护主管部门责令停止违法行为,限期采取治理措施,消除污染,处以罚款;逾期不采取治理措施的,环境保护主管部门可以指定有治理能力的单位代为治理,所需费用由违法者承担:

（一）向水体排放油类、酸液、碱液的;

（二）向水体排放剧毒废液,或者将含有汞、镉、砷、铬、铅、氰化物、黄磷等的可溶性剧毒废渣向水体排放、倾倒或者直接埋入地下的;

（三）在水体清洗装贮过油类、有毒污染物的车辆或者容器的;

（四）向水体排放、倾倒工业废渣、城镇垃圾或者其他废弃物,或者在江河、湖泊、运河、渠道、水库最高水位线以下的滩地、岸坡堆放、存贮固体废弃物或者其他污染物的;

（五）向水体排放、倾倒放射性固体废物或者含有高放射性、中放射性物质的废水的;

（六）违反国家有关规定或者标准,向水体排放含低放射性物质的废水、热废水或者含病原体的污水的;

（七）未采取防渗漏等措施,或者未建设地下水水质监测井进行监测的;

（八）加油站等的地下油罐未使用双层罐或者采取建造防渗池等其他有效措施,或者未进行防渗漏监测的;

（九）未按照规定采取防护性措施,或者利用无防渗漏措施的沟渠、坑塘等输送或者存贮含有毒污染物的废水、含病原体的污水或者其他废弃物的。

有前款第三项、第四项、第六项、第七项、第八项行为之一的,处二万元以上二十万元以下的罚款。有前款第一项、第二项、第五项、第九项行为之一的,处十万元以上一百万元以下的罚款;情节严重的,报经有批准权的人民政府批准,责令停业、关闭。

第八十六条 违反本法规定,生产、销售、进口或者使用列入禁止生产、销售、进口、使用的严重污染水环境的设备名录中的设备,或者采用列入禁止采用的严重污染水环境的工艺名录中的工艺的,由县级以上人民政府经济综合宏观调控部门责令改正,处五万元以上二十万元以下的罚款;情节严重的,由县级以上人民政府经济综合宏观调控部门提出意见,报请本级人民政府责令停业、关闭。

第八十七条 违反本法规定,建设不符合国家产业政策的小型造纸、制革、印染、染料、炼焦、炼硫、炼砷、炼汞、炼油、电镀、农药、石棉、水泥、玻璃、钢铁、火电以及其他严重污染水环境的生产项目的,由所在地的市、县人民政府责令关闭。

第八十八条　城镇污水集中处理设施的运营单位或者污泥处理处置单位,处理处置后的污泥不符合国家标准,或者对污泥去向等未进行记录的,由城镇排水主管部门责令限期采取治理措施,给予警告;造成严重后果的,处十万元以上二十万元以下的罚款;逾期不采取治理措施的,城镇排水主管部门可以指定有治理能力的单位代为治理,所需费用由违法者承担。

第八十九条　船舶未配置相应的防污染设备和器材,或者未持有合法有效的防止水域环境污染的证书与文书的,由海事管理机构、渔业主管部门按照职责分工责令限期改正,处二千元以上二万元以下的罚款;逾期不改正的,责令船舶临时停航。

船舶进行涉及污染物排放的作业,未遵守操作规程或者未在相应的记录簿上如实记载的,由海事管理机构、渔业主管部门按照职责分工责令改正,处二千元以上二万元以下的罚款。

第九十条　违反本法规定,有下列行为之一的,由海事管理机构、渔业主管部门按照职责分工责令停止违法行为,处一万元以上十万元以下的罚款;造成水污染的,责令限期采取治理措施,消除污染,处二万元以上二十万元以下的罚款;逾期不采取治理措施的,海事管理机构、渔业主管部门按照职责分工可以指定有治理能力的单位代为治理,所需费用由船舶承担:

(一)向水体倾倒船舶垃圾或者排放船舶的残油、废油的;

(二)未经作业地海事管理机构批准,船舶进行散装液体污染危害性货物的过驳作业的;

(三)船舶及有关作业单位从事有污染风险的作业活动,未按照规定采取污染防治措施的;

(四)以冲滩方式进行船舶拆解的;

(五)进入中华人民共和国内河的国际航线船舶,排放不符合规定的船舶压载水的。

第九十一条　有下列行为之一的,由县级以上地方人民政府环境保护主管部门责令停止违法行为,处十万元以上五十万元以下的罚款;并报经有批准权的人民政府批准,责令拆除或者关闭:

(一)在饮用水水源一级保护区内新建、改建、扩建与供水设施和保护水源无关的建设项目的;

(二)在饮用水水源二级保护区内新建、改建、扩建排放污染物的建设项目的;

(三)在饮用水水源准保护区内新建、扩建对水体污染严重的建设项目,或者改建建设项目增加排污量的。

在饮用水水源一级保护区内从事网箱养殖或者组织进行旅游、垂钓或者其他可能污染饮用水水体的活动的,由县级以上地方人民政府环境保护主管部门责令停止违法行为,处二万元以上十万元以下的罚款。个人在饮用水水源一级保护区内游泳、垂钓或者从事其他可能污染饮用水水体的活动的,由县级以上地方人民政府环境保护主管部门责令停止违法行为,可以处五百元以下的罚款。

第九十二条　饮用水供水单位供水水质不符合国家规定标准的,由所在地市、县级人民政府供水主管部门责令改正,处二万元以上二十万元以下的罚款;情节严重的,报经有批准权的人民政府批准,可以责令停业整顿;对直接负责的主管人员和其他直接责任人员依法给予处分。

第九十三条 企业事业单位有下列行为之一的,由县级以上人民政府环境保护主管部门责令改正;情节严重的,处二万元以上十万元以下的罚款:

(一)不按照规定制定水污染事故的应急方案的;

(二)水污染事故发生后,未及时启动水污染事故的应急方案,采取有关应急措施的。

第九十四条 企业事业单位违反本法规定,造成水污染事故的,除依法承担赔偿责任外,由县级以上人民政府环境保护主管部门依照本条第二款的规定处以罚款,责令限期采取治理措施,消除污染;未按照要求采取治理措施或者不具备治理能力的,由环境保护主管部门指定有治理能力的单位代为治理,所需费用由违法者承担;对造成重大或者特大水污染事故的,还可以报经有批准权的人民政府批准,责令关闭;对直接负责的主管人员和其他直接责任人员可以处上一年度从本单位取得的收入百分之五十以下的罚款;有《中华人民共和国环境保护法》第六十三条规定的违法排放水污染物等行为之一,尚不构成犯罪的,由公安机关对直接负责的主管人员和其他直接责任人员处十日以上十五日以下的拘留;情节较轻的,处五日以上十日以下的拘留。

对造成一般或者较大水污染事故的,按照水污染事故造成的直接损失的百分之二十计算罚款;对造成重大或者特大水污染事故的,按照水污染事故造成的直接损失的百分之三十计算罚款。

造成渔业污染事故或者渔业船舶造成水污染事故的,由渔业主管部门进行处罚;其他船舶造成水污染事故的,由海事管理机构进行处罚。

第九十五条 企业事业单位和其他生产经营者违法排放水污染物,受到罚款处罚,被责令改正的,依法作出处罚决定的行政机关应当组织复查,发现其继续违法排放水污染物或者拒绝、阻挠复查的,依照《中华人民共和国环境保护法》的规定按日连续处罚。

第九十六条 因水污染受到损害的当事人,有权要求排污方排除危害和赔偿损失。

由于不可抗力造成水污染损害的,排污方不承担赔偿责任;法律另有规定的除外。

水污染损害是由受害人故意造成的,排污方不承担赔偿责任。水污染损害是由受害人重大过失造成的,可以减轻排污方的赔偿责任。

水污染损害是由第三人造成的,排污方承担赔偿责任后,有权向第三人追偿。

第九十七条 因水污染引起的损害赔偿责任和赔偿金额的纠纷,可以根据当事人的请求,由环境保护主管部门或者海事管理机构、渔业主管部门按照职责分工调解处理;调解不成的,当事人可以向人民法院提起诉讼。当事人也可以直接向人民法院提起诉讼。

第九十八条 因水污染引起的损害赔偿诉讼,由排污方就法律规定的免责事由及其行为与损害结果之间不存在因果关系承担举证责任。

第九十九条 因水污染受到损害的当事人人数众多的,可以依法由当事人推选代表人进行共同诉讼。

环境保护主管部门和有关社会团体可以依法支持因水污染受到损害的当事人向人民法院提起诉讼。

国家鼓励法律服务机构和律师为水污染损害诉讼中的受害人提供法律援助。

第一百条 因水污染引起的损害赔偿责任和赔偿金额的纠纷,当事人可以委托环境监测机构提供监测数据。环境监测机构应当接受委托,如实提供有关监测数据。

第一百零一条 违反本法规定,构成犯罪的,依法追究刑事责任。

第八章 附 则

第一百零二条 本法中下列用语的含义:

(一)水污染,是指水体因某种物质的介入,而导致其化学、物理、生物或者放射性等方面特性的改变,从而影响水的有效利用,危害人体健康或者破坏生态环境,造成水质恶化的现象。

(二)水污染物,是指直接或者间接向水体排放的,能导致水体污染的物质。

(三)有毒污染物,是指那些直接或者间接被生物摄入体内后,可能导致该生物或者其后代发病、行为反常、遗传异变、生理机能失常、机体变形或者死亡的污染物。

(四)污泥,是指污水处理过程中产生的半固态或者固态物质。

(五)渔业水体,是指划定的鱼虾类的产卵场、索饵场、越冬场、洄游通道和鱼虾贝藻类的养殖场的水体。

第一百零三条 本法自 2008 年 6 月 1 日起施行。

五、《中华人民共和国黄河保护法》

(2022 年 10 月 30 日第十三届全国人民代表大会常务委员会第三十七次会议通过)

第一章 总 则

第一条 为了加强黄河流域生态环境保护,保障黄河安澜,推进水资源节约集约利用,推动高质量发展,保护传承弘扬黄河文化,实现人与自然和谐共生、中华民族永续发展,制定本法。

第二条 黄河流域生态保护和高质量发展各类活动,适用本法;本法未作规定的,适用其他有关法律的规定。

本法所称黄河流域,是指黄河干流、支流和湖泊的集水区域所涉及的青海省、四川省、甘肃省、宁夏回族自治区、内蒙古自治区、山西省、陕西省、河南省、山东省的相关县级行政区域。

第三条 黄河流域生态保护和高质量发展,坚持中国共产党的领导,落实重在保护、要在治理的要求,加强污染防治,贯彻生态优先、绿色发展,量水而行、节水为重,因地制宜、分类施策,统筹谋划、协同推进的原则。

第四条 国家建立黄河流域生态保护和高质量发展统筹协调机制(以下简称黄河流域统筹协调机制),全面指导、统筹协调黄河流域生态保护和高质量发展工作,审议黄河流域重大政策、重大规划、重大项目等,协调跨地区跨部门重大事项,督促检查相关重要工作的落实情况。

黄河流域各省、自治区可以根据需要,建立省级协调机制,组织、协调推进本行政区域黄河流域生态保护和高质量发展工作。

第五条 国务院有关部门按照职责分工,负责黄河流域生态保护和高质量发展相关工作。

国务院水行政主管部门黄河水利委员会及其所属管理机构(以下简称黄河流域管理机构),依法行使流域水行政监督管理职责,为黄河流域统筹协调机制相关工作提供支撑保障。

国务院生态环境主管部门黄河流域生态环境监督管理机构(以下简称黄河流域生态环境监督管理机构)依法开展流域生态环境监督管理相关工作。

第六条 黄河流域县级以上地方人民政府负责本行政区域黄河流域生态保护和高质量发展工作。

黄河流域县级以上地方人民政府有关部门按照职责分工,负责本行政区域黄河流域生态保护和高质量发展相关工作。

黄河流域相关地方根据需要在地方性法规和地方政府规章制定、规划编制、监督执法等方面加强协作,协同推进黄河流域生态保护和高质量发展。

黄河流域建立省际河湖长联席会议制度。各级河湖长负责河道、湖泊管理和保护相关工作。

第七条 国务院水行政、生态环境、自然资源、住房和城乡建设、农业农村、发展改革、应急管理、林业和草原、文化和旅游、标准化等主管部门按照职责分工,建立健全黄河流域水资源节约集约利用、水沙调控、防汛抗旱、水土保持、水文、水环境质量和污染物排放、生态保护与修复、自然资源调查监测评价、生物多样性保护、文化遗产保护等标准体系。

第八条 国家在黄河流域实行水资源刚性约束制度,坚持以水定城、以水定地、以水定人、以水定产,优化国土空间开发保护格局,促进人口和城市科学合理布局,构建与水资源承载能力相适应的现代产业体系。

黄河流域县级以上地方人民政府按照国家有关规定,在本行政区域组织实施水资源刚性约束制度。

第九条 国家在黄河流域强化农业节水增效、工业节水减排和城镇节水降损措施,鼓励、推广使用先进节水技术,加快形成节水型生产、生活方式,有效实现水资源节约集约利用,推进节水型社会建设。

第十条 国家统筹黄河干支流防洪体系建设,加强流域及流域间防洪体系协同,推进黄河上中下游防汛抗旱、防凌联动,构建科学高效的综合性防洪减灾体系,并适时组织评估,有效提升黄河流域防治洪涝等灾害的能力。

第十一条 国务院自然资源主管部门应当会同国务院有关部门定期组织开展黄河流域土地、矿产、水流、森林、草原、湿地等自然资源状况调查,建立资源基础数据库,开展资源环境承载能力评价,并向社会公布黄河流域自然资源状况。

国务院野生动物保护主管部门应当定期组织开展黄河流域野生动物及其栖息地状况普查,或者根据需要组织开展专项调查,建立野生动物资源档案,并向社会公布黄河流域野生动物资源状况。

国务院生态环境主管部门应当定期组织开展黄河流域生态状况评估,并向社会公布黄河流域生态状况。

国务院林业和草原主管部门应当会同国务院有关部门组织开展黄河流域土地荒漠化、沙化调查监测,并定期向社会公布调查监测结果。

国务院水行政主管部门应当组织开展黄河流域水土流失调查监测,并定期向社会公布调查监测结果。

第十二条　黄河流域统筹协调机制统筹协调国务院有关部门和黄河流域省级人民政府,在已经建立的台站和监测项目基础上,健全黄河流域生态环境、自然资源、水文、泥沙、荒漠化和沙化、水土保持、自然灾害、气象等监测网络体系。

国务院有关部门和黄河流域县级以上地方人民政府及其有关部门按照职责分工,健全完善生态环境风险报告和预警机制。

第十三条　国家加强黄河流域自然灾害的预防与应急准备、监测与预警、应急处置与救援、事后恢复与重建体系建设,维护相关工程和设施安全,控制、减轻和消除自然灾害引起的危害。

国务院生态环境主管部门应当会同国务院有关部门和黄河流域省级人民政府,建立健全黄河流域突发生态环境事件应急联动工作机制,与国家突发事件应急体系相衔接,加强对黄河流域突发生态环境事件的应对管理。

出现严重干旱、省际或者重要控制断面流量降至预警流量、水库运行故障、重大水污染事故等情形,可能造成供水危机、黄河断流时,黄河流域管理机构应当组织实施应急调度。

第十四条　黄河流域统筹协调机制设立黄河流域生态保护和高质量发展专家咨询委员会,对黄河流域重大政策、重大规划、重大项目和重大科技问题等提供专业咨询。

国务院有关部门和黄河流域省级人民政府及其有关部门按照职责分工,组织开展黄河流域建设项目、重要基础设施和产业布局相关规划等对黄河流域生态系统影响的第三方评估、分析、论证等工作。

第十五条　黄河流域统筹协调机制统筹协调国务院有关部门和黄河流域省级人民政府,建立健全黄河流域信息共享系统,组织建立智慧黄河信息共享平台,提高科学化水平。国务院有关部门和黄河流域省级人民政府及其有关部门应当按照国家有关规定,共享黄河流域生态环境、自然资源、水土保持、防洪安全以及管理执法等信息。

第十六条　国家鼓励、支持开展黄河流域生态保护与修复、水资源节约集约利用、水沙运动与调控、防沙治沙、泥沙综合利用、河流动力与河床演变、水土保持、水文、气候、污染防治等方面的重大科技问题研究,加强协同创新,推动关键性技术研究,推广应用先进适用技术,提升科技创新支撑能力。

第十七条　国家加强黄河文化保护传承弘扬,系统保护黄河文化遗产,研究黄河文化发展脉络,阐发黄河文化精神内涵和时代价值,铸牢中华民族共同体意识。

第十八条　国务院有关部门和黄河流域县级以上地方人民政府及其有关部门应当加强黄河流域生态保护和高质量发展的宣传教育。

新闻媒体应当采取多种形式开展黄河流域生态保护和高质量发展的宣传报道,并依法对违法行为进行舆论监督。

第十九条 国家鼓励、支持单位和个人参与黄河流域生态保护和高质量发展相关活动。

对在黄河流域生态保护和高质量发展工作中做出突出贡献的单位和个人,按照国家有关规定予以表彰和奖励。

第二章 规划与管控

第二十条 国家建立以国家发展规划为统领,以空间规划为基础,以专项规划、区域规划为支撑的黄河流域规划体系,发挥规划对推进黄河流域生态保护和高质量发展的引领、指导和约束作用。

第二十一条 国务院和黄河流域县级以上地方人民政府应当将黄河流域生态保护和高质量发展工作纳入国民经济和社会发展规划。

国务院发展改革部门应当会同国务院有关部门编制黄河流域生态保护和高质量发展规划,报国务院批准后实施。

第二十二条 国务院自然资源主管部门应当会同国务院有关部门组织编制黄河流域国土空间规划,科学有序统筹安排黄河流域农业、生态、城镇等功能空间,划定永久基本农田、生态保护红线、城镇开发边界,优化国土空间结构和布局,统领黄河流域国土空间利用任务,报国务院批准后实施。涉及黄河流域国土空间利用的专项规划应当与黄河流域国土空间规划相衔接。

黄河流域县级以上地方人民政府组织编制本行政区域的国土空间规划,按照规定的程序报经批准后实施。

第二十三条 国务院水行政主管部门应当会同国务院有关部门和黄河流域省级人民政府,按照统一规划、统一管理、统一调度的原则,依法编制黄河流域综合规划、水资源规划、防洪规划等,对节约、保护、开发、利用水资源和防治水害作出部署。

黄河流域生态环境保护等规划依照有关法律、行政法规的规定编制。

第二十四条 国民经济和社会发展规划、国土空间总体规划的编制以及重大产业政策的制定,应当与黄河流域水资源条件和防洪要求相适应,并进行科学论证。

黄河流域工业、农业、畜牧业、林草业、能源、交通运输、旅游、自然资源开发等专项规划和开发区、新区规划等,涉及水资源开发利用的,应当进行规划水资源论证。未经论证或者经论证不符合水资源强制性约束控制指标的,规划审批机关不得批准该规划。

第二十五条 国家对黄河流域国土空间严格实行用途管制。黄河流域县级以上地方人民政府自然资源主管部门依据国土空间规划,对本行政区域黄河流域国土空间实行分区、分类用途管制。

黄河流域国土空间开发利用活动应当符合国土空间用途管制要求,并依法取得规划许可。

禁止违反国家有关规定、未经国务院批准,占用永久基本农田。禁止擅自占用耕地进行非农业建设,严格控制耕地转为林地、草地、园地等其他农用地。

黄河流域县级以上地方人民政府应当严格控制黄河流域以人工湖、人工湿地等形式新建人造水景观,黄河流域统筹协调机制应当组织有关部门加强监督管理。

第二十六条 黄河流域省级人民政府根据本行政区域的生态环境和资源利用状况，按照生态保护红线、环境质量底线、资源利用上线的要求，制定生态环境分区管控方案和生态环境准入清单，报国务院生态环境主管部门备案后实施。生态环境分区管控方案和生态环境准入清单应当与国土空间规划相衔接。

禁止在黄河干支流岸线管控范围内新建、扩建化工园区和化工项目。禁止在黄河干流岸线和重要支流岸线的管控范围内新建、改建、扩建尾矿库；但是以提升安全水平、生态环境保护水平为目的的改建除外。

干支流目录、岸线管控范围由国务院水行政、自然资源、生态环境主管部门按照职责分工，会同黄河流域省级人民政府确定并公布。

第二十七条 黄河流域水电开发，应当进行科学论证，符合国家发展规划、流域综合规划和生态保护要求。对黄河流域已建小水电工程，不符合生态保护要求的，县级以上地方人民政府应当组织分类整改或者采取措施逐步退出。

第二十八条 黄河流域管理机构统筹防洪减淤、城乡供水、生态保护、灌溉用水、水力发电等目标，建立水资源、水沙、防洪防凌综合调度体系，实施黄河干支流控制性水工程统一调度，保障流域水安全，发挥水资源综合效益。

第三章 生态保护与修复

第二十九条 国家加强黄河流域生态保护与修复，坚持山水林田湖草沙一体化保护与修复，实行自然恢复为主、自然恢复与人工修复相结合的系统治理。

国务院自然资源主管部门应当会同国务院有关部门编制黄河流域国土空间生态修复规划，组织实施重大生态修复工程，统筹推进黄河流域生态保护与修复工作。

第三十条 国家加强对黄河水源涵养区的保护，加大对黄河干流和支流源头、水源涵养区的雪山冰川、高原冻土、高寒草甸、草原、湿地、荒漠、泉域等的保护力度。

禁止在黄河上游约古宗列曲、扎陵湖、鄂陵湖、玛多河湖群等河道、湖泊管理范围内从事采矿、采砂、渔猎等活动，维持河道、湖泊天然状态。

第三十一条 国务院和黄河流域省级人民政府应当依法在重要生态功能区域、生态脆弱区域划定公益林，实施严格管护；需要补充灌溉的，在水资源承载能力范围内合理安排灌溉用水。

国务院林业和草原主管部门应当会同国务院有关部门、黄河流域省级人民政府，加强对黄河流域重要生态功能区域天然林、湿地、草原保护与修复和荒漠化、沙化土地治理工作的指导。

黄河流域县级以上地方人民政府应当采取防护林建设、禁牧封育、锁边防风固沙工程、沙化土地封禁保护、鼠害防治等措施，加强黄河流域重要生态功能区域天然林、湿地、草原保护与修复，开展规模化防沙治沙，科学治理荒漠化、沙化土地，在河套平原区、内蒙古高原湖泊萎缩退化区、黄土高原土地沙化区、汾渭平原区等重点区域实施生态修复工程。

第三十二条 国家加强对黄河流域子午岭—六盘山、秦岭北麓、贺兰山、白于山、陇中等水土流失重点预防区、治理区和渭河、洮河、汾河、伊洛河等重要支流源头区的水土流失防治。水土流失防治应当根据实际情况,科学采取生物措施和工程措施。

禁止在二十五度以上陡坡地开垦种植农作物。黄河流域省级人民政府根据本行政区域的实际情况,可以规定小于二十五度的禁止开垦坡度。禁止开垦的陡坡地范围由所在地县级人民政府划定并公布。

第三十三条 国务院水行政主管部门应当会同国务院有关部门加强黄河流域砒砂岩区、多沙粗沙区、水蚀风蚀交错区和沙漠入河区等生态脆弱区域保护和治理,开展土壤侵蚀和水土流失状况评估,实施重点防治工程。

黄河流域县级以上地方人民政府应当组织推进小流域综合治理、坡耕地综合整治、黄土高原塬面治理保护、适地植被建设等水土保持重点工程,采取塬面、沟头、沟坡、沟道防护等措施,加强多沙粗沙区治理,开展生态清洁流域建设。

国家支持在黄河流域上中游开展整沟治理。整沟治理应当坚持规划先行、系统修复、整体保护、因地制宜、综合治理、一体推进。

第三十四条 国务院水行政主管部门应当会同国务院有关部门制定淤地坝建设、养护标准或者技术规范,健全淤地坝建设、管理、安全运行制度。

黄河流域县级以上地方人民政府应当因地制宜组织开展淤地坝建设,加快病险淤地坝除险加固和老旧淤地坝提升改造,建设安全监测和预警设施,将淤地坝工程防汛纳入地方防汛责任体系,落实管护责任,提高养护水平,减少下游河道淤积。

禁止损坏、擅自占用淤地坝。

第三十五条 禁止在黄河流域水土流失严重、生态脆弱区域开展可能造成水土流失的生产建设活动。确因国家发展战略和国计民生需要建设的,应当进行科学论证,并依法办理审批手续。

生产建设单位应当依法编制并严格执行经批准的水土保持方案。

从事生产建设活动造成水土流失的,应当按照国家规定的水土流失防治相关标准进行治理。

第三十六条 国务院水行政主管部门应当会同国务院有关部门和山东省人民政府,编制并实施黄河入海河口整治规划,合理布局黄河入海流路,加强河口治理,保障入海河道畅通和河口防洪防凌安全,实施清水沟、刁口河生态补水,维护河口生态功能。

国务院自然资源、林业和草原主管部门应当会同国务院有关部门和山东省人民政府,组织开展黄河三角洲湿地生态保护与修复,有序推进退塘还河、退耕还湿、退田还滩,加强外来入侵物种防治,减少油气开采、围垦养殖、港口航运等活动对河口生态系统的影响。

禁止侵占刁口河等黄河备用入海流路。

第三十七条 国务院水行政主管部门确定黄河干流、重要支流控制断面生态流量和重要湖泊生态水位的管控指标,应当征求并研究国务院生态环境、自然资源等主管部门的意见。黄河流域省级人民政府水行政主管部门确定其他河流生态流量和其他湖泊生态水位的管控指标,应当征求并研究同级人民政府生态环境、自然资源等主管部门的意见,报黄河流域管理机构、黄河流域生态环境监督管理机构备案。确定生态流量和生态水位的管控指标,应当进行科学论证,综合考虑水资源条件、气候状况、生态环境保护要求、生活生产用水状况等因素。

黄河流域管理机构和黄河流域省级人民政府水行政主管部门按照职责分工,组织编制和实施生态流量和生态水位保障实施方案。

黄河干流、重要支流水工程应当将生态用水调度纳入日常运行调度规程。

第三十八条 国家统筹黄河流域自然保护地体系建设。国务院和黄河流域省级人民政府在黄河流域重要典型生态系统的完整分布区、生态环境敏感区以及珍贵濒危野生动植物天然集中分布区和重要栖息地、重要自然遗迹分布区等区域,依法设立国家公园、自然保护区、自然公园等自然保护地。

自然保护地建设、管理涉及河道、湖泊管理范围的,应当统筹考虑河道、湖泊保护需要,满足防洪要求,并保障防洪工程建设和管理活动的开展。

第三十九条 国务院林业和草原、农业农村主管部门应当会同国务院有关部门和黄河流域省级人民政府按照职责分工,对黄河流域数量急剧下降或者极度濒危的野生动植物和受到严重破坏的栖息地、天然集中分布区、破碎化的典型生态系统开展保护与修复,修建迁地保护设施,建立野生动植物遗传资源基因库,进行抢救性修复。

国务院生态环境主管部门和黄河流域县级以上地方人民政府组织开展黄河流域生物多样性保护管理,定期评估生物受威胁状况以及生物多样性恢复成效。

第四十条 国务院农业农村主管部门应当会同国务院有关部门和黄河流域省级人民政府,建立黄河流域水生生物完整性指数评价体系,组织开展黄河流域水生生物完整性评价,并将评价结果作为评估黄河流域生态系统总体状况的重要依据。黄河流域水生生物完整性指数应当与黄河流域水环境质量标准相衔接。

第四十一条 国家保护黄河流域水产种质资源和珍贵濒危物种,支持开展水产种质资源保护区、国家重点保护野生动物人工繁育基地建设。

禁止在黄河流域开放水域养殖、投放外来物种和其他非本地物种种质资源。

第四十二条 国家加强黄河流域水生生物产卵场、索饵场、越冬场、洄游通道等重要栖息地的生态保护与修复。对鱼类等水生生物洄游产生阻隔的涉水工程应当结合实际采取建设过鱼设施、河湖连通、增殖放流、人工繁育等多种措施,满足水生生物的生态需求。

国家实行黄河流域重点水域禁渔期制度,禁渔期内禁止在黄河流域重点水域从事天然渔业资源生产性捕捞,具体办法由国务院农业农村主管部门制定。黄河流域县级以上地方人民政府应当按照国家有关规定做好禁渔期渔民的生活保障工作。

禁止电鱼、毒鱼、炸鱼等破坏渔业资源和水域生态的捕捞行为。

第四十三条 国务院水行政主管部门应当会同国务院自然资源主管部门组织划定并公布黄河流域地下水超采区。

黄河流域省级人民政府水行政主管部门应当会同本级人民政府有关部门编制本行政区域地下水超采综合治理方案,经省级人民政府批准后,报国务院水行政主管部门备案。

第四十四条 黄河流域县级以上地方人民政府应当组织开展退化农用地生态修复,实施农田综合整治。

黄河流域生产建设活动损毁的土地,由生产建设者负责复垦。因历史原因无法确定土地复垦义务人以及因自然灾害损毁的土地,由黄河流域县级以上地方人民政府负责组织复垦。

　　黄河流域县级以上地方人民政府应当加强对矿山的监督管理,督促采矿权人履行矿山污染防治和生态修复责任,并因地制宜采取消除地质灾害隐患、土地复垦、恢复植被、防治污染等措施,组织开展历史遗留矿山生态修复工作。

第四章　水资源节约集约利用

　　第四十五条　黄河流域水资源利用,应当坚持节水优先、统筹兼顾、集约使用、精打细算,优先满足城乡居民生活用水,保障基本生态用水,统筹生产用水。

　　第四十六条　国家对黄河水量实行统一配置。制定和调整黄河水量分配方案,应当充分考虑黄河流域水资源条件、生态环境状况、区域用水状况、节水水平、洪水资源化利用等,统筹当地水和外调水、常规水和非常规水,科学确定水资源可利用总量和河道输沙入海水量,分配区域地表水取用水总量。

　　黄河流域管理机构商黄河流域省级人民政府制定和调整黄河水量分配方案和跨省支流水量分配方案。黄河水量分配方案经国务院发展改革部门、水行政主管部门审查后,报国务院批准。跨省支流水量分配方案报国务院授权的部门批准。

　　黄河流域省级人民政府水行政主管部门根据黄河水量分配方案和跨省支流水量分配方案,制定和调整本行政区域水量分配方案,经省级人民政府批准后,报黄河流域管理机构备案。

　　第四十七条　国家对黄河流域水资源实行统一调度,遵循总量控制、断面流量控制、分级管理、分级负责的原则,根据水情变化进行动态调整。

　　国务院水行政主管部门依法组织黄河流域水资源统一调度的实施和监督管理。

　　第四十八条　国务院水行政主管部门应当会同国务院自然资源主管部门制定黄河流域省级行政区域地下水取水总量控制指标。

　　黄河流域省级人民政府水行政主管部门应当会同本级人民政府有关部门,根据本行政区域地下水取水总量控制指标,制定设区的市、县级行政区域地下水取水总量控制指标和地下水水位控制指标,经省级人民政府批准后,报国务院水行政主管部门或者黄河流域管理机构备案。

　　第四十九条　黄河流域县级以上行政区域的地表水取用水总量不得超过水量分配方案确定的控制指标,并符合生态流量和生态水位的管控指标要求;地下水取水总量不得超过本行政区域地下水取水总量控制指标,并符合地下水水位控制指标要求。

　　黄河流域县级以上地方人民政府应当根据本行政区域取用水总量控制指标,统筹考虑经济社会发展用水需求、节水标准和产业政策,制定本行政区域农业、工业、生活及河道外生态等用水量控制指标。

　　第五十条　在黄河流域取用水资源,应当依法取得取水许可。

　　黄河干流取水,以及跨省重要支流指定河段限额以上取水,由黄河流域管理机构负责审批取水申请,审批时应当研究取水口所在地的省级人民政府水行政主管部门的意见;其他取水由黄河流域县级以上地方人民政府水行政主管部门负责审批取水申请。指定河段和限额标准由国务院水行政主管部门确定公布、适时调整。

　　第五十一条　国家在黄河流域实行水资源差别化管理。国务院水行政主管部门应当会同国务院自然资源主管部门定期组织开展黄河流域水资源评价和承载能力调查评估。评估结果作为划定水资源超载地区、临界超载地区、不超载地区的依据。

水资源超载地区县级以上地方人民政府应当制定水资源超载治理方案,采取产业结构调整、强化节水等措施,实施综合治理。水资源临界超载地区县级以上地方人民政府应当采取限制性措施,防止水资源超载。

除生活用水等民生保障用水外,黄河流域水资源超载地区不得新增取水许可;水资源临界超载地区应当严格限制新增取水许可。

第五十二条 国家在黄河流域实行强制性用水定额管理制度。国务院水行政、标准化主管部门应当会同国务院发展改革部门组织制定黄河流域高耗水工业和服务业强制性用水定额。制定强制性用水定额应当征求国务院有关部门、黄河流域省级人民政府、企业事业单位和社会公众等方面的意见,并依照《中华人民共和国标准化法》的有关规定执行。

黄河流域省级人民政府按照深度节水控水要求,可以制定严于国家用水定额的地方用水定额;国家用水定额未作规定的,可以补充制定地方用水定额。

黄河流域以及黄河流经省、自治区其他黄河供水区相关县级行政区域的用水单位,应当严格执行强制性用水定额;超过强制性用水定额的,应当限期实施节水技术改造。

第五十三条 黄河流域以及黄河流经省、自治区其他黄河供水区相关县级行政区域的县级以上地方人民政府水行政主管部门和黄河流域管理机构核定取水单位的取水量,应当符合用水定额的要求。

黄河流域以及黄河流经省、自治区其他黄河供水区相关县级行政区域取水量达到取水规模以上的单位,应当安装合格的在线计量设施,保证设施正常运行,并将计量数据传输至有管理权限的水行政主管部门或者黄河流域管理机构。取水规模标准由国务院水行政主管部门制定。

第五十四条 国家在黄河流域实行高耗水产业准入负面清单和淘汰类高耗水产业目录制度。列入高耗水产业准入负面清单和淘汰类高耗水产业目录的建设项目,取水申请不予批准。高耗水产业准入负面清单和淘汰类高耗水产业目录由国务院发展改革部门会同国务院水行政主管部门制定并发布。

严格限制从黄河流域向外流域扩大供水量,严格限制新增引黄灌溉用水量。因实施国家重大战略确需新增用水量的,应当严格进行水资源论证,并取得黄河流域管理机构批准的取水许可。

第五十五条 黄河流域县级以上地方人民政府应当组织发展高效节水农业,加强农业节水设施和农业用水计量设施建设,选育推广低耗水、高耐旱农作物,降低农业耗水量。禁止取用深层地下水用于农业灌溉。

黄河流域工业企业应当优先使用国家鼓励的节水工艺、技术和装备。国家鼓励的工业节水工艺、技术和装备目录由国务院工业和信息化主管部门会同国务院有关部门制定并发布。

黄河流域县级以上地方人民政府应当组织推广应用先进适用的节水工艺、技术、装备、产品和材料,推进工业废水资源化利用,支持企业用水计量和节水技术改造,支持工业园区企业发展串联用水系统和循环用水系统,促进能源、化工、建材等高耗水产业节水。高耗水工业企业应当实施用水计量和节水技术改造。

黄河流域县级以上地方人民政府应当组织实施城乡老旧供水设施和管网改造,推广普及节水型器具,开展公共机构节水技术改造,控制高耗水服务业用水,完善农村集中供水和节水配套设施。

黄河流域县级以上地方人民政府及其有关部门应当加强节水宣传教育和科学普及,提高公众节水意识,营造良好节水氛围。

第五十六条 国家在黄河流域建立促进节约用水的水价体系。城镇居民生活用水和具备条件的农村居民生活用水实行阶梯水价,高耗水工业和服务业水价实行高额累进加价,非居民用水水价实行超定额累进加价,推进农业水价综合改革。

国家在黄河流域对节水潜力大、使用面广的用水产品实行水效标识管理,限期淘汰水效等级较低的用水产品,培育合同节水等节水市场。

第五十七条 国务院水行政主管部门应当会同国务院有关部门制定黄河流域重要饮用水水源地名录。黄河流域省级人民政府水行政主管部门应当会同本级人民政府有关部门制定本行政区域的其他饮用水水源地名录。

黄河流域省级人民政府组织划定饮用水水源保护区,加强饮用水水源保护,保障饮用水安全。黄河流域县级以上地方人民政府及其有关部门应当合理布局饮用水水源取水口,加强饮用水应急水源、备用水源建设。

第五十八条 国家综合考虑黄河流域水资源条件、经济社会发展需要和生态环境保护要求,统筹调出区和调入区供水安全和生态安全,科学论证、规划和建设跨流域调水和重大水源工程,加快构建国家水网,优化水资源配置,提高水资源承载能力。

黄河流域县级以上地方人民政府应当组织实施区域水资源配置工程建设,提高城乡供水保障程度。

第五十九条 黄河流域县级以上地方人民政府应当推进污水资源化利用,国家对相关设施建设予以支持。

黄河流域县级以上地方人民政府应当将再生水、雨水、苦咸水、矿井水等非常规水纳入水资源统一配置,提高非常规水利用比例。景观绿化、工业生产、建筑施工等用水,应当优先使用符合要求的再生水。

第五章 水沙调控与防洪安全

第六十条 国家依据黄河流域综合规划、防洪规划,在黄河流域组织建设水沙调控和防洪减灾工程体系,完善水沙调控和防洪防凌调度机制,加强水文和气象监测预报预警、水沙观测和河势调查,实施重点水库和河段清淤疏浚、滩区放淤,提高河道行洪输沙能力,塑造河道主槽,维持河势稳定,保障防洪安全。

第六十一条 国家完善以骨干水库等重大水工程为主的水沙调控体系,采取联合调水调沙、泥沙综合处理利用等措施,提高拦沙输沙能力。纳入水沙调控体系的工程名录由国务院水行政主管部门制定。

国务院有关部门和黄河流域省级人民政府应当加强黄河干支流控制性水工程、标准化堤防、控制引导河水流向工程等防洪工程体系建设和管理,实施病险水库除险加固和山洪、泥石流灾害防治。

黄河流域管理机构及其所属管理机构和黄河流域县级以上地方人民政府应当加强防洪工程的运行管护,保障工程安全稳定运行。

第六十二条 国家实行黄河流域水沙统一调度制度。黄河流域管理机构应当组织实施黄河干支流水库群统一调度,编制水沙调控方案,确定重点水库水沙调控运用指标、运用方式、调控起止时间,下达调度指令。水沙调控应当采取措施尽量减少对水生生物及其栖息地的影响。

黄河流域县级以上地方人民政府、水库主管部门和管理单位应当执行黄河流域管理机构的调度指令。

第六十三条 国务院水行政主管部门组织编制黄河防御洪水方案,经国家防汛抗旱指挥机构审核后,报国务院批准。

黄河流域管理机构应当会同黄河流域省级人民政府根据批准的黄河防御洪水方案,编制黄河干流和重要支流、重要水工程的洪水调度方案,报国务院水行政主管部门批准并抄送国家防汛抗旱指挥机构和国务院应急管理部门,按照职责组织实施。

黄河流域县级以上地方人民政府组织编制和实施黄河其他支流、水工程的洪水调度方案,并报上一级人民政府防汛抗旱指挥机构和有关主管部门备案。

第六十四条 黄河流域管理机构制定年度防凌调度方案,报国务院水行政主管部门备案,按照职责组织实施。

黄河流域有防凌任务的县级以上地方人民政府应当把防御凌汛纳入本行政区域的防洪规划。

第六十五条 黄河防汛抗旱指挥机构负责指挥黄河流域防汛抗旱工作,其办事机构设在黄河流域管理机构,承担黄河防汛抗旱指挥机构的日常工作。

第六十六条 黄河流域管理机构应当会同黄河流域省级人民政府依据黄河流域防洪规划,制定黄河滩区名录,报国务院水行政主管部门批准。黄河流域省级人民政府应当有序安排滩区居民迁建,严格控制向滩区迁入常住人口,实施滩区综合提升治理工程。

黄河滩区土地利用、基础设施建设和生态保护与修复应当满足河道行洪需要,发挥滩区滞洪、沉沙功能。

在黄河滩区内,不得新规划城镇建设用地、设立新的村镇,已经规划和设立的,不得扩大范围;不得新划定永久基本农田,已经划定为永久基本农田、影响防洪安全的,应当逐步退出;不得新开垦荒地、新建生产堤,已建生产堤影响防洪安全的应当及时拆除,其他生产堤应当逐步拆除。

因黄河滩区自然行洪、蓄滞洪水等导致受淹造成损失的,按照国家有关规定予以补偿。

第六十七条 国家加强黄河流域河道、湖泊管理和保护。禁止在河道、湖泊管理范围内建设妨碍行洪的建筑物、构筑物以及从事影响河势稳定、危害河岸堤防安全和其他妨碍河道行洪的活动。禁止违法利用、占用河道、湖泊水域和岸线。河道、湖泊管理范围由黄河流域管理机构和有关县级以上地方人民政府依法科学划定并公布。

建设跨河、穿河、穿堤、临河的工程设施,应当符合防洪标准等要求,不得威胁堤防安全、影响河势稳定、擅自改变水域和滩地用途、降低行洪和调蓄能力、缩小水域面积;确实无法避免降低行洪和调蓄能力、缩小水域面积的,应当同时建设等效替代工程或者采取其他功能补救措施。

第六十八条 黄河流域河道治理,应当因地制宜采取河道清障、清淤疏浚、岸坡整治、堤防加固、水源涵养与水土保持、河湖管护等治理措施,加强悬河和游荡性河道整治,增强河道、湖泊、水库防御洪水能力。

国家支持黄河流域有关地方人民政府以稳定河势、规范流路、保障行洪能力为前提,统筹河道岸线保护修复、退耕还湿,建设集防洪、生态保护等功能于一体的绿色生态走廊。

第六十九条 国家实行黄河流域河道采砂规划和许可制度。黄河流域河道采砂应当依法取得采砂许可。

黄河流域管理机构和黄河流域县级以上地方人民政府依法划定禁采区,规定禁采期,并向社会公布。禁止在黄河流域禁采区和禁采期从事河道采砂活动。

第七十条 国务院有关部门应当会同黄河流域省级人民政府加强对龙羊峡、刘家峡、三门峡、小浪底、故县、陆浑、河口村等干支流骨干水库库区的管理,科学调控水库水位,加强库区水土保持、生态保护和地质灾害防治工作。

在三门峡、小浪底、故县、陆浑、河口村水库库区养殖,应当满足水沙调控和防洪要求,禁止采用网箱、围网和拦河拉网方式养殖。

第七十一条 黄河流域城市人民政府应当统筹城市防洪和排涝工作,加强城市防洪排涝设施建设和管理,完善城市洪涝灾害监测预警机制,健全城市防灾减灾体系,提升城市洪涝灾害防御和应对能力。

黄河流域城市人民政府及其有关部门应当加强洪涝灾害防御宣传教育和社会动员,定期组织开展应急演练,增强社会防范意识。

第六章 污染防治

第七十二条 国家加强黄河流域农业面源污染、工业污染、城乡生活污染等的综合治理、系统治理、源头治理,推进重点河湖环境综合整治。

第七十三条 国务院生态环境主管部门制定黄河流域水环境质量标准,对国家水环境质量标准中未作规定的项目,可以作出补充规定;对国家水环境质量标准中已经规定的项目,可以作出更加严格的规定。制定黄河流域水环境质量标准应当征求国务院有关部门和有关省级人民政府的意见。

黄河流域省级人民政府可以制定严于黄河流域水环境质量标准的地方水环境质量标准,报国务院生态环境主管部门备案。

第七十四条 对没有国家水污染物排放标准的特色产业、特有污染物,以及国家有明确要求的特定水污染源或者水污染物,黄河流域省级人民政府应当补充制定地方水污染物排放标准,报国务院生态环境主管部门备案。

有下列情形之一的,黄河流域省级人民政府应当制定严于国家水污染物排放标准的地方水污染物排放标准,报国务院生态环境主管部门备案:

（一）产业密集、水环境问题突出；

（二）现有水污染物排放标准不能满足黄河流域水环境质量要求；

（三）流域或者区域水环境形势复杂，无法适用统一的水污染物排放标准。

第七十五条 国务院生态环境主管部门根据水环境质量改善目标和水污染防治要求，确定黄河流域各省级行政区域重点水污染物排放总量控制指标。黄河流域水环境质量不达标的水功能区，省级人民政府生态环境主管部门应当实施更加严格的水污染物排放总量削减措施，限期实现水环境质量达标。排放水污染物的企业事业单位应当按照要求，采取水污染物排放总量控制措施。

黄河流域县级以上地方人民政府应当加强和统筹污水、固体废物收集处理处置等环境基础设施建设，保障设施正常运行，因地制宜推进农村厕所改造、生活垃圾处理和污水治理，消除黑臭水体。

第七十六条 在黄河流域河道、湖泊新设、改设或者扩大排污口，应当报经有管辖权的生态环境主管部门或者黄河流域生态环境监督管理机构批准。新设、改设或者扩大可能影响防洪、供水、堤防安全、河势稳定的排污口的，审批时应当征求县级以上地方人民政府水行政主管部门或者黄河流域管理机构的意见。

黄河流域水环境质量不达标的水功能区，除城乡污水集中处理设施等重要民生工程的排污口外，应当严格控制新设、改设或者扩大排污口。

黄河流域县级以上地方人民政府应当对本行政区域河道、湖泊的排污口组织开展排查整治，明确责任主体，实施分类管理。

第七十七条 黄河流域县级以上地方人民政府应当对沿河道、湖泊的垃圾填埋场、加油站、储油库、矿山、尾矿库、危险废物处置场、化工园区和化工项目等地下水重点污染源及周边地下水环境风险隐患组织开展调查评估，采取风险防范和整治措施。

黄河流域设区的市级以上地方人民政府生态环境主管部门商本级人民政府有关部门，制定并发布地下水污染防治重点排污单位名录。地下水污染防治重点排污单位应当依法安装水污染物排放自动监测设备，与生态环境主管部门的监控设备联网，并保证监测设备正常运行。

第七十八条 黄河流域省级人民政府生态环境主管部门应当会同本级人民政府水行政、自然资源等主管部门，根据本行政区域地下水污染防治需要，划定地下水污染防治重点区，明确环境准入、隐患排查、风险管控等管理要求。

黄河流域县级以上地方人民政府应当加强油气开采区等地下水污染防治监督管理。在黄河流域开发煤层气、致密气等非常规天然气的，应当对其产生的压裂液、采出水进行处理处置，不得污染土壤和地下水。

第七十九条 黄河流域县级以上地方人民政府应当加强黄河流域土壤生态环境保护，防止新增土壤污染，因地制宜分类推进土壤污染风险管控与修复。

黄河流域县级以上地方人民政府应当加强黄河流域固体废物污染环境防治，组织开展固体废物非法转移和倾倒的联防联控。

第八十条 国务院生态环境主管部门应当在黄河流域定期组织开展大气、水体、土壤、生物中有毒有害化学物质调查监测，并会同国务院卫生健康等主管部门开展黄河流域有毒有害化学物质环境风险评估与管控。

国务院生态环境等主管部门和黄河流域县级以上地方人民政府及其有关部门应当加强对持久性有机污染物等新污染物的管控、治理。

第八十一条 黄河流域县级以上地方人民政府及其有关部门应当加强农药、化肥等农业投入品使用总量控制、使用指导和技术服务，推广病虫害绿色防控等先进适用技术，实施灌区农田退水循环利用，加强对农业污染源的监测预警。

黄河流域农业生产经营者应当科学合理使用农药、化肥、兽药等农业投入品，科学处理、处置农业投入品包装废弃物、农用薄膜等农业废弃物，综合利用农作物秸秆，加强畜禽、水产养殖污染防治。

第七章 促进高质量发展

第八十二条 促进黄河流域高质量发展应当坚持新发展理念，加快发展方式绿色转型，以生态保护为前提优化调整区域经济和生产力布局。

第八十三条 国务院有关部门和黄河流域县级以上地方人民政府及其有关部门应当协同推进黄河流域生态保护和高质量发展战略与乡村振兴战略、新型城镇化战略和中部崛起、西部大开发等区域协调发展战略的实施，统筹城乡基础设施建设和产业发展，改善城乡人居环境，健全基本公共服务体系，促进城乡融合发展。

第八十四条 国务院有关部门和黄河流域县级以上地方人民政府应当强化生态环境、水资源等约束和城镇开发边界管控，严格控制黄河流域上中游地区新建各类开发区，推进节水型城市、海绵城市建设，提升城市综合承载能力和公共服务能力。

第八十五条 国务院有关部门和黄河流域县级以上地方人民政府应当科学规划乡村布局，统筹生态保护与乡村发展，加强农村基础设施建设，推进农村产业融合发展，鼓励使用绿色低碳能源，加快推进农房和村庄建设现代化，塑造乡村风貌，建设生态宜居美丽乡村。

第八十六条 黄河流域产业结构和布局应当与黄河流域生态系统和资源环境承载能力相适应。严格限制在黄河流域布局高耗水、高污染或者高耗能项目。

黄河流域煤炭、火电、钢铁、焦化、化工、有色金属等行业应当开展清洁生产，依法实施强制性清洁生产审核。

黄河流域县级以上地方人民政府应当采取措施，推动企业实施清洁化改造，组织推广应用工业节能、资源综合利用等先进适用的技术装备，完善绿色制造体系。

第八十七条 国家鼓励黄河流域开展新型基础设施建设，完善交通运输、水利、能源、防灾减灾等基础设施网络。

黄河流域县级以上地方人民政府应当推动制造业高质量发展和资源型产业转型，因地制宜发展特色优势现代产业和清洁低碳能源，推动产业结构、能源结构、交通运输结构等优化调整，推进碳达峰碳中和工作。

第八十八条 国家鼓励、支持黄河流域建设高标准农田、现代畜牧业生产基地以及种质资源和制种基地，因地制宜开展盐碱地农业技术研究、开发和应用，支持地方品种申请地理标志产品保护，发展现代农业服务业。

国务院有关部门和黄河流域县级以上地方人民政府应当组织调整农业产业结构,优化农业产业布局,发展区域优势农业产业,服务国家粮食安全战略。

第八十九条　国务院有关部门和黄河流域县级以上地方人民政府应当鼓励、支持黄河流域科技创新,引导社会资金参与科技成果开发和推广应用,提升黄河流域科技创新能力。

国家支持社会资金设立黄河流域科技成果转化基金,完善科技投融资体系,综合运用政府采购、技术标准、激励机制等促进科技成果转化。

第九十条　黄河流域县级以上地方人民政府及其有关部门应当采取有效措施,提高城乡居民对本行政区域生态环境、资源禀赋的认识,支持、引导居民形成绿色低碳的生活方式。

第八章　黄河文化保护传承弘扬

第九十一条　国务院文化和旅游主管部门应当会同国务院有关部门编制并实施黄河文化保护传承弘扬规划,加强统筹协调,推动黄河文化体系建设。

黄河流域县级以上地方人民政府及其文化和旅游等主管部门应当加强黄河文化保护传承弘扬,提供优质公共文化服务,丰富城乡居民精神文化生活。

第九十二条　国务院文化和旅游主管部门应当会同国务院有关部门和黄河流域省级人民政府,组织开展黄河文化和治河历史研究,推动黄河文化创造性转化和创新性发展。

第九十三条　国务院文化和旅游主管部门应当会同国务院有关部门组织指导黄河文化资源调查和认定,对文物古迹、非物质文化遗产、古籍文献等重要文化遗产进行记录、建档,建立黄河文化资源基础数据库,推动黄河文化资源整合利用和公共数据开放共享。

第九十四条　国家加强黄河流域历史文化名城名镇名村、历史文化街区、文物、历史建筑、传统村落、少数民族特色村寨和古河道、古堤防、古灌溉工程等水文化遗产以及农耕文化遗产、地名文化遗产等的保护。国务院住房和城乡建设、文化和旅游、文物等主管部门和黄河流域县级以上地方人民政府有关部门按照职责分工和分级保护、分类实施的原则,加强监督管理。

国家加强黄河流域非物质文化遗产保护。国务院文化和旅游等主管部门和黄河流域县级以上地方人民政府有关部门应当完善黄河流域非物质文化遗产代表性项目名录体系,推进传承体验设施建设,加强代表性项目保护传承。

第九十五条　国家加强黄河流域具有革命纪念意义的文物和遗迹保护,建设革命传统教育、爱国主义教育基地,传承弘扬黄河红色文化。

第九十六条　国家建设黄河国家文化公园,统筹利用文化遗产地以及博物馆、纪念馆、展览馆、教育基地、水工程等资源,综合运用信息化手段,系统展示黄河文化。

国务院发展改革部门、文化和旅游主管部门组织开展黄河国家文化公园建设。

第九十七条　国家采取政府购买服务等措施,支持单位和个人参与提供反映黄河流域特色、体现黄河文化精神、适宜普及推广的公共文化服务。

黄河流域县级以上地方人民政府及其有关部门应当组织将黄河文化融入城乡建设和水利工程等基础设施建设。

第九十八条 黄河流域县级以上地方人民政府应当以保护传承弘扬黄河文化为重点,推动文化产业发展,促进文化产业与农业、水利、制造业、交通运输业、服务业等深度融合。

国务院文化和旅游主管部门应当会同国务院有关部门统筹黄河文化、流域水景观和水工程等资源,建设黄河文化旅游带。黄河流域县级以上地方人民政府文化和旅游主管部门应当结合当地实际,推动本行政区域旅游业发展,展示和弘扬黄河文化。

黄河流域旅游活动应当符合黄河防洪和河道、湖泊管理要求,避免破坏生态环境和文化遗产。

第九十九条 国家鼓励开展黄河题材文艺作品创作。黄河流域县级以上地方人民政府应当加强对黄河题材文艺作品创作的支持和保护。

国家加强黄河文化宣传,促进黄河文化国际传播,鼓励、支持举办黄河文化交流、合作等活动,提高黄河文化影响力。

第九章 保障与监督

第一百条 国务院和黄河流域县级以上地方人民政府应当加大对黄河流域生态保护和高质量发展的财政投入。

国务院和黄河流域省级人民政府按照中央与地方财政事权和支出责任划分原则,安排资金用于黄河流域生态保护和高质量发展。

国家支持设立黄河流域生态保护和高质量发展基金,专项用于黄河流域生态保护与修复、资源能源节约集约利用、战略性新兴产业培育、黄河文化保护传承弘扬等。

第一百零一条 国家实行有利于节水、节能、生态环境保护和资源综合利用的税收政策,鼓励发展绿色信贷、绿色债券、绿色保险等金融产品,为黄河流域生态保护和高质量发展提供支持。

国家在黄河流域建立有利于水、电、气等资源性产品节约集约利用的价格机制,对资源高消耗行业中的限制类项目,实行限制性价格政策。

第一百零二条 国家建立健全黄河流域生态保护补偿制度。

国家加大财政转移支付力度,对黄河流域生态功能重要区域予以补偿。具体办法由国务院财政部门会同国务院有关部门制定。

国家加强对黄河流域行政区域间生态保护补偿的统筹指导、协调,引导和支持黄河流域上下游、左右岸、干支流地方人民政府之间通过协商或者按照市场规则,采用资金补偿、产业扶持等多种形式开展横向生态保护补偿。

国家鼓励社会资金设立市场化运作的黄河流域生态保护补偿基金。国家支持在黄河流域开展用水权市场化交易。

第一百零三条 国家实行黄河流域生态保护和高质量发展责任制和考核评价制度。上级人民政府应当对下级人民政府水资源、水土保持强制性约束控制指标落实情况等生态保护和高质量发展目标完成情况进行考核。

第一百零四条 国务院有关部门、黄河流域县级以上地方人民政府有关部门、黄河流域管理机构及其所属管理机构、黄河流域生态环境监督管理机构按照职责分工,对黄河流域各类生产生活、开发建设等活动进行监督检查,依法查处违法行为,公开黄河保护工作相关信息,完善公众参与程序,为单位和个人参与和监督黄河保护工作提供便利。

单位和个人有权依法获取黄河保护工作相关信息,举报和控告违法行为。

第一百零五条 国务院有关部门、黄河流域县级以上地方人民政府及其有关部门、黄河流域管理机构及其所属管理机构、黄河流域生态环境监督管理机构应当加强黄河保护监督管理能力建设,提高科技化、信息化水平,建立执法协调机制,对跨行政区域、生态敏感区域以及重大违法案件,依法开展联合执法。

国家加强黄河流域司法保障建设,组织开展黄河流域司法协作,推进行政执法机关与司法机关协同配合,鼓励有关单位为黄河流域生态环境保护提供法律服务。

第一百零六条 国务院有关部门和黄河流域省级人民政府对黄河保护不力、问题突出、群众反映集中的地区,可以约谈该地区县级以上地方人民政府及其有关部门主要负责人,要求其采取措施及时整改。约谈和整改情况应当向社会公布。

第一百零七条 国务院应当定期向全国人民代表大会常务委员会报告黄河流域生态保护和高质量发展工作情况。

黄河流域县级以上地方人民政府应当定期向本级人民代表大会或者其常务委员会报告本级人民政府黄河流域生态保护和高质量发展工作情况。

第十章　法律责任

第一百零八条 国务院有关部门、黄河流域县级以上地方人民政府及其有关部门、黄河流域管理机构及其所属管理机构、黄河流域生态环境监督管理机构违反本法规定,有下列行为之一的,对直接负责的主管人员和其他直接责任人员依法给予警告、记过、记大过或者降级处分;造成严重后果的,给予撤职或者开除处分,其主要负责人应当引咎辞职:

(一)不符合行政许可条件准予行政许可;

(二)依法应当作出责令停业、关闭等决定而未作出;

(三)发现违法行为或者接到举报不依法查处;

(四)有其他玩忽职守、滥用职权、徇私舞弊行为。

第一百零九条 违反本法规定,有下列行为之一的,由地方人民政府生态环境、自然资源等主管部门按照职责分工,责令停止违法行为,限期拆除或者恢复原状,处五十万元以上五百万元以下罚款,对直接负责的主管人员和其他直接责任人员处五万元以上十万元以下罚款;逾期不拆除或者不恢复原状的,强制拆除或者代为恢复原状,所需费用由违法者承担;情节严重的,报经有批准权的人民政府批准,责令关闭:

(一)在黄河干支流岸线管控范围内新建、扩建化工园区或者化工项目;

(二)在黄河干流岸线或者重要支流岸线的管控范围内新建、改建、扩建尾矿库;

(三)违反生态环境准入清单规定进行生产建设活动。

第一百一十条 违反本法规定,在黄河流域禁止开垦坡度以上陡坡地开垦种植农作物的,由县级以上地方人民政府水行政主管部门或者黄河流域管理机构及其所属管理机构责令停止违法行为,采取退耕、恢复植被等补救措施;按照开垦面积,可以对单位处每平方米一百元以下罚款、对个人处每平方米二十元以下罚款。

违反本法规定,在黄河流域损坏、擅自占用淤地坝的,由县级以上地方人民政府水行政主管部门或者黄河流域管理机构及其所属管理机构责令停止违法行为,限期治理或者采取补救措施,处十万元以上一百万元以下罚款;逾期不治理或者不采取补救措施的,代为治理或者采取补救措施,所需费用由违法者承担。

违反本法规定,在黄河流域从事生产建设活动造成水土流失未进行治理,或者治理不符合国家规定的相关标准的,由县级以上地方人民政府水行政主管部门或者黄河流域管理机构及其所属管理机构责令限期治理,对单位处二万元以上二十万元以下罚款,对个人可以处二万元以下罚款;逾期不治理的,代为治理,所需费用由违法者承担。

第一百一十一条 违反本法规定,黄河干流、重要支流水工程未将生态用水调度纳入日常运行调度规程的,由有关主管部门按照职责分工,责令改正,给予警告,并处一万元以上十万元以下罚款;情节严重的,并处十万元以上五十万元以下罚款。

第一百一十二条 违反本法规定,禁渔期内在黄河流域重点水域从事天然渔业资源生产性捕捞的,由县级以上地方人民政府农业农村主管部门没收渔获物、违法所得以及用于违法活动的渔船、渔具和其他工具,并处一万元以上五万元以下罚款;采用电鱼、毒鱼、炸鱼等方式捕捞,或者有其他严重情节的,并处五万元以上五十万元以下罚款。

违反本法规定,在黄河流域开放水域养殖、投放外来物种或者其他非本地物种种质资源的,由县级以上地方人民政府农业农村主管部门责令限期捕回,处十万元以下罚款;造成严重后果的,处十万元以上一百万元以下罚款;逾期不捕回的,代为捕回或者采取降低负面影响的措施,所需费用由违法者承担。

违反本法规定,在三门峡、小浪底、故县、陆浑、河口村水库库区采用网箱、围网或者拦河拉网方式养殖,妨碍水沙调控和防洪的,由县级以上地方人民政府农业农村主管部门责令停止违法行为,拆除网箱、围网或者拦河拉网,处十万元以下罚款;造成严重后果的,处十万元以上一百万元以下罚款。

第一百一十三条 违反本法规定,未经批准擅自取水,或者未依照批准的取水许可规定条件取水的,由县级以上地方人民政府水行政主管部门或者黄河流域管理机构及其所属管理机构责令停止违法行为,限期采取补救措施,处五万元以上五十万元以下罚款;情节严重的,吊销取水许可证。

第一百一十四条 违反本法规定,黄河流域以及黄河流经省、自治区其他黄河供水区相关县级行政区域的用水单位用水超过强制性用水定额,未按照规定期限实施节水技术改造的,由县级以上地方人民政府水行政主管部门或者黄河流域管理机构及其所属管理机构责令限期整改,可以处十万元以下罚款;情节严重的,处十万元以上五十万元以下罚款,吊销取水许可证。

第一百一十五条 违反本法规定,黄河流域以及黄河流经省、自治区其他黄河供水区相关县级行政区域取水量达到取水规模以上的单位未安装在线计量设施的,由县级以上地方人民政府水行政主管部门或者黄河流域管理机构及其所属管理机构责令限期安装,并按照日最大取水能力计算的取水量计征相关费用,处二万元以上十万元以下罚款;情节严重的,处十万元以上五十万元以下罚款,吊销取水许可证。

违反本法规定,在线计量设施不合格或者运行不正常的,由县级以上地方人民政府水行政主管部门或者黄河流域管理机构及其所属管理机构责令限期更换或者修复;逾期不更换或者不修复的,按照日最大取水能力计算的取水量计征相关费用,处五万元以下罚款;情节严重的,吊销取水许可证。

第一百一十六条　违反本法规定,黄河流域农业灌溉取用深层地下水的,由县级以上地方人民政府水行政主管部门或者黄河流域管理机构及其所属管理机构责令限期整改,可以处十万元以下罚款;情节严重的,处十万元以上五十万元以下罚款,吊销取水许可证。

第一百一十七条　违反本法规定,黄河流域水库管理单位不执行黄河流域管理机构的水沙调度指令的,由黄河流域管理机构及其所属管理机构责令改正,给予警告,并处二万元以上十万元以下罚款;情节严重的,并处十万元以上五十万元以下罚款;对直接负责的主管人员和其他直接责任人员依法给予处分。

第一百一十八条　违反本法规定,有下列行为之一的,由县级以上地方人民政府水行政主管部门或者黄河流域管理机构及其所属管理机构责令停止违法行为,限期拆除违法建筑物、构筑物或者恢复原状,处五万元以上五十万元以下罚款;逾期不拆除或者不恢复原状的,强制拆除或者代为恢复原状,所需费用由违法者承担:

(一)在河道、湖泊管理范围内建设妨碍行洪的建筑物、构筑物或者从事影响河势稳定、危害河岸堤防安全和其他妨碍河道行洪的活动;

(二)违法利用、占用黄河流域河道、湖泊水域和岸线;

(三)建设跨河、穿河、穿堤、临河的工程设施,降低行洪和调蓄能力或者缩小水域面积,未建设等效替代工程或者采取其他功能补救措施;

(四)侵占黄河备用入海流路。

第一百一十九条　违反本法规定,在黄河流域破坏自然资源和生态、污染环境、妨碍防洪安全、破坏文化遗产等造成他人损害的,侵权人应当依法承担侵权责任。

违反本法规定,造成黄河流域生态环境损害的,国家规定的机关或者法律规定的组织有权请求侵权人承担修复责任、赔偿损失和相关费用。

第一百二十条　违反本法规定,构成犯罪的,依法追究刑事责任。

第十一章　附　则

第一百二十一条　本法下列用语的含义:

(一)黄河干流,是指黄河源头至黄河河口,流经青海省、四川省、甘肃省、宁夏回族自治区、内蒙古自治区、山西省、陕西省、河南省、山东省的黄河主河段(含入海流路);

(二)黄河支流,是指直接或者间接流入黄河干流的河流,支流可以分为一级支流、二级支流等;

(三)黄河重要支流,是指湟水、洮河、祖厉河、清水河、大黑河、皇甫川、窟野河、无定河、汾河、渭河、伊洛河、沁河、大汶河等一级支流;

(四)黄河滩区,是指黄河流域河道管理范围内具有行洪、滞洪、沉沙功能,由于历史原因形成的有群众居住、耕种的滩地。

第一百二十二条　本法自 2023 年 4 月 1 日起施行。

第二节 相关条例

一、《中华人民共和国防汛条例》

（1991 年 7 月 2 日中华人民共和国国务院令第 86 号公布；根据 2005 年 7 月 15 日《国务院关于修订〈中华人民共和国防汛条例〉的决定》第一次修订；根据 2011 年 1 月 8 日《国务院关于废止和修改部分行政法规的决定》第二次修订）

第一章 总 则

第一条 为了做好防汛抗洪工作，保障人民生命财产安全和经济建设的顺利进行，根据《中华人民共和国水法》，制定本条例。

第二条 在中华人民共和国境内进行防汛抗洪活动，适用本条例。

第三条 防汛工作实行"安全第一，常备不懈，以防为主，全力抢险"的方针，遵循团结协作和局部利益服从全局利益的原则。

第四条 防汛工作实行各级人民政府行政首长负责制，实行统一指挥，分级分部门负责。各有关部门实行防汛岗位责任制。

第五条 任何单位和个人都有参加防汛抗洪的义务。

中国人民解放军和武装警察部队是防汛抗洪的重要力量。

第二章 防汛组织

第六条 国务院设立国家防汛总指挥部，负责组织领导全国的防汛抗洪工作，其办事机构设在国务院水行政主管部门。

长江和黄河，可以设立由有关省、自治区、直辖市人民政府和该江河的流域管理机构（以下简称流域机构）负责人等组成的防汛指挥机构，负责指挥所辖范围的防汛抗洪工作，其办事机构设在流域机构。长江和黄河的重大防汛抗洪事项须经国家防汛总指挥部批准后执行。

国务院水行政主管部门所属的淮河、海河、珠江、松花江、辽河、太湖等流域机构，设立防汛办事机构，负责协调本流域的防汛日常工作。

第七条 有防汛任务的县级以上地方人民政府设立防汛指挥部，由有关部门、当地驻军、人民武装部负责人组成，由各级人民政府首长担任指挥。各级人民政府防汛指挥部在上级人民政府防汛指挥部和同级人民政府的领导下，执行上级防汛指令，制定各项防汛抗洪措施，统一指挥本地区的防汛抗洪工作。

各级人民政府防汛指挥部办事机构设在同级水行政主管部门；城市市区的防汛指挥部办事机构也可以设在城建主管部门，负责管理所辖范围的防汛日常工作。

第八条 石油、电力、邮电、铁路、公路、航运、工矿以及商业、物资等有防汛任务的部门和单位，汛期应当设立防汛机构，在有管辖权的人民政府防汛指挥部统一领导下，负责做好本行业和本单位的防汛工作。

第九条 河道管理机构、水利水电工程管理单位和江河沿岸在建工程的建设单位,必须加强对所辖水工程设施的管理维护,保证其安全正常运行,组织和参加防汛抗洪工作。

第十条 有防汛任务的地方人民政府应当组织以民兵为骨干的群众性防汛队伍,并责成有关部门将防汛队伍组成人员登记造册,明确各自的任务和责任。

河道管理机构和其他防洪工程管理单位可以结合平时的管理任务,组织本单位的防汛抢险队伍,作为紧急抢险的骨干力量。

第三章　防汛准备

第十一条 有防汛任务的县级以上人民政府,应当根据流域综合规划、防洪工程实际状况和国家规定的防洪标准,制定防御洪水方案(包括对特大洪水的处置措施)。

长江、黄河、淮河、海河的防御洪水方案,由国家防汛总指挥部制定,报国务院批准后施行;跨省、自治区、直辖市的其他江河的防御洪水方案,有关省、自治区、直辖市人民政府制定后,经有管辖权的流域机构审查同意,由省、自治区、直辖市人民政府报国务院或其授权的机构批准后施行。

有防汛抗洪任务的城市人民政府,应当根据流域综合规划和江河的防御洪水方案,制定本城市的防御洪水方案,报上级人民政府或其授权的机构批准后施行。

防御洪水方案经批准后,有关地方人民政府必须执行。

第十二条 有防汛任务的地方,应当根据经批准的防御洪水方案制定洪水调度方案。长江、黄河、淮河、海河(海河流域的永定河、大清河、漳卫南运河和北三河)、松花江、辽河、珠江和太湖流域的洪水调度方案,由有关流域机构会同有关省、自治区、直辖市人民政府制定,报国家防汛总指挥部批准。跨省、自治区、直辖市的其他江河的洪水调度方案,由有关流域机构会同有关省、自治区、直辖市人民政府制定,报流域防汛指挥机构批准;没有设立流域防汛指挥机构的,报国家防汛总指挥部批准。其他江河的洪水调度方案,由有管辖权的水行政主管部门会同有关地方人民政府制定,报有管辖权的防汛指挥机构批准。

洪水调度方案经批准后,有关地方人民政府必须执行。修改洪水调度方案,应当报经原批准机关批准。

第十三条 有防汛抗洪任务的企业应当根据所在流域或者地区经批准的防御洪水方案和洪水调度方案,规定本企业的防汛抗洪措施,在征得其所在地县级人民政府水行政主管部门同意后,由有管辖权的防汛指挥机构监督实施。

第十四条 水库、水电站、拦河闸坝等工程的管理部门,应当根据工程规划设计、经批准的防御洪水方案和洪水调度方案以及工程实际状况,在兴利服从防洪,保证安全的前提下,制定汛期调度运用计划,经上级主管部门审查批准后,报有管辖权的人民政府防汛指挥部备案,并接受其监督。

经国家防汛总指挥部认定的对防汛抗洪关系重大的水电站,其防洪库容的汛期调度运用计划经上级主管部门审查同意后,须经有管辖权的人民政府防汛指挥部批准。

汛期调度运用计划经批准后,由水库、水电站、拦河闸坝等工程的管理部门负责执行。

有防凌任务的江河,其上游水库在凌汛期间的下泄水量,必须征得有管辖权的人民政府防汛指挥部的同意,并接受其监督。

第十五条 各级防汛指挥部应当在汛前对各类防洪设施组织检查,发现影响防洪安全的问题,责成责任单位在规定的期限内处理,不得贻误防汛抗洪工作。

各有关部门和单位按照防汛指挥部的统一部署,对所管辖的防洪工程设施进行汛前检查后,必须将影响防洪安全的问题和处理措施报有管辖权的防汛指挥部和上级主管部门,并按照该防汛指挥部的要求予以处理。

第十六条 关于河道清障和对壅水、阻水严重的桥梁、引道、码头和其他跨河工程设施的改建或者拆除,按照《中华人民共和国河道管理条例》的规定执行。

第十七条 蓄滞洪区所在地的省级人民政府应当按照国务院的有关规定,组织有关部门和市、县,制定所管辖的蓄滞洪区的安全与建设规划,并予实施。

各级地方人民政府必须对所管辖的蓄滞洪区的通信、预报警报、避洪、撤退道路等安全设施,以及紧急撤离和救生的准备工作进行汛前检查,发现影响安全的问题,及时处理。

第十八条 山洪、泥石流易发地区,当地有关部门应当指定预防监测员及时监测。雨季到来之前,当地人民政府防汛指挥部应当组织有关单位进行安全检查,对险情征兆明显的地区,应当及时把群众撤离险区。

风暴潮易发地区,当地有关部门应当加强对水库、海堤、闸坝、高压电线等设施和房屋的安全检查,发现影响安全的问题,及时处理。

第十九条 地区之间在防汛抗洪方面发生的水事纠纷,由发生纠纷地区共同的上一级人民政府或其授权的主管部门处理。

前款所指人民政府或者部门在处理防汛抗洪方面的水事纠纷时,有权采取临时紧急处置措施,有关当事各方必须服从并贯彻执行。

第二十条 有防汛任务的地方人民政府应当建设和完善江河堤防、水库、蓄滞洪区等防洪设施,以及该地区的防汛通信、预报警报系统。

第二十一条 各级防汛指挥部应当储备一定数量的防汛抢险物资,由商业、供销、物资部门代储的,可以支付适当的保管费。受洪水威胁的单位和群众应当储备一定的防汛抢险物料。

防汛抢险所需的主要物资,由计划主管部门在年度计划中予以安排。

第二十二条 各级人民政府防汛指挥部汛前应当向有关单位和当地驻军介绍防御洪水方案,组织交流防汛抢险经验。有关方面汛期应当及时通报水情。

第四章 防汛与抢险

第二十三条 省级人民政府防汛指挥部,可以根据当地的洪水规律,规定汛期起止日期。当江河、湖泊、水库的水情接近保证水位或者安全流量时,或者防洪工程设施发生重大险情,情况紧急时,县级以上地方人民政府可以宣布进入紧急防汛期,并报告上级人民政府防汛指挥部。

第二十四条 防汛期内,各级防汛指挥部必须有负责人主持工作。有关责任人员必须坚守岗位,及时掌握汛情,并按照防御洪水方案和汛期调度运用计划进行调度。

第二十五条 在汛期,水利、电力、气象、海洋、农林等部门的水文站、雨量站,必须及时准确地向各级防汛指挥部提供实时水文信息;气象部门必须及时向各级防汛指挥部提供有关天气预报和实时气象信息;水文部门必须及时向各级防汛指挥部提供有关水文预报;海洋部门必须及时向沿海地区防汛指挥部提供风暴潮预报。

第二十六条 在汛期,河道、水库、闸坝、水运设施等水工程管理单位及其主管部门在执行汛期调度运用计划时,必须服从有管辖权的人民政府防汛指挥部的统一调度指挥或者监督。

在汛期,以发电为主的水库,其汛限水位以上的防洪库容以及洪水调度运用必须服从有管辖权的人民政府防汛指挥部的统一调度指挥。

第二十七条 在汛期,河道、水库、水电站、闸坝等水工程管理单位必须按照规定对水工程进行巡查,发现险情,必须立即采取抢护措施,并及时向防汛指挥部和上级主管部门报告。其他任何单位和个人发现水工程设施出现险情,应当立即向防汛指挥部和水工程管理单位报告。

第二十八条 在汛期,公路、铁路、航运、民航等部门应当及时运送防汛抢险人员和物资;电力部门应当保证防汛用电。

第二十九条 在汛期,电力调度通信设施必须服从防汛工作需要;邮电部门必须保证汛情和防汛指令的及时、准确传递,电视、广播、公路、铁路、航运、民航、公安、林业、石油等部门应当运用本部门的通信工具优先为防汛抗洪服务。

电视、广播、新闻单位应当根据人民政府防汛指挥部提供的汛情,及时向公众发布防汛信息。

第三十条 在紧急防汛期,地方人民政府防汛指挥部必须由人民政府负责人主持工作,组织动员本地区各有关单位和个人投入抗洪抢险。所有单位和个人必须听从指挥,承担人民政府防汛指挥部分配的抗洪抢险任务。

第三十一条 在紧急防汛期,公安部门应当按照人民政府防汛指挥部的要求,加强治安管理和安全保卫工作。必要时须由有关部门依法实行陆地和水面交通管制。

第三十二条 在紧急防汛期,为了防汛抢险需要,防汛指挥部有权在其管辖范围内,调用物资、设备、交通运输工具和人力,事后应当及时归还或者给予适当补偿。因抢险需要取土占地、砍伐林木、清除阻水障碍物的,任何单位和个人不得阻拦。

前款所指取土占地、砍伐林木的,事后应当依法向有关部门补办手续。

第三十三条 当河道水位或者流量达到规定的分洪、滞洪标准时,有管辖权的人民政府防汛指挥部有权根据经批准的分洪、滞洪方案,采取分洪、滞洪措施。采取上述措施对毗邻地区有危害的,须经有管辖权的上级防汛指挥机构批准,并事先通知有关地区。

在非常情况下,为保护国家确定的重点地区和大局安全,必须作出局部牺牲时,在报经有管辖权的上级人民政府防汛指挥部批准后,当地人民政府防汛指挥部可以采取非常紧急措施。

实施上述措施时,任何单位和个人不得阻拦,如遇到阻拦和拖延,有管辖权的人民政府有权组织强制实施。

第三十四条 当洪水威胁群众安全时,当地人民政府应当及时组织群众撤离至安全地带,并做好生活安排。

第三十五条 按照水的天然流势或者防洪、排涝工程的设计标准,或者经批准的运行方案下泄的洪水,下游地区不得设障阻水或者缩小河道的过水能力;上游地区不得擅自增大下泄流量。

　　未经有管辖权的人民政府或其授权的部门批准,任何单位和个人不得改变江河河势的自然控制点。

第五章　善后工作

　　第三十六条　在发生洪水灾害的地区,物资、商业、供销、农业、公路、铁路、航运、民航等部门应当做好抢险救灾物资的供应和运输;民政、卫生、教育等部门应当做好灾区群众的生活供给、医疗防疫、学校复课以及恢复生产等救灾工作;水利、电力、邮电、公路等部门应当做好所管辖的水毁工程的修复工作。

　　第三十七条　地方各级人民政府防汛指挥部,应当按照国家统计部门批准的洪涝灾害统计报表的要求,核实和统计所管辖范围的洪涝灾情,报上级主管部门和同级统计部门,有关单位和个人不得虚报、瞒报、伪造、篡改。

　　第三十八条　洪水灾害发生后,各级人民政府防汛指挥部应当积极组织和帮助灾区群众恢复和发展生产。修复水毁工程所需费用,应当优先列入有关主管部门年度建设计划。

第六章　防汛经费

　　第三十九条　由财政部门安排的防汛经费,按照分级管理的原则,分别列入中央财政和地方财政预算。

　　在汛期,有防汛任务的地区的单位和个人应当承担一定的防汛抢险的劳务和费用,具体办法由省、自治区、直辖市人民政府制定。

　　第四十条　防御特大洪水的经费管理,按照有关规定执行。

　　第四十一条　对蓄滞洪区,逐步推行洪水保险制度,具体办法另行制定。

第七章　奖励与处罚

　　第四十二条　有下列事迹之一的单位和个人,可以由县级以上人民政府给予表彰或者奖励:

　　(一)在执行抗洪抢险任务时,组织严密,指挥得当,防守得力,奋力抢险,出色完成任务者;

　　(二)坚持巡堤查险,遇到险情及时报告,奋力抗洪抢险,成绩显著者;

　　(三)在危险关头,组织群众保护国家和人民财产,抢救群众有功者;

　　(四)为防汛调度、抗洪抢险献计献策,效益显著者;

　　(五)气象、雨情、水情测报和预报准确及时,情报传递迅速,克服困难,抢测洪水,因而减轻重大洪水灾害者;

　　(六)及时供应防汛物料和工具,爱护防汛器材,节约经费开支,完成防汛抢险任务成绩显著者;

　　(七)有其他特殊贡献,成绩显著者。

第四十三条 有下列行为之一者,视情节和危害后果,由其所在单位或者上级主管机关给予行政处分;应当给予治安管理处罚的,依照《中华人民共和国治安管理处罚法》的规定处罚;构成犯罪的,依法追究刑事责任:

(一)拒不执行经批准的防御洪水方案、洪水调度方案,或者拒不执行有管辖权的防汛指挥机构的防汛调度方案或者防汛抢险指令的;

(二)玩忽职守,或者在防汛抢险的紧要关头临阵逃脱的;

(三)非法扒口决堤或者开闸的;

(四)挪用、盗窃、贪污防汛或者救灾的钱款或者物资的;

(五)阻碍防汛指挥机构工作人员依法执行职务的;

(六)盗窃、毁损或者破坏堤防、护岸、闸坝等水工程建筑物和防汛工程设施以及水文监测、测量设施、气象测报设施、河岸地质监测设施、通信照明设施的;

(七)其他危害防汛抢险工作的。

第四十四条 违反河道和水库大坝的安全管理,依照《中华人民共和国河道管理条例》和《水库大坝安全管理条例》的有关规定处理。

第四十五条 虚报、瞒报洪涝灾情,或者伪造、篡改洪涝灾害统计资料的,依照《中华人民共和国统计法》及其实施细则的有关规定处理。

第四十六条 当事人对行政处罚不服的,可以在接到处罚通知之日起15日内,向作出处罚决定机关的上一级机关申请复议;对复议决定不服的,可以在接到复议决定之日起15日内,向人民法院起诉。当事人也可以在接到处罚通知之日起15日内,直接向人民法院起诉。

当事人逾期不申请复议或者不向人民法院起诉,又不履行处罚决定的,由作出处罚决定的机关申请人民法院强制执行;在汛期,也可以由作出处罚决定的机关强制执行;对治安管理处罚不服的,依照《中华人民共和国治安管理处罚法》的规定办理。

当事人在申请复议或者诉讼期间,不停止行政处罚决定的执行。

第八章 附 则

第四十七条 省、自治区、直辖市人民政府,可以根据本条例的规定,结合本地区的实际情况,制定实施细则。

第四十八条 本条例由国务院水行政主管部门负责解释。

第四十九条 本条例自发布之日起施行。

二、《中华人民共和国河道管理条例》

(1988年6月10日中华人民共和国国务院令第3号发布;根据2011年1月8日《国务院关于废止和修改部分行政法规的决定》第一次修正;根据2017年3月1日《国务院关于修改和废止部分行政法规的决定》第二次修正;根据2017年10月7日《国务院关于修改部分行政法规的决定》第三次修正;根据2018年3月19日《国务院关于修改和废止部分行政法规的决定》第四次修正)

第一章　总　则

第一条　为加强河道管理,保障防洪安全,发挥江河湖泊的综合效益,根据《中华人民共和国水法》,制定本条例。

第二条　本条例适用于中华人民共和国领域内的河道(包括湖泊、人工水道,行洪区、蓄洪区、滞洪区)。

河道内的航道,同时适用《中华人民共和国航道管理条例》。

第三条　开发利用江河湖泊水资源和防治水害,应当全面规划、统筹兼顾、综合利用、讲求效益,服从防洪的总体安排,促进各项事业的发展。

第四条　国务院水利行政主管部门是全国河道的主管机关。

各省、自治区、直辖市的水利行政主管部门是该行政区域的河道主管机关。

第五条　国家对河道实行按水系统一管理和分级管理相结合的原则。

长江、黄河、淮河、海河、珠江、松花江、辽河等大江大河的主要河段,跨省、自治区、直辖市的重要河段,省、自治区、直辖市之间的边界河道以及国境边界河道,由国家授权的江河流域管理机构实施管理,或者由上述江河所在省、自治区、直辖市的河道主管机关根据流域统一规划实施管理。其他河道由省、自治区、直辖市或者市、县的河道主管机关实施管理。

第六条　河道划分等级。河道等级标准由国务院水利行政主管部门制定。

第七条　河道防汛和清障工作实行地方人民政府行政首长负责制。

第八条　各级人民政府河道主管机关以及河道监理人员,必须按照国家法律、法规,加强河道管理,执行供水计划和防洪调度命令,维护水工程和人民生命财产安全。

第九条　一切单位和个人都有保护河道堤防安全和参加防汛抢险的义务。

第二章　河道整治与建设

第十条　河道的整治与建设,应当服从流域综合规划,符合国家规定的防洪标准、通航标准和其他有关技术要求,维护堤防安全,保持河势稳定和行洪、航运通畅。

第十一条　修建开发水利、防治水害、整治河道的各类工程和跨河、穿河、穿堤、临河的桥梁、码头、道路、渡口、管道、缆线等建筑物及设施,建设单位必须按照河道管理权限,将工程建设方案报送河道主管机关审查同意。未经河道主管机关审查同意的,建设单位不得开工建设。

建设项目经批准后,建设单位应当将施工安排告知河道主管机关。

第十二条　修建桥梁、码头和其他设施,必须按照国家规定的防洪标准所确定的河宽进行,不得缩窄行洪通道。

桥梁和栈桥的梁底必须高于设计洪水位,并按照防洪和航运的要求,留有一定的超高。设计洪水位由河道主管机关根据防洪规划确定。

跨越河道的管道、线路的净空高度必须符合防洪和航运的要求。

第十三条　交通部门进行航道整治,应当符合防洪安全要求,并事先征求河道主管机关对有关设计和计划的意见。

水利部门进行河道整治,涉及航道的,应当兼顾航运的需要,并事先征求交通部门对有关设计和计划的意见。

在国家规定可以流放竹木的河流和重要的渔业水域进行河道、航道整治,建设单位应当兼顾竹木水运和渔业发展的需要,并事先将有关设计和计划送同级林业、渔业主管部门征求意见。

第十四条　堤防上已修建的涵闸、泵站和埋设的穿堤管道、缆线等建筑物及设施,河道主管机关应当定期检查,对不符合工程安全要求的,限期改建。

在堤防上新建前款所指建筑物及设施,应当服从河道主管机关的安全管理。

第十五条　确需利用堤顶或者戗台兼作公路的,须经县级以上地方人民政府河道主管机关批准。堤身和堤顶公路的管理和维护办法,由河道主管机关商交通部门制定。

第十六条　城镇建设和发展不得占用河道滩地。城镇规划的临河界限,由河道主管机关会同城镇规划等有关部门确定。沿河城镇在编制和审查城镇规划时,应当事先征求河道主管机关的意见。

第十七条　河道岸线的利用和建设,应当服从河道整治规划和航道整治规划。计划部门在审批利用河道岸线的建设项目时,应当事先征求河道主管机关的意见。

河道岸线的界限,由河道主管机关会同交通等有关部门报县级以上地方人民政府划定。

第十八条　河道清淤和加固堤防取土以及按照防洪规划进行河道整治需要占用的土地,由当地人民政府调剂解决。

因修建水库、整治河道所增加的可利用土地,属于国家所有,可以由县级以上人民政府用于移民安置和河道整治工程。

第十九条　省、自治区、直辖市以河道为边界的,在河道两岸外侧各10公里之内,以及跨省、自治区、直辖市的河道,未经有关各方达成协议或者国务院水利行政主管部门批准,禁止单方面修建排水、阻水、引水、蓄水工程以及河道整治工程。

第三章　河道保护

第二十条　有堤防的河道,其管理范围为两岸堤防之间的水域、沙洲、滩地(包括可耕地)、行洪区、两岸堤防及护堤地。

无堤防的河道,其管理范围根据历史最高洪水位或者设计洪水位确定。

河道的具体管理范围,由县级以上地方人民政府负责划定。

第二十一条　在河道管理范围内,水域和土地的利用应当符合江河行洪、输水和航运的要求;滩地的利用,应当由河道主管机关会同土地管理等有关部门制定规划,报县级以上地方人民政府批准后实施。

第二十二条　禁止损毁堤防、护岸、闸坝等水工程建筑物和防汛设施、水文监测和测量设施、河岸地质监测设施以及通信照明等设施。

在防汛抢险期间,无关人员和车辆不得上堤。

因降雨雪等造成堤顶泥泞期间,禁止车辆通行,但防汛抢险车辆除外。

第二十三条　禁止非管理人员操作河道上的涵闸闸门,禁止任何组织和个人干扰河道管理单位的正常工作。

第二十四条 在河道管理范围内,禁止修建围堤、阻水渠道、阻水道路;种植高秆农作物、芦苇、杞柳、荻柴和树木(堤防防护林除外);设置拦河渔具;弃置矿渣、石渣、煤灰、泥土、垃圾等。

在堤防和护堤地,禁止建房、放牧、开渠、打井、挖窖、葬坟、晒粮、存放物料、开采地下资源、进行考古发掘以及开展集市贸易活动。

第二十五条 在河道管理范围内进行下列活动,必须报经河道主管机关批准;涉及其他部门的,由河道主管机关会同有关部门批准:

(一)采砂、取土、淘金、弃置砂石或者淤泥;

(二)爆破、钻探、挖筑鱼塘;

(三)在河道滩地存放物料、修建厂房或者其他建筑设施;

(四)在河道滩地开采地下资源及进行考古发掘。

第二十六条 根据堤防的重要程度、堤基土质条件等,河道主管机关报经县级以上人民政府批准,可以在河道管理范围的相连地域划定堤防安全保护区。在堤防安全保护区内,禁止进行打井、钻探、爆破、挖筑鱼塘、采石、取土等危害堤防安全的活动。

第二十七条 禁止围湖造田。已经围垦的,应当按照国家规定的防洪标准进行治理,逐步退田还湖。湖泊的开发利用规划必须经河道主管机关审查同意。

禁止围垦河流,确需围垦的,必须经过科学论证,并经省级以上人民政府批准。

第二十八条 加强河道滩地、堤防和河岸的水土保持工作,防止水土流失、河道淤积。

第二十九条 江河的故道、旧堤、原有工程设施等,不得擅自填堵、占用或者拆毁。

第三十条 护堤护岸林木,由河道管理单位组织营造和管理,其他任何单位和个人不得侵占、砍伐或者破坏。

河道管理单位对护堤护岸林木进行抚育和更新性质的采伐及用于防汛抢险的采伐,根据国家有关规定免交育林基金。

第三十一条 在为保证堤岸安全需要限制航速的河段,河道主管机关应当会同交通部门设立限制航速的标志,通行的船舶不得超速行驶。

在汛期,船舶的行驶和停靠必须遵守防汛指挥部的规定。

第三十二条 山区河道有山体滑坡、崩岸、泥石流等自然灾害的河段,河道主管机关应当会同地质、交通等部门加强监测。在上述河段,禁止从事开山采石、采矿、开荒等危及山体稳定的活动。

第三十三条 在河道中流放竹木,不得影响行洪、航运和水工程安全,并服从当地河道主管机关的安全管理。

在汛期,河道主管机关有权对河道上的竹木和其他漂流物进行紧急处置。

第三十四条 向河道、湖泊排污的排污口的设置和扩大,排污单位在向环境保护部门申报之前,应当征得河道主管机关的同意。

第三十五条 在河道管理范围内,禁止堆放、倾倒、掩埋、排放污染水体的物体。禁止在河道内清洗装贮过油类或者有毒污染物的车辆、容器。

河道主管机关应当开展河道水质监测工作,协同环境保护部门对水污染防治实施监督管理。

第四章　河道清障

第三十六条　对河道管理范围内的阻水障碍物,按照"谁设障,谁清除"的原则,由河道主管机关提出清障计划和实施方案,由防汛指挥部责令设障者在规定的期限内清除。逾期不清除的,由防汛指挥部组织强行清除,并由设障者负担全部清障费用。

第三十七条　对壅水、阻水严重的桥梁、引道、码头和其他跨河工程设施,根据国家规定的防洪标准,由河道主管机关提出意见并报经人民政府批准,责成原建设单位在规定的期限内改建或者拆除。汛期影响防洪安全的,必须服从防汛指挥部的紧急处理决定。

第五章　经　费

第三十八条　河道堤防的防汛岁修费,按照分级管理的原则,分别由中央财政和地方财政负担,列入中央和地方年度财政预算。

第三十九条　受益范围明确的堤防、护岸、水闸、圩垸、海塘和排涝工程设施,河道主管机关可以向受益的工商企业等单位和农户收取河道工程修建维护管理费,其标准应当根据工程修建和维护管理费用确定。收费的具体标准和计收办法由省、自治区、直辖市人民政府制定。

第四十条　在河道管理范围内采砂、取土、淘金,必须按照经批准的范围和作业方式进行,并向河道主管机关缴纳管理费。收费的标准和计收办法由国务院水利行政主管部门会同国务院财政主管部门制定。

第四十一条　任何单位和个人,凡对堤防、护岸和其他水工程设施造成损坏或者造成河道淤积的,由责任者负责修复、清淤或者承担维修费用。

第四十二条　河道主管机关收取的各项费用,用于河道堤防工程的建设、管理、维修和设施的更新改造。结余资金可以连年结转使用,任何部门不得截取或者挪用。

第四十三条　河道两岸的城镇和农村,当地县级以上人民政府可以在汛期组织堤防保护区域内的单位和个人义务出工,对河道堤防工程进行维修和加固。

第六章　罚　则

第四十四条　违反本条例规定,有下列行为之一的,县级以上地方人民政府河道主管机关除责令其纠正违法行为、采取补救措施外,可以并处警告、罚款、没收非法所得;对有关责任人员,由其所在单位或者上级主管机关给予行政处分;构成犯罪的,依法追究刑事责任:

(一)在河道管理范围内弃置、堆放阻碍行洪物体的,种植阻碍行洪的林木或者高秆植物,修建围堤、阻水渠道、阻水道路的;

(二)在堤防、护堤地建房、放牧、开渠、打井、挖窖、葬坟、晒粮、存放物料、开采地下资源、进行考古发掘以及开展集市贸易活动的;

(三)未经批准或者不按照国家规定的防洪标准、工程安全标准整治河道或者修建水工程建筑物和其他设施的;

（四）未经批准或者不按照河道主管机关的规定在河道管理范围内采砂、取土、淘金、弃置砂石或者淤泥、爆破、钻探、挖筑鱼塘的；

（五）未经批准在河道滩地存放物料、修建厂房或者其他建筑设施，以及开采地下资源或者进行考古发掘的；

（六）违反本条例第二十七条的规定，围垦湖泊、河流的；

（七）擅自砍伐护堤护岸林木的；

（八）汛期违反防汛指挥部的规定或者指令的。

第四十五条 违反本条例规定，有下列行为之一的，县级以上地方人民政府河道主管机关除责令其纠正违法行为、赔偿损失、采取补救措施外，可以并处警告、罚款；应当给予治安管理处罚的，按照《中华人民共和国治安管理处罚法》的规定处罚；构成犯罪的，依法追究刑事责任：

（一）损毁堤防、护岸、闸坝、水工程建筑物，损毁防汛设施、水文监测和测量设施、河岸地质监测设施以及通信照明等设施；

（二）在堤防安全保护区内进行打井、钻探、爆破、挖筑鱼塘、采石、取土等危害堤防安全的活动的；

（三）非管理人员操作河道上的涵闸闸门或者干扰河道管理单位正常工作的。

第四十六条 当事人对行政处罚决定不服的，可以在接到处罚通知之日起 15 日内，向作出处罚决定的机关的上一级机关申请复议，对复议决定不服的，可以在接到复议决定之日起 15 日内，向人民法院起诉。当事人也可以在接到处罚通知之日起 15 日内，直接向人民法院起诉。当事人逾期不申请复议或者不向人民法院起诉又不履行处罚决定的，由作出处罚决定的机关申请人民法院强制执行。对治安管理处罚不服的，按照《中华人民共和国治安管理处罚法》的规定办理。

第四十七条 对违反本条例规定，造成国家、集体、个人经济损失的，受害方可以请求县级以上河道主管机关处理。受害方也可以直接向人民法院起诉。

当事人对河道主管机关的处理决定不服的，可以在接到通知之日起，15 日内向人民法院起诉。

第四十八条 河道主管机关的工作人员以及河道监理人员玩忽职守、滥用职权、徇私舞弊的，由其所在单位或者上级主管机关给予行政处分；对公共财产、国家和人民利益造成重大损失的，依法追究刑事责任。

第七章 附 则

第四十九条 各省、自治区、直辖市人民政府，可以根据本条例的规定，结合本地区的实际情况，制定实施办法。

第五十条 本条例由国务院水利行政主管部门负责解释。

第五十一条 本条例自发布之日起施行。

三、《中华人民共和国水文条例》

（2007 年 4 月 25 日中华人民共和国国务院令第 496 号公布；根据 2013 年 7 月 18 日

《国务院关于废止和修改部分行政法规的决定》第一次修正;根据 2016 年 2 月 6 日《国务院关于修改部分行政法规的决定》第二次修正;根据 2017 年 3 月 1 日《国务院关于修改和废止部分行政法规的决定》第三次修正)

第一章 总 则

第一条 为了加强水文管理,规范水文工作,为开发、利用、节约、保护水资源和防灾减灾服务,促进经济社会的可持续发展,根据《中华人民共和国水法》和《中华人民共和国防洪法》,制定本条例。

第二条 在中华人民共和国领域内从事水文站网规划与建设,水文监测与预报,水资源调查评价,水文监测资料汇交、保管与使用,水文设施与水文监测环境的保护等活动,应当遵守本条例。

第三条 水文事业是国民经济和社会发展的基础性公益事业。县级以上人民政府应当将水文事业纳入本级国民经济和社会发展规划,所需经费纳入本级财政预算,保障水文监测工作的正常开展,充分发挥水文工作在政府决策、经济社会发展和社会公众服务中的作用。

县级以上人民政府应当关心和支持少数民族地区、边远贫困地区和艰苦地区水文基础设施的建设和运行。

第四条 国务院水行政主管部门主管全国的水文工作,其直属的水文机构具体负责组织实施管理工作。

国务院水行政主管部门在国家确定的重要江河、湖泊设立的流域管理机构(以下简称流域管理机构),在所管辖范围内按照法律、本条例规定和国务院水行政主管部门规定的权限,组织实施管理有关水文工作。

省、自治区、直辖市人民政府水行政主管部门主管本行政区域内的水文工作,其直属的水文机构接受上级业务主管部门的指导,并在当地人民政府的领导下具体负责组织实施管理工作。

第五条 国家鼓励和支持水文科学技术的研究、推广和应用,保护水文科技成果,培养水文科技人才,加强水文国际合作与交流。

第六条 县级以上人民政府对在水文工作中做出突出贡献的单位和个人,按照国家有关规定给予表彰和奖励。

第七条 外国组织或者个人在中华人民共和国领域内从事水文活动的,应当经国务院水行政主管部门会同有关部门批准,并遵守中华人民共和国的法律、法规;在中华人民共和国与邻国交界的跨界河流上从事水文活动的,应当遵守中华人民共和国与相关国家缔结的有关条约、协定。

第二章 规划与建设

第八条 国务院水行政主管部门负责编制全国水文事业发展规划,在征求国务院有关部门意见后,报国务院或者其授权的部门批准实施。

流域管理机构根据全国水文事业发展规划编制流域水文事业发展规划,报国务院水行政主管部门批准实施。

省、自治区、直辖市人民政府水行政主管部门根据全国水文事业发展规划和流域水文事业发展规划编制本行政区域的水文事业发展规划，报本级人民政府批准实施，并报国务院水行政主管部门备案。

第九条 水文事业发展规划是开展水文工作的依据。修改水文事业发展规划，应当按照规划编制程序经原批准机关批准。

第十条 水文事业发展规划主要包括水文事业发展目标、水文站网建设、水文监测和情报预报设施建设、水文信息网络和业务系统建设以及保障措施等内容。

第十一条 国家对水文站网建设实行统一规划。水文站网建设应当坚持流域与区域相结合、区域服从流域，布局合理、防止重复，兼顾当前和长远需要的原则。

第十二条 水文站网的建设应当依据水文事业发展规划，按照国家固定资产投资项目建设程序组织实施。

为国家水利、水电等基础工程设施提供服务的水文站网的建设和运行管理经费，应当分别纳入工程建设概算和运行管理经费。

本条例所称水文站网，是指在流域或者区域内，由适当数量的各类水文测站构成的水文监测资料收集系统。

第十三条 国家对水文测站实行分类分级管理。

水文测站分为国家基本水文测站和专用水文测站。国家基本水文测站分为国家重要水文测站和一般水文测站。

第十四条 国家重要水文测站和流域管理机构管理的一般水文测站的设立和调整，由省、自治区、直辖市人民政府水行政主管部门或者流域管理机构报国务院水行政主管部门直属水文机构批准。其他一般水文测站的设立和调整，由省、自治区、直辖市人民政府水行政主管部门批准，报国务院水行政主管部门直属水文机构备案。

第十五条 设立专用水文测站，不得与国家基本水文测站重复；在国家基本水文测站覆盖的区域，确需设立专用水文测站的，应当按照管理权限报流域管理机构或者省、自治区、直辖市人民政府水行政主管部门直属水文机构批准。其中，因交通、航运、环境保护等需要设立专用水文测站的，有关主管部门批准前，应当征求流域管理机构或者省、自治区、直辖市人民政府水行政主管部门直属水文机构的意见。

撤销专用水文测站，应当报原批准机关批准。

第十六条 专用水文测站和从事水文活动的其他单位，应当接受水行政主管部门直属水文机构的行业管理。

第十七条 省、自治区、直辖市人民政府水行政主管部门管理的水文测站，对流域水资源管理和防灾减灾有重大作用的，业务上应当同时接受流域管理机构的指导和监督。

第三章 监测与预报

第十八条 从事水文监测活动应当遵守国家水文技术标准、规范和规程，保证监测质量。未经批准，不得中止水文监测。

国家水文技术标准、规范和规程，由国务院水行政主管部门会同国务院标准化行政主管部门制定。

第十九条 水文监测所使用的专用技术装备应当符合国务院水行政主管部门规定的技术要求。

水文监测所使用的计量器具应当依法经检定合格。水文监测所使用的计量器具的检定规程,由国务院水行政主管部门制定,报国务院计量行政主管部门备案。

第二十条 水文机构应当加强水资源的动态监测工作,发现被监测水体的水量、水质等情况发生变化可能危及用水安全的,应当加强跟踪监测和调查,及时将监测、调查情况和处理建议报所在地人民政府及其水行政主管部门;发现水质变化,可能发生突发性水体污染事件的,应当及时将监测、调查情况报所在地人民政府水行政主管部门和环境保护行政主管部门。

有关单位和个人对水资源动态监测工作应当予以配合。

第二十一条 承担水文情报预报任务的水文测站,应当及时、准确地向县级以上人民政府防汛抗旱指挥机构和水行政主管部门报告有关水文情报预报。

第二十二条 水文情报预报由县级以上人民政府防汛抗旱指挥机构、水行政主管部门或者水文机构按照规定权限向社会统一发布。禁止任何其他单位和个人向社会发布水文情报预报。

广播、电视、报纸和网络等新闻媒体,应当按照国家有关规定和防汛抗旱要求,及时播发、刊登水文情报预报,并标明发布机构和发布时间。

第二十三条 信息产业部门应当根据水文工作的需要,按照国家有关规定提供通信保障。

第二十四条 县级以上人民政府水行政主管部门应当根据经济社会的发展要求,会同有关部门组织相关单位开展水资源调查评价工作。

从事水文、水资源调查评价的单位,应当具备下列条件:

(一)具有法人资格和固定的工作场所;

(二)具有与所从事水文活动相适应的专业技术人员;

(三)具有与所从事水文活动相适应的专业技术装备;

(四)具有健全的管理制度;

(五)符合国务院水行政主管部门规定的其他条件。

第四章　资料的汇交保管与使用

第二十五条 国家对水文监测资料实行统一汇交制度。从事地表水和地下水资源、水量、水质监测的单位以及其他从事水文监测的单位,应当按照资料管理权限向有关水文机构汇交监测资料。

重要地下水源地、超采区的地下水资源监测资料和重要引(退)水口、在江河和湖泊设置的排污口、重要断面的监测资料,由从事水文监测的单位向流域管理机构或者省、自治区、直辖市人民政府水行政主管部门直属水文机构汇交。

取用水工程的取(退)水、蓄(泄)水资料,由取用水工程管理单位向工程所在地水文机构汇交。

第二十六条 国家建立水文监测资料共享制度。水文机构应当妥善存储和保管水文监测资料,根据国民经济建设和社会发展需要对水文监测资料进行加工整理形成水文监测成果,予以刊印。国务院水行政主管部门直属的水文机构应当建立国家水文数据库。

基本水文监测资料应当依法公开,水文监测资料属于国家秘密的,对其密级的确定、变更、解密以及对资料的使用、管理,依照国家有关规定执行。

第二十七条 编制重要规划、进行重点项目建设和水资源管理等使用的水文监测资料应当完整、可靠、一致。

第二十八条 国家机关决策和防灾减灾、国防建设、公共安全、环境保护等公益事业需要使用水文监测资料和成果的,应当无偿提供。

除前款规定的情形外,需要使用水文监测资料和成果的,按照国家有关规定收取费用,并实行收支两条线管理。

因经营性活动需要提供水文专项咨询服务的,当事人双方应当签订有偿服务合同,明确双方的权利和义务。

第五章 设施与监测环境保护

第二十九条 国家依法保护水文监测设施。任何单位和个人不得侵占、毁坏、擅自移动或者擅自使用水文监测设施,不得干扰水文监测。

国家基本水文测站因不可抗力遭受破坏的,所在地人民政府和有关水行政主管部门应当采取措施,组织力量修复,确保其正常运行。

第三十条 未经批准,任何单位和个人不得迁移国家基本水文测站;因重大工程建设确需迁移的,建设单位应当在建设项目立项前,报请对该站有管理权限的水行政主管部门批准,所需费用由建设单位承担。

第三十一条 国家依法保护水文监测环境。县级人民政府应当按照国务院水行政主管部门确定的标准划定水文监测环境保护范围,并在保护范围边界设立地面标志。

任何单位和个人都有保护水文监测环境的义务。

第三十二条 禁止在水文监测环境保护范围内从事下列活动:

(一)种植高秆作物、堆放物料、修建建筑物、停靠船只;

(二)取土、挖砂、采石、淘金、爆破和倾倒废弃物;

(三)在监测断面取水、排污或者在过河设备、气象观测场、监测断面的上空架设线路;

(四)其他对水文监测有影响的活动。

第三十三条 在国家基本水文测站上下游建设影响水文监测的工程,建设单位应当采取相应措施,在征得对该站有管理权限的水行政主管部门同意后方可建设。因工程建设致使水文测站改建的,所需费用由建设单位承担。

第三十四条 在通航河道中或者桥上进行水文监测作业时,应当依法设置警示标志。

第三十五条 水文机构依法取得的无线电频率使用权和通信线路使用权受国家保护。任何单位和个人不得挤占、干扰水文机构使用的无线电频率,不得破坏水文机构使用的通信线路。

第六章　法律责任

第三十六条　违反本条例规定,有下列行为之一的,对直接负责的主管人员和其他直接责任人员依法给予处分;构成犯罪的,依法追究刑事责任:

(一)错报水文监测信息造成严重经济损失的;

(二)汛期漏报、迟报水文监测信息的;

(三)擅自发布水文情报预报的;

(四)丢失、毁坏、伪造水文监测资料的;

(五)擅自转让、转借水文监测资料的;

(六)不依法履行职责的其他行为。

第三十七条　未经批准擅自设立水文测站或者未经同意擅自在国家基本水文测站上下游建设影响水文监测的工程的,责令停止违法行为,限期采取补救措施,补办有关手续;无法采取补救措施、逾期不补办或者补办未被批准的,责令限期拆除违法建筑物;逾期不拆除的,强行拆除,所需费用由违法单位或者个人承担。

第三十八条　不符合本条例第二十四条规定的条件从事水文活动的,责令停止违法行为,没收违法所得,并处 5 万元以上 10 万元以下罚款。

第三十九条　违反本条例规定,使用不符合规定的水文专用技术装备和水文计量器具的,责令限期改正。

第四十条　违反本条例规定,有下列行为之一的,责令停止违法行为,处 1 万元以上 5 万元以下罚款:

(一)拒不汇交水文监测资料的;

(二)非法向社会传播水文情报预报,造成严重经济损失和不良影响的。

第四十一条　违反本条例规定,侵占、毁坏水文监测设施或者未经批准擅自移动、擅自使用水文监测设施的,责令停止违法行为,限期恢复原状或者采取其他补救措施,可以处 5 万元以下罚款;构成违反治安管理行为的,依法给予治安管理处罚;构成犯罪的,依法追究刑事责任。

第四十二条　违反本条例规定,从事本条例第三十二条所列活动的,责令停止违法行为,限期恢复原状或者采取其他补救措施,可以处 1 万元以下罚款;构成违反治安管理行为的,依法给予治安管理处罚;构成犯罪的,依法追究刑事责任。

第四十三条　本条例规定的行政处罚,由县级以上人民政府水行政主管部门或者流域管理机构依据职权决定。

第七章　附　则

第四十四条　本条例中下列用语的含义是:

水文监测,是指通过水文站网对江河、湖泊、渠道、水库的水位、流量、水质、水温、泥沙、冰情、水下地形和地下水资源,以及降水量、蒸发量、墒情、风暴潮等实施监测,并进行分析和计算的活动。

水文测站,是指为收集水文监测资料在江河、湖泊、渠道、水库和流域内设立的各种水文观测场所的总称。

国家基本水文测站,是指为公益目的统一规划设立的对江河、湖泊、渠道、水库和流域基本水文要素进行长期连续观测的水文测站。

国家重要水文测站,是指对防灾减灾或者对流域和区域水资源管理等有重要作用的基本水文测站。

专用水文测站,是指为特定目的设立的水文测站。

基本水文监测资料,是指由国家基本水文测站监测并经过整编后的资料。

水文情报预报,是指对江河、湖泊、渠道、水库和其他水体的水文要素实时情况的报告和未来情况的预告。

水文监测设施,是指水文站房、水文缆道、测船、测船码头、监测场地、监测井、监测标志、专用道路、仪器设备、水文通信设施以及附属设施等。

水文监测环境,是指为确保监测到准确水文信息所必需的区域构成的立体空间。

第四十五条 中国人民解放军的水文工作,按照中央军事委员会的规定执行。

第四十六条 本条例自 2007 年 6 月 1 日起施行。

四、《黄河水量调度条例》

(2006 年 7 月 5 日国务院第 142 次常务会议通过;2006 年 7 月 24 日中华人民共和国国务院令第 472 号公布,自 2006 年 8 月 1 日起施行)

第一章 总 则

第一条 为加强黄河水量的统一调度,实现黄河水资源的可持续利用,促进黄河流域及相关地区经济社会发展和生态环境的改善,根据《中华人民共和国水法》,制定本条例。

第二条 黄河流域的青海省、四川省、甘肃省、宁夏回族自治区、内蒙古自治区、陕西省、山西省、河南省、山东省,以及国务院批准取用黄河水的河北省、天津市(以下称十一省区市)的黄河水量调度和管理,适用本条例。

第三条 国家对黄河水量实行统一调度,遵循总量控制、断面流量控制、分级管理、分级负责的原则。

实施黄河水量调度,应当首先满足城乡居民生活用水的需要,合理安排农业、工业、生态环境用水,防止黄河断流。

第四条 黄河水量调度计划、调度方案和调度指令的执行,实行地方人民政府行政首长负责制和黄河水利委员会及其所属管理机构以及水库主管部门或者单位主要领导负责制。

第五条 国务院水行政主管部门和国务院发展改革主管部门负责组织、协调、监督、指导黄河水量调度工作。

黄河水利委员会依照本条例的规定负责黄河水量调度的组织实施和监督检查工作。

有关县级以上地方人民政府水行政主管部门和黄河水利委员会所属管理机构,依照本条例的规定负责所辖范围内黄河水量调度的实施和监督检查工作。

第六条 在黄河水量调度工作中做出显著成绩的单位和个人,由有关县级以上人民政府或者有关部门给予奖励。

第二章　水量分配

第七条　黄河水量分配方案,由黄河水利委员会商十一省区市人民政府制订,经国务院发展改革主管部门和国务院水行政主管部门审查,报国务院批准。

国务院批准的黄河水量分配方案,是黄河水量调度的依据,有关地方人民政府和黄河水利委员会及其所属管理机构必须执行。

第八条　制订黄河水量分配方案,应当遵循下列原则:

(一)依据流域规划和水中长期供求规划;

(二)坚持计划用水、节约用水;

(三)充分考虑黄河流域水资源条件,取用水现状、供需情况及发展趋势,发挥黄河水资源的综合效益;

(四)统筹兼顾生活、生产、生态环境用水;

(五)正确处理上下游、左右岸的关系;

(六)科学确定河道输沙入海水量和可供水量。

前款所称可供水量,是指在黄河流域干、支流多年平均天然年径流量中,除必需的河道输沙入海水量外,可供城乡居民生活、农业、工业及河道外生态环境用水的最大水量。

第九条　黄河水量分配方案需要调整的,应当由黄河水利委员会商十一省区市人民政府提出方案,经国务院发展改革主管部门和国务院水行政主管部门审查,报国务院批准。

第三章　水量调度

第十条　黄河水量调度实行年度水量调度计划与月、旬水量调度方案和实时调度指令相结合的调度方式。

黄河水量调度年度为当年7月1日至次年6月30日。

第十一条　黄河干、支流的年度和月用水计划建议与水库运行计划建议,由十一省区市人民政府水行政主管部门和河南、山东黄河河务局以及水库管理单位,按照调度管理权限和规定的时间向黄河水利委员会申报。河南、山东黄河河务局申报黄河干流的用水计划建议时,应当商河南省、山东省人民政府水行政主管部门。

第十二条　年度水量调度计划由黄河水利委员会商十一省区市人民政府水行政主管部门和河南、山东黄河河务局以及水库管理单位制订,报国务院水行政主管部门批准并下达,同时抄送国务院发展改革主管部门。

经批准的年度水量调度计划,是确定月、旬水量调度方案和年度黄河干、支流用水量控制指标的依据。年度水量调度计划应当纳入本级国民经济和社会发展年度计划。

第十三条　年度水量调度计划,应当依据经批准的黄河水量分配方案和年度预测来水量、水库蓄水量,按照同比例丰增枯减、多年调节水库蓄丰补枯的原则,在综合平衡申报的年度用水计划建议和水库运行计划建议的基础上制订。

第十四条　黄河水利委员会应当根据经批准的年度水量调度计划和申报的月用水计

划建议、水库运行计划建议,制订并下达月水量调度方案;用水高峰时,应当根据需要制订并下达旬水量调度方案。

第十五条 黄河水利委员会根据实时水情、雨情、旱情、墒情、水库蓄水量及用水情况,可以对已下达的月、旬水量调度方案作出调整,下达实时调度指令。

第十六条 青海省、四川省、甘肃省、宁夏回族自治区、内蒙古自治区、陕西省、山西省境内黄河干、支流的水量,分别由各省级人民政府水行政主管部门负责调度;河南省、山东省境内黄河干流的水量,分别由河南、山东黄河河务局负责调度,支流的水量,分别由河南省、山东省人民政府水行政主管部门负责调度;调入河北省、天津市的黄河水量,分别由河北省、天津市人民政府水行政主管部门负责调度。

市、县级人民政府水行政主管部门和黄河水利委员会所属管理机构,负责所辖范围内分配水量的调度。

实施黄河水量调度,必须遵守经批准的年度水量调度计划和下达的月、旬水量调度方案以及实时调度指令。

第十七条 龙羊峡、刘家峡、万家寨、三门峡、小浪底、西霞院、故县、东平湖等水库,由黄河水利委员会组织实施水量调度,下达月、旬水量调度方案及实时调度指令;必要时,黄河水利委员会可以对大峡、沙坡头、青铜峡、三盛公、陆浑等水库组织实施水量调度,下达实时调度指令。

水库主管部门或者单位具体负责实施所辖水库的水量调度,并按照水量调度指令做好发电计划的安排。

第十八条 黄河水量调度实行水文断面流量控制。黄河干流水文断面的流量控制指标,由黄河水利委员会规定;重要支流水文断面及其流量控制指标,由黄河水利委员会会同黄河流域有关省、自治区人民政府水行政主管部门规定。

青海省、甘肃省、宁夏回族自治区、内蒙古自治区、河南省、山东省人民政府,分别负责并确保循化、下河沿、石嘴山、头道拐、高村、利津水文断面的下泄流量符合规定的控制指标;陕西省和山西省人民政府共同负责并确保潼关水文断面的下泄流量符合规定的控制指标。

龙羊峡、刘家峡、万家寨、三门峡、小浪底水库的主管部门或者单位,分别负责并确保贵德、小川、万家寨、三门峡、小浪底水文断面的出库流量符合规定的控制指标。

第十九条 黄河干、支流省际或者重要控制断面和出库流量控制断面的下泄流量以国家设立的水文站监测数据为依据。对水文监测数据有争议的,以黄河水利委员会确认的水文监测数据为准。

第二十条 需要在年度水量调度计划外使用其他省、自治区、直辖市计划内水量分配指标的,应当向黄河水利委员会提出申请,由黄河水利委员会组织有关各方在协商一致的基础上提出方案,报国务院水行政主管部门批准后组织实施。

第四章 应急调度

第二十一条 出现严重干旱、省际或者重要控制断面流量降至预警流量、水库运行故障、重大水污染事故等情况,可能造成供水危机、黄河断流时,黄河水利委员会应当组织实施应急调度。

第二十二条 黄河水利委员会应当商十一省区市人民政府以及水库主管部门或者单位,制订旱情紧急情况下的水量调度预案,经国务院水行政主管部门审查,报国务院或者国务院授权的部门批准。

第二十三条 十一省区市人民政府水行政主管部门和河南、山东黄河河务局以及水库管理单位,应当根据经批准的旱情紧急情况下的水量调度预案,制订实施方案,并抄送黄河水利委员会。

第二十四条 出现旱情紧急情况时,经国务院水行政主管部门同意,由黄河水利委员会组织实施旱情紧急情况下的水量调度预案,并及时调整取水及水库出库流量控制指标;必要时,可以对黄河流域有关省、自治区主要取水口实行直接调度。

县级以上地方人民政府、水库管理单位应当按照旱情紧急情况下的水量调度预案及其实施方案,合理安排用水计划,确保省际或者重要控制断面和出库流量控制断面的下泄流量符合规定的控制指标。

第二十五条 出现旱情紧急情况时,十一省区市人民政府水行政主管部门和河南、山东黄河河务局以及水库管理单位,应当每日向黄河水利委员会报送取(退)水及水库蓄(泄)水情况。

第二十六条 出现省际或者重要控制断面流量降至预警流量、水库运行故障以及重大水污染事故等情况时,黄河水利委员会及其所属管理机构、有关省级人民政府及其水行政主管部门和环境保护主管部门以及水库管理单位,应当根据需要,按照规定的权限和职责,及时采取压减取水量直至关闭取水口、实施水库应急泄流方案、加强水文监测、对排污企业实行限产或者停产等处置措施,有关部门和单位必须服从。

省际或者重要控制断面的预警流量,由黄河水利委员会确定。

第二十七条 实施应急调度,需要动用水库死库容的,由黄河水利委员会商有关水库主管部门或者单位,制订动用水库死库容的水量调度方案,经国务院水行政主管部门审查,报国务院或者国务院授权的部门批准实施。

第五章 监督管理

第二十八条 黄河水利委员会及其所属管理机构和县级以上地方人民政府水行政主管部门应当加强对所辖范围内水量调度执行情况的监督检查。

第二十九条 十一省区市人民政府水行政主管部门和河南、山东黄河河务局,应当按照国务院水行政主管部门规定的时间,向黄河水利委员会报送所辖范围内取(退)水量报表。

第三十条 黄河水量调度文书格式,由黄河水利委员会编制、公布,并报国务院水行政主管部门备案。

第三十一条 黄河水利委员会应当定期将黄河水量调度执行情况向十一省区市人民政府水行政主管部门以及水库主管部门或者单位通报,并及时向社会公告。

第三十二条 黄河水利委员会及其所属管理机构、县级以上地方人民政府水行政主管部门,应当在各自的职责范围内实施巡回监督检查,在用水高峰时对主要取(退)水口实施重点监督检查,在特殊情况下对有关河段、水库、主要取(退)水口进行驻守监督检查;发现重点污染物排放总量超过控制指标或者水体严重污染时,应当及时通报有关人民政府环境保护主管部门。

第三十三条 黄河水利委员会及其所属管理机构、县级以上地方人民政府水行政主管部门实施监督检查时,有权采取下列措施:

(一)要求被检查单位提供有关文件和资料,进行查阅或者复制;

(二)要求被检查单位就执行本条例的有关问题进行说明;

(三)进入被检查单位生产场所进行现场检查;

(四)对取(退)水量进行现场监测;

(五)责令被检查单位纠正违反本条例的行为。

第三十四条 监督检查人员在履行监督检查职责时,应当向被检查单位或者个人出示执法证件,被检查单位或者个人应当接受和配合监督检查工作,不得拒绝或者妨碍监督检查人员依法执行公务。

第六章 法律责任

第三十五条 违反本条例规定,有下列行为之一的,对负有责任的主管人员和其他直接责任人员,由其上级主管部门、单位或者监察机关依法给予处分:

(一)不制订年度水量调度计划的;

(二)不及时下达月、旬水量调度方案的;

(三)不制订旱情紧急情况下的水量调度预案及其实施方案和动用水库死库容水量调度方案的。

第三十六条 违反本条例规定,有下列行为之一的,对负有责任的主管人员和其他直接责任人员,由其上级主管部门、单位或者监察机关依法给予处分;造成严重后果,构成犯罪的,依法追究刑事责任:

(一)不执行年度水量调度计划和下达的月、旬水量调度方案以及实时调度指令的;

(二)不执行旱情紧急情况下的水量调度预案及其实施方案、水量调度应急处置措施和动用水库死库容水量调度方案的;

(三)不履行监督检查职责或者发现违法行为不予查处的;

(四)其他滥用职权、玩忽职守等违法行为。

第三十七条 省际或者重要控制断面下泄流量不符合规定的控制指标的,由黄河水利委员会予以通报,责令限期改正;逾期不改正的,按照控制断面下泄流量的缺水量,在下一调度时段加倍扣除;对控制断面下游水量调度产生严重影响或者造成其他严重后果的,本年度不再新增该省、自治区的取水工程项目。对负有责任的主管人员和其他直接责任人员,由其上级主管部门、单位或者监察机关依法给予处分。

第三十八条 水库出库流量控制断面的下泄流量不符合规定的控制指标,对控制断面下游水量调度产生严重影响的,对负有责任的主管人员和其他直接责任人员,由其上级主管部门、单位或者监察机关依法给予处分。

第三十九条 违反本条例规定,有关用水单位或者水库管理单位有下列行为之一的,由县级以上地方人民政府水行政主管部门或者黄河水利委员会及其所属管理机构按照管理权限,责令停止违法行为,给予警告,限期采取补救措施,并处 2 万元以上 10 万元以下罚款;对负有责任的主管人员和其他直接责任人员,由其上级主管部门、单位或者监察机关依法给予处分:

(一)虚假填报或者篡改上报的水文监测数据、取用水量数据或者水库运行情况等资料的;

(二)水库管理单位不执行水量调度方案和实时调度指令的;

(三)超计划取用水的。

第四十条　违反本条例规定,有下列行为之一的,由公安机关依法给予治安管理处罚;构成犯罪的,依法追究刑事责任:

(一)妨碍、阻挠监督检查人员或者取用水工程管理人员依法执行公务的;

(二)在水量调度中煽动群众闹事的。

第七章　附　则

第四十一条　黄河水量调度中,有关用水计划建议和水库运行计划建议申报时间,年度水量调度计划制订、下达时间,月、旬水量调度方案下达时间,取(退)水水量报表报送时间等,由国务院水行政主管部门规定。

第四十二条　在黄河水量调度中涉及水资源保护、防洪、防凌和水污染防治的,依照《中华人民共和国水法》《中华人民共和国防洪法》和《中华人民共和国水污染防治法》的有关规定执行。

第四十三条　本条例自 2006 年 8 月 1 日起施行。

第三节　相关技术标准简介

一、《降水量观测规范》(SL 21—2015)

《降水量观测规范》(SL 21—2015))是为统一降水量的观测技术,提高降水量观测资料质量制定的水利行业标准。《降水量观测规范》(SL 21—2015)适用于基本雨量站的降水量观测,专用雨量站可参照执行。

《降水量观测规范》(SL 21—2015)共有 9 章和 7 个附录,正文主要内容包括范围、规范性引用文件、术语与定义、总则、观测场地、仪器与安装、人工雨量器观测、自记雨量计观测、降水量资料整理等内容。附录主要包括附录 A 降水量观测误差、附录 B 雨量站考证簿、附录 C 降水量观测仪器、附录 D 地面雨量器(计)与防风圈安装、附录 E 降水量人工观测记载簿、附录 F 雨量站检查维护情况记录表、附录 G 虹吸式雨量计记录订正等内容。

二、《水面蒸发观测规范》(SL 630—2013)

《水面蒸发观测规范》(SL 630—2013)是为统一全国蒸发观测方法、观测仪器、资料整编的技术要求,保证水面蒸发观测成果的质量而制定的水利行业标准。《水面蒸发观测规范》(SL 630—2013)适用于防汛抗旱、工程建设、水资源管理及科学研究等方面收集蒸发基本资料的水面蒸发观测。

《水面蒸发观测规范》(SL 630—2013)共有 6 章和 5 个附录,正文主要内容有总则、蒸发站布设与观测场地、蒸发仪器与安装、水面蒸发观测、蒸发自动观测、水面蒸发资料的计算与整理等。附录主要包括附录 A 蒸发站考证簿编制说明、附录 B 水面蒸发观测记载簿的格式及填制说明、附录 C 蒸发器的维护、附录 D 水面蒸发量观测误差、附录 E 漂浮水面蒸发场的设置和观测等内容。

三、《水位观测标准》(GB/T 50138—2010)

《水位观测标准》(GB/T 50138—2010)是为统一全国水位站布设、水位观测设施设备的建设与管理、水位的观测与数据处理等方面的技术要求,保证水位观测成果的质量而制定的国家标准。《水位观测标准》(GB/T 50138—2010)适用于河流、湖泊、水渠、海滨、感潮河段等水域的水位观测。

《水位观测标准》(CB/T 50138—2010)共有 8 章和 5 个附录,正文主要内容包括总则、水位站、水位观测基本设施布设、水位观测设备、水位的人工观测、水位的自动监测、水位观测结果的计算与订正、水位观测的误差控制等。附录主要包括附录 A 水准标识的型式与埋设、附录 B 纸介质模拟自记水位计、附录 C 报表的编制、附录 D 弧形闸门开启高度的换算、附录 E 水位观测不确定度的估算等内容。

四、《河流流量测验规范》(GB 50179—2015)

《河流流量测验规范》(GB 50179—2015)是为统一全国河流流量测验方法与分析计算等方面的技术要求,保证流量测验成果质量而制定的国家标准。《河流流量测验规范》(GB 50179—2015)适用于天然河流湖泊、水库、人工河渠潮汐影响和水工程影响河段的流量测验。《河流流量测验规范》(GB 50179—2015)明确规定使用新的流量测验技术,应采用本规范推荐的流量测验方法进行比测试验,并进行成果精度评定;多线多点流速仪法的流量测验成果可作为率定或校核其他测流方法的标准。

《河流流量测验规范》(GB 50179—2015)共分 6 章和 5 个附录,正文主要内容包括总则、测验河段的选择和断面设立、断面测量、水位级划分与流量测验方式方法、流量测验成果检查和分析、流量测验成果精度评定等。附录主要包括附录 A 基本水文站精度类别划分方法、附录 B 流速仪法、附录 C 浮标法、附录 D 流量测验表格式及填制说明、附录 E 偏角改正表等内容。

五、《河流悬移质泥沙测验规范》(GB/T 50159—2015)

《河流悬移质泥沙测验规范》(GB/T 50159—2015)是为统一河流悬移质输沙率、含沙量和颗粒级配测验的方法和要求,保证测验成果质量,做到技术先进、经济合理,更好地适应国民经济建设和社会发展对泥沙测验的需求而制定的国家标准。《河流悬移质泥沙测验规范》(GB/T 50159—2015)适用于国家基本站、实验站和专用站开展河流悬移质泥沙基本观测或专项观测,也适用于水文调查中的悬移质泥沙测验。《河流悬移质泥沙测验规范》(GB/T 50159—2015)明确规定采用新的悬移质泥沙测验方法或使用新的测沙仪器,均应进行误差试验或比测试验,并进行成果精度评定;采用本规范所规定的各项精度时,应选择具有代表性的测站长期收集、积累试验资料进行检验。

《河流悬移质泥沙测验规范》(GB/T 50159—2015)共分 9 章和 4 个附录,正文主要包括总则,仪器选择及技术要求,悬移质输沙率及颗粒级配测验,单沙与单颗测验,高含沙水流条件下的泥沙测验,悬移质水样处理,悬移质泥沙测验资料的计算、检查与分析,悬移质泥沙测验方式选择与测验方法的试验分析,悬移质泥沙测验不确定度估算等内容。附录主要包括附录 A 悬移质水样处理设备及操作方法(包括分沙器设备及其操作方法、比重瓶检定方法、泥沙密度测定方法、过滤泥沙的操作方法)、附录 B 悬移质泥沙测验记录记载表格式及填制说明、附录 C 悬移质泥沙测验计量单位及有效数字、附录 D 高含沙水流流变特性试验方法等内容。

六、《地下水监测工程技术规范)(GB/T 51040—2014)

《地下水监测工程技术规范》(GB/T 51040—2014)是为规范和促进地下水监测工作开展,统一地下水监测技术标准,保障地下水监测工作,为地下水资源的开发、利用、配置、节约、保护、管理和其他各项社会公益事业提供科学依据而制定的国家标准。《地下水监测工程技术规范》(GB/T 51040—2014)适用于地下水监测站的规划、建设、测验、资料整编、信息系统建设和信息服务等方面的技术工作

《地下水监测工程技术规范》(GB/T 51040—2014)共分 9 章和 5 个附录,正文主要包括总则、术语、站网规划与布设、监测站建设与管理、自动监测系统建设、信息监测、地下水实验站、资料整编、信息服务系统等内容。附录主要包括附录 A 地下水监测站基本情况表式样及填表说明、附录 B 地下水监测原始记载表式样及填表说明、附录 C 地下水监测资料整编成果表式样及填表说明、附录 D 地下水基本监测站分布图编制说明、附录 E 标识符索引等内容。

七、《土壤墒情监测规范》(SL 364—2015)

《土壤墒情监测规范》(SL 364—2015)是水利行业标准,适用于水利行业土壤墒情监测工作。

《土壤墒情监测规范》(SL 364—2015)共分 10 章和 7 个附录,正文包括范围、规范性引用文件、术语和定义、总则、站网布设、监测站查勘与调查、土壤墒情监测一般规定、土壤含水量监测步骤与要求、土壤墒情自动测报系统建设要求、资料整编等内容。附录主要包括附录 A 说明表及位置图、附录 B 土壤干容重测定方法、附录 C 田间持水量测定方法、附录 D 监测记录表、附录 E 信息采集系统、附录 F 土壤水分自动监测仪器率定与比测方法、附录 G 土壤含水量相关要素计算公式等内容。

八、《河流冰情观测规范》(SL 59—2015)

《河流冰情观测规范》(SL 59—2015)是为统一全国河流冰情观测技术要求,提高观

测成果质量而制定的水利行业标准。《河流冰情观测规范》(SL 59—2015)适用于受结冰影响的河流、湖泊、水库、渠道的基本站、专用站、实验站和辅助站(断面)的冰情观测。

《河流冰情观测规范》(SL 59—2015)共分 11 章和 7 个附录,正文主要内容包括范围、规范性引用文件、术语和定义、总则、冰情目测、冰情图测绘、冰厚测量、冰流量测验、冰塞、冰坝观测、水内冰观测、冰情资料等。附录主要包括附录 A 冰情现象、附录 B 报表格式及填制说明、附录 C 冰情符号、附录 D 冰情要素单位和有效数字、附录 E 冰情观测仪器设备、附录 F 冰流量要素测验、附录 G 冰坝特征观测与计算方法等内容。

九、《水文测量规范》(SL 58—2014)

《水文测量规范》(SL 58—2014)是为统一水文测量中高程测量、断面测量和地形测量的技术标准,适应水文测量技术发展,保证水文测量成果质量而制定的水利行业标准。《水文测量规范》(SL 58—2014)适用于水文站网建设,水文测险,水文调查的三、四等高程测量,河道断面测量及地形测量。《水文测量规范》(SL 58—2014)明确规定以中误差或限差作为衡量测量精度的指标,以 2 倍中误差作为限差;采用先进测量仪器和新测绘技术时,精度不应低于本标准相应的要求。

《水文测量规范》(SL 58—2014)共 4 章和 2 个附录,正文主要内容有总则、高程测量、断面测量、地形测量等。附录主要包括附录 A 水尺零点高程测量记载表与填制说明、附录 B 断面测量记载表等内容。

十、《水文资料整编规范)(SL/T 247—2020)

《水文资料整编规范》(SL/T 247—2020)是为统一全国水文资料的整编内容和技术要求,适应水文资料整编技术的发展,提高水文资料成果质量而制定的水利行业标准。《水文资料整编规范》(SL/T 247—2012)适用于全国各类水文、水位、降水、蒸发站的水文资料整编。《水文资料整编规范》(SL/T 247—2020)明确规定水文资料应逐年进行整编、审查复审等;对于水文资料整编的新技术和新方法,应与用其他方法整编并行一年,并经综合检验符合本规范精度要求,报复审汇编单位批准后方可正式投产使用。

《水文资料整编规范》(SL/T 247—2020)共分 8 章和 4 个附录,正文主要内容包括总则、整编工作阶段及质量、整编内容与定线精度、整编方法、数据结构与文件名、资料审查、资料复审、存储等。附录主要包括附录 A 水文资料整编要素编制说明、附录 B 整编成果表样等内容。

十一、《水文情报预报规范》(GB/T 22482—2008)

《水文情报预报规范》(GB/T 22482—2008)是为了统一全国水文情报、洪水预报以及其他水文情报预报服务而制定的国家标准。《水文情报预报规范》(GB/T 22482—2008)适用于中华人民共和国领域内的水文情报预报工作和相关活动。

《水文情报预报规范》(GB/T 22482—2008)共分 8 章,主要包括范围、规范性引用文件、术语和定义、总则、水文情报、洪水预报、其他水文预报、水文情报预报服务等内容。

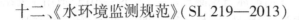

十二、《水环境监测规范》(SL 219—2013)

《水环境监测规范》(SL 219—2013)是为规范水环境与水生态监测工作,保证监测成果的客观公正性、系统性和科学性而制定的水利行业标准。《水环境监测规范》(SL 219—2013)适用于水环境与水生态监测,不适用于海洋水体监测。

《水环境监测规范》(SL 219—2013)共分12章和5个附录,正文主要包括总则、监测站网、地表水监测、地下水监测、大气降水监测、水体沉降物监测、水生态调查与监测、入河排污口调查与监测、应急监测、移动监测与自动监测、实验室质量保证与质量控制、数据记录处理与资料整汇编等内容。附录主要包括附录 A 分析精密度和准确度允许差、附录 B 沉降物样品预处理方法、附录 C 数据上报整汇编表、附录 D 监测资料整汇编成果图表式样及填制说明、附录 E 水质年鉴刊印规定等内容。

十三、《水文调查规范》(SL 196—2015)

《水文调查规范》(SL 196—2015)是为统一水文调查方法和技术要求,明确水文调查的工作内容,弥补水文站网定位观测的局限性,扩大水文资料收集范围,增强水文资料的完整性、一致性,或其他特定目的而制定的水利行业标准。《水文调查规范》(SL 196—2015)适用于水文测站面上调查、流域或区域专项水文调查。

《水文调查规范》(SL 196—2015)共分9章和5个附录,正文主要内容包括范围、规范性引用文件、术语和定义、总则、流域基本情况调查、水量调查、暴雨和洪水调查、枯水和旱情调查、专项调查等。附录主要包括附录 A 水文调查报告的编写,附录 B 各分项水量的调查与计算,附录 C 暴雨、洪水调查资料整理与计算,附录 D 水库、淤地坝淤积量测算方法,附录 E 泥石流调查表等内容。

十四、《水文站网规划技术导则》(SL 34—2013)

《水文站网规划技术导则》(SL 34—2013)是为统一全国水文站网规划技术要求,发挥站网的整体功能,提高水文站网的社会效益和经济效益,更好地适应国民经济建设和社会发展对水文站网布设的需求而制定的水利行业标准。《水文站网规划技术导则》(SL 34—2013)适用于河流、湖泊、水库、人工河渠及其流域内(含地下水体)以及海滨水文站网的规划与调整。《水文站网规划技术导则》(SL 34—2013)明确规定全国水文站网应实行统一规划。编制水文站网规划,应依据国民经济和社会发展需要,遵循流域与区域相结合、区域服从流域,布局科学、密度合理、功能齐全、结构优化,经济高效,适度超前的原则。

《水文站网规划技术导则》(SL 34—2013)共分12章,正文主要有总则、基本规定、流量站网、水位站网、泥沙站网、降水量站网、水面蒸发站网、地下水站网、水质站网、墒情站网、实验站、专用站等内容。

参 考 文 献

[1] 王建平,薛华.黄河概说[M].郑州:黄河水利出版社,2008.

[2] 胡四一,王浩.中国水资源[M].郑州:黄河水利出版社,2016.

[3] 张纯成.生态环境与黄河文明[M].上海:上海人民出版社,2010.

[4] 常云昆.黄河断流与黄河水权制度研究[M].北京:中国社会科学出版社,2001.

[5] 陈卫芳,张雨,张冬,等.黄河水文水资源综合管理实践研究[M].天津:天津科学技术出版社,2021.

[6] 赵志贡,荣晓明,菅浩然,等.水文测验学[M].郑州:黄河水利出版社,2017.

[7] 陈秀娟,赵化云.黄河水资源管理与利用[M].济南:山东省地图出版社,2009.

[8] 李福军,高源,张佳,等.基于可持续发展下的黄河水资源管理与生态文明建设研究[M].天津:天津科学技术出版社,2021.

[9] 苗长虹.黄河文明与可持续发展[M].郑州:河南大学出版社,2014.

[10] 左其亭,陈曦.面向可持续发展的水资源规划与管理[M].北京:中国水利水电出版社,2003.

[11] 薛松贵,张会言,张新海.黄河流域水资源利用与保护[M].郑州:黄河水利出版社,2013.

[12] 贾仰文,安新代,王浩,等.黄河水资源管理关键技术研究[M].北京:科学出版社,2017.

[13] 宋宗水.重建黄河生态环境[M].北京:中国水利水电出版社,2007.

[14] 孙广生,乔西现,孙寿松.黄河水资源管理[M].郑州:黄河水利出版社,2001.

[15] 张学成,潘启民.黄河流域水资源调查评价[M].郑州:黄河水利出版社,2006.

[16] 张留柱.水文勘测工[M].郑州:黄河水利出版社,2021.

[17] 黄锡生.水权制度研究[M].北京:科学出版社,2005.

[18] 杨建强,张继民,宋文鹏.黄河口生态环境与综合承载力评估研究[M].北京:海洋出版社,2014.

[19] 刘景才,赵晓光,李璇.水资源开发与水利工程建设[M].长春:吉林科学技术出版社,2019.

[20] 李佩成,李启垒.干旱半干旱地区水文生态与水安全研究文集(四)[M].西安:陕西科学技术出版社,2016.

[21] 程建伟,刘猛,段柏林.黄河水沙分析及防洪工程实践[M].郑州:黄河水利出版社,2016.

[22] 左其亭,王树谦,马龙.水资源利用与管理[M].2版.郑州:黄河水利出版社,2016.

[23] 杨侃.水资源规划与管理[M].南京:河海大学出版社,2017.

[24] 杨波.水环境水资源保护及水污染治理技术研究[M].北京:中国大地出版社,2019.

[25] 王永党,李传磊,付贵.水文水资源科技与管理研究[M].汕头:汕头大学出版社,2018.

[26] 俞建军,张仁贡.现代水资源管理的规范化和信息化建设[M].杭州:浙江大学出版社,2013.

[27] 潘奎生,丁长春.水资源保护与管理[M].长春:吉林科学技术出版社,2019.